教育部第四批1+X证书制度试点
食品合规管理职业技能系列教材

食品合规管理职业技能教材

（高级）

烟台富美特信息科技股份有限公司（食品伙伴网）　　组织编写

李　宇　　曹高峰　　主编
孙宝国　　主审

U0224051

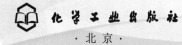

化学工业出版社

·北京·

内容简介

《食品合规管理职业技能教材（高级）》是教育部第四批1+X职业技能系列教材之一。主要内容为食品合规管理相关知识和合规管理相关技能，介绍了作为食品合规管理依据的国内外食品安全监管体系，包括我国的食品法律法规、食品标准、食品安全监管机构的职能、食品安全监管制度以及国际组织和欧盟、美国、加拿大、澳大利亚和新西兰、日本等我国主要贸易国家和地区的食品安全监管体系，其中核心部分是食品生产经营企业的资质合规、过程合规和产品合规管理方面的知识和技能，包括食品生产经营许可、特殊食品注册备案等资质的办理要求及合规实践；食品生产经营过程合规管理、食品追溯与召回；进出口食品合规管理；食品配方、产品指标等产品合规管理以及食品标签标示、广告宣传的合规管理；食品产品及企业相关体系认证。全书还对风险识别、内部审核、管理评审等食品合规管理体系验证方面的内容进行了介绍。本书配有数字资源，可扫描二维码学习参考。

本书可以作为食品合规管理职业技能等级证书的培训教材，也可以作为高等院校食品类相关课程的学习教材，还可以作为食品行业从业人员的工作指导书。

图书在版编目（CIP）数据

食品合规管理职业技能教材：高级/烟台富美特信息科技股份有限公司（食品伙伴网）组织编写；李宇，曹高峰主编．—北京：化学工业出版社，2022.12（2024.4重印）

食品合规管理职业技能系列教材

ISBN 978-7-122-42257-6

Ⅰ.①食… Ⅱ.①烟…②李…③曹… Ⅲ.①食品安全-监管制度-中国-高等职业教育-教材 Ⅳ.①TS201.6

中国版本图书馆CIP数据核字（2022）第178358号

责任编辑：迟　蕾　李植峰　张雨璐　　　　　　　　装帧设计：王晓宇
责任校对：田睿涵

出版发行：化学工业出版社（北京市东城区青年湖南街13号　邮政编码100011）
印　　装：河北鑫兆源印刷有限公司
787mm×1092mm　1/16　印张15¹⁄₂　字数382千字　2024年4月北京第1版第2次印刷

购书咨询：010-64518888　　　　　　　　售后服务：010-64518899
网　　址：http://www.cip.com.cn
凡购买本书，如有缺损质量问题，本社销售中心负责调换。

定　　价：68.00元　　　　　　　　　　　　　　　版权所有　违者必究

————————《食品合规管理职业技能教材（高级）》编审人员————————

主　编　**李　宇　曹高峰**
副主编　**叶素丹　李　静　钱　和　徐宝才**
编写人员（按照姓名汉语拼音排列）

曹高峰	中粮集团有限公司	**马长路**	北京农业职业学院
曹　淼	江苏农林职业技术学院	**裴爱田**	淄博职业学院
贺晓云	中国农业大学	**钱　和**	江南大学
胡　斌	江南大学	**孙娟娟**	河北农业大学
霍伟强	深圳职业技术学院		中国人民大学食品安全治理协同创
干莉娜	广西生态工程职业技术学院		新中心
李春雨	北京市疾病预防控制中心	**陶庆会**	食品伙伴网
李　静	广东轻工职业技术学院	**王文平**	食品伙伴网
李晓红	北京农业职业学院	**徐宝才**	合肥工业大学
李　宇	中国食品工业协会	**杨　雪**	食品伙伴网
李远钊	食品伙伴网	**叶素丹**	浙江经贸职业技术学院
梁爱华	四川旅游学院	**余奇飞**	漳州职业技术学院
刘健南	佛山职业技术学院	**袁　波**	食品伙伴网
刘玉兵	黑龙江农业经济职业学院	**张　伟**	江苏农牧科技职业学院
刘　悦	浙江经贸职业技术学院	**赵金海**	河南轻工职业学院
鲁　曾	日照职业技术学院		

主　审　**孙宝国**　北京工商大学

序

　　随着我国经济社会的快速发展，食品产业已经进入高质量发展时期，食品安全监管也日趋严格。作为食品安全的第一责任人，食品生产经营者应当严格规范企业内部的管理，将相关法律法规和标准的要求转化为企业内部的行为准则，履行合规义务，提升合规管理能力，确保百姓"舌尖上的安全"。

　　2020年，食品合规管理职业技能等级证书入选教育部第四批1+X证书试点名单，技能等级证书将整个食品行业合规管理职业技能系统化、标准化、具体化。通过培训学习，可使高校食品相关专业学生的合规管理水平达到职业技能要求，满足食品行业对于合规管理人才的需求。

　　《食品合规管理职业技能教材》作为食品合规管理职业技能等级证书的配套教材，涵盖了国内外食品安全监管体系、食品生产经营企业的资质合规、食品生产经营和进出口活动的过程合规、食品产品合规的要求以及合规管理体系建设与改进等方面的内容，能够满足高校食品专业食品合规管理知识和技能的教学需要，既有理论知识的传授，也有实际操作的演练，内容全面新颖。

　　该书对于我国食品行业合规管理人才的培养、食品行业合规意识和管理水平的提升都具有重要推动意义。

2022.3.15.

前　言

食品安全是重大的民生问题，近年来，国家不断完善食品安全法律法规和标准体系，各级政府和食品安全监管职能部门坚决贯彻落实"四个最严"要求，着力加强食品安全监管。《中华人民共和国国民经济和社会发展第十四个五年规划和 2035 年远景目标纲要》提出了严格食品药品安全监管的要求，加强和改进食品监管制度，完善食品标准法规体系。作为食品安全的第一责任人，食品生产经营者需要准确理解并严格遵守不断变化的标准法规要求，依据国家和地方发布的标准法规中的技术要求等制定企业内部的操作规范，建立并实施合规管理体系，以履行食品合规义务，确保其生产经营食品的安全。对于即将从事食品行业的食品专业学生而言，理解食品相关标准法规要求，掌握食品生产经营者应当承担的合规义务，是必须掌握的知识和技能。

2020 年 12 月，经国务院职业教育工作部际联席会议审议，烟台富美特信息科技股份有限公司（食品伙伴网）正式以职业教育培训评价组织身份参与 1+X 证书制度第四批试点，开发的《食品合规管理职业技能等级证书》入围第四批职业技能等级证书。2021 年 7 月，烟台富美特信息科技股份有限公司发布了《食品合规管理体系 要求及实施指南》（Q/FMT 0002S）企业标准，为广大食品企业合规管理工作开展提供支持。

为了帮助学生全面系统地掌握食品合规管理知识体系，食品伙伴网依据《食品合规管理职业技能等级标准》，组织编写了食品合规管理职业技能系列教材（初级、中级和高级）。本书为高级教材，共九章，主要介绍了国内外食品安全监管体系以及食品合规管理体系的建设与应用，包括食品生产经营企业资质办理、食品生产经营过程控制、进出口食品合规管理、食品产品合规管理、食品标签与广告合规管理、产品及体系认证、食品合规管理体系验证等方面的内容。全书将理论与实践相结合，融入职业素养与思政内容，详细介绍了每一项合规管理工作的法规依据、实际操作及相关注意事项，以帮助食品生产经营企业构建系统、全面、行之有效的食品合规管理体系。本书配有数字资源，可扫描二维码学习参考。

本书得到了中国食品工业协会、中粮集团有限公司、浙江经贸职业技术学院、广东轻工职业技术学院、江南大学、内蒙古蒙牛乳业（集团）股份有限公司、中国农业大学、河北农业大学、中国人民大学食品安全治理协同创新中心、江苏农林职业技术学院、广西生态工程职业技术学院、深圳职业技术学院、北京市疾病预防控制中心、北京农业职业学院、四川旅游学院、黑龙江农业经济职业学院、浙江经贸职业技术学院、日照职业技术学院、淄博职业学院、漳州职业技术学院、江苏农牧科技职业学院、河南轻工职业学院、佛山职业技术学院等组织机构的大力支持。

　　本书介绍了我国食品生产经营和进出口食品合规管理相关标准法规要求，系统梳理了食品生产经营者应当承担的合规义务，旨在使学生全面系统地掌握食品合规管理的知识体系。由于食品标准法规不断地更新，且体系庞大，书中存在不足之处，敬请读者批评指正。

编者

2022 年 5 月

目录
CONTENTS

第一章　国内外食品安全监管体系　　　　　　　　　/ 001

第四章　食品生产经营过程合规管理　　　　/ 088

第五章　进出口食品合规管理　/ 126

第六章　食品产品合规管理　/ 143

第九章　食品合规管理体系验证 / 226

第一章
国内外食品安全监管体系

食品合规管理体系的建设基础之一是合规义务的识别。食品生产经营企业的合规义务来自于法律法规、部门规章、相关标准、行业规范、企业规章制度等规定，是食品安全监管的主要依据。我国的食品安全监管体系由食品法律法规、食品标准、食品监管机构以及食品安全监管制度构成。此外，食品生产经营企业还需了解国际组织和世界主要国家（地区）食品安全监管体系的基本要求，以便为产品的出口合规奠定必要的基础。

 知识目标

1. 熟悉我国食品安全法律法规的分类，掌握我国食品相关法律法规的主要内容，了解食品合规管理义务的来源。

2. 熟悉我国食品标准的分类体系，掌握常用食品安全国家标准的主要内容。

3. 了解我国食品监管发展的历史，掌握我国主要的食品监管制度和我国食品监管机构的主要职能，了解各机构之间的职能分工。

4. 掌握食品相关国际组织的基本情况。

5. 掌握欧盟、美国等我国主要贸易国家和地区的食品安全监管体系概况。

 技能目标

1. 能够进行我国食品标准法规检索和有效性判定。

2. 能够了解我国食品生产经营活动的监管机构。

3. 能够检索和应用国际食品法典标准和我国主要贸易国家和地区食品标准法规。

4. 能够了解我国主要贸易国家和地区食品生产经营活动的监管机构。

 职业素养与思政目标

1. 具有诚信、认真、公正、负责的职业素养。

2. 树立严谨的合规管理意识、法律意识和食品安全意识。

3. 具有高度的社会责任感和职业使命感。

第一节　我国食品法律法规体系

法律法规是一个国家监管要求最基本的体现形式。对于食品企业的生产经营活动，法律法规的主要作用体现在三个方面：一是对于可为和不可为的活动的明示作用，二是对于禁止性行为的预防作用，三是对于正常生产经营活动的规范作用。遵守法律法规的要求，是食品生产经营企业必须履行的义务之一。对食品合规义务的学习，可从了解国家的法律法规体系开始。

一、我国食品法律法规概况

我国的食品法律法规体系，依据其效力及制定部门，大体分为四个层次，分别为法律、法规（包括行政法规和地方性法规）、规章（包括部门规章和地方政府规章）和规范性文件。法律的效力高于行政法规、地方性法规、规章。行政法规的效力高于地方性法规、规章。地方性法规的效力高于地方政府规章。部门规章之间、部门规章与地方政府规章之间具有同等效力，在各自的权限范围内施行。各个层次的法律法规的发布单位、制定流程、内容范围各有不同。各个层次和类型的食品法律法规既相互区别又相互补充，共同构成了完整的食品法律法规体系。

香港的食物安全标准都是以法例的形式发布的。香港食品安全法例规定比较清晰，主要由《食物安全条例》和《公众卫生及市政条例》及其附属法例组成。食物安全法例主要对食品添加剂使用、农兽药、污染物残留限量等通用要求进行了规定。此外，香港还制定了关于肉蛋奶、婴幼儿配方乳粉等具体产品规例。

澳门的食品安全标准，以行政法规形式颁布，具有法律约束效力，食品安全标准是澳门食品业界必须遵守的重要规范。澳门管理食品安全的法律为《食品安全法》，为了确保食品安全监管工作的顺利执行，澳门制定了《食品安全法》的系列补充性行政法规，涉及食品添加剂、污染物和农兽药残留等通用要求，部分产品制定了具体产品法规。

1. 法律

全国人民代表大会和全国人民代表大会常务委员会行使国家立法权。法律由全国人民代表大会和全国人民代表大会常务委员会制定和修改，由国家主席签署主席令予以公布。我国公布的与食品相关的法律主要有《中华人民共和国食品安全法》《中华人民共和国农产品质量安全法》等。

（1）《中华人民共和国食品安全法》《中华人民共和国食品安全法》是我国食品安全监管的基础法律，是为了保证食品安全、保障公众身体健康和生命安全制定的，是一切食品生产经营活动必须遵循的基本法律。该法于 2009 年 2 月 28 日由第十一届全国人民代表大会常务委员会第七次会议通过，2015 年 4 月 24 日由第十二届全国人民代表大会常务委员会第十四次会议修订，2015 年 10 月 1 日起实施。根据 2018 年 12 月 29 日第十三届全国人民代表大会常务委员会第七次会议《关于修改〈中华人民共和国产品质量法〉等五部法律的决定》第一次修正，根据 2021 年 4 月 29 日第十三届全国人民代表大会常务委员会第二十八次会议《关于修改〈中华人民共和国道路交通安全法〉等八部法律的决定》第二次修正。

该法共分为十章，分别为总则、食品安全风险监测和评估、食品安全标准、食品生产经营、食品检验、食品进出口、食品安全事故处置、监督管理、法律责任和附则。在中华人民共和国境内从事下列活动，应当遵守该法：食品生产和加工，食品销售和餐饮服务；食品添加剂的生产经营；用于食品的包装材料、容器、洗涤剂、消毒剂和用于食品生产经营的工具、设备的生产经营；食品生产经营者使用食品添加剂、食品相关产品；食品的贮存和运输；对食品、食品添加剂、食品相关产品的安全管理。

该法主要加强了八个方面的制度构建：一是完善统一权威的食品安全监管机构；二是建立最严格的全过程的监管制度，对食品生产、流通、餐饮服务和食用农产品销售等各个环节，食品生产经营过程中涉及的食品添加剂、食品相关产品的监管，网络食品交易等新兴的业态，以及生产经营过程中的一些过程控制的管理制度，进行了细化和完善，进一步强调食品生产经营者的主体责任和监管部门的监管责任；三是进一步完善食品安全风险监测和风险评估制度，增设责任约谈、风险分级管理等重点制度，重在防患于未然，消除隐患；四是实行食品安全社会共治，充分发挥包括媒体、广大消费者等各个方面在食品安全治理中的作用；五是突出对特殊食品的严格监管，特殊食品包括保健食品、特殊医学用途配方食品、婴幼儿配方食品；六是强调对农药的使用实行严格的监管，加快淘汰剧毒、高毒、高残留农药，推动替代产品的研发应用，鼓励使用高效低毒低残留的农药；七是加强对食用农产品的管理，对批发市场的抽查检验、食用农产品建立进货查验记录制度等进行了完善；八是建立最严格的法律责任制度，进一步加大违法者的违法成本，加大对食品安全违法行为的惩处力度。

（2）《中华人民共和国农产品质量安全法》 《中华人民共和国农产品质量安全法》是为了保障农产品质量安全，维护公众健康，促进农业和农村经济发展制定的法律。该法于2006年4月29日由第十届全国人民代表大会常务委员会第二十一次会议通过，根据2018年10月26日第十三届全国人民代表大会常务委员会第六次会议《关于修改〈中华人民共和国野生动物保护法〉等十五部法律的决定》修正，根据2022年9月2日第十三届全国人民代表大会常务委员会第三十六次会议修订。

该法共分为八章，分别为总则、农产品质量安全风险管理和标准制定、农产品产地、农产品生产、农产品销售、监督管理、法律责任和附则。2022版的《中华人民共和国农产品质量安全法》进一步压实有关主体的农产品质量安全责任；明确国家建立健全农产品产地监测制度，地方政府制定农产品产地监测计划，加强农产品产地安全调查、监测和评价工作；在农产品质量安全标准中增加储存、运输农产品过程中的质量安全管理要求；明确建立承诺达标合格证制度，农产品生产企业、农民专业合作社应当开具承诺达标合格证，承诺不使用禁用的农药、兽药及其他化合物且使用的常规农药、兽药残留不超标等。此外，2022版的《中华人民共和国农产品质量安全法》加大了对食用农产品相关违法行为的处罚力度，与《食品安全法》相关规定进行有效衔接。同时，引入了"农户"的概念，对农户另行规定了较轻的处罚，起到震慑作用的同时，也能兼顾农业发展的现状。修订后的《中华人民共和国农产品质量安全法》有效提高我国农产品质量安全水平。

（3）《中华人民共和国产品质量法》 《中华人民共和国产品质量法》是为了加强对产品质量的监督管理，提高产品质量水平，明确产品质量责任，保护消费者的合法权益，维护社会经济秩序而制定的法律，在中华人民共和国境内从事经过加工、制作，用于销售的产品的生产、销售活动适用该法。该法于1993年2月22日由第七届全国人民代表大会常务委员会第三十次会议通过，自1993年9月1日起施行。根据2000年7月8日第九届全国人民代表大会常务委员会第十六次会议《关于修改〈中华人民共和国产品质量法〉的决定》第一次修正，根据2009年8月27日第十一届全国人民代表大会常务委员会第十次会议《关于修改部分法律的决定》第二次修正，根据2018年12月29日第十三届全国人民代表大会常务委员会第七次会议《关于修改〈中华人民共和国产品质量法〉等五部法律的决定》第三次修正。

该法共分为六章，分别为：总则；产品质量的监督；生产者、销售者的产品质量责任和义务；损害赔偿；罚则和附则。该法明确企业是产品质量管理的主体，生产者、销售者应当建立健全内部产品质量管理制度，严格实施岗位质量规范、质量责任以及相应的考核办法，依法承担产品质量责任。生产者应当对其生产的产品质量负责。该法规定产品质量应当符合下列要求：不存在危及人身、财产安全的不合理的危险，有保障人体健康和人身、财产安全的国家标准、行业标准的，应当符合该标准；具备产品应当具备的使用性能，但是，对产品存在使用性能的瑕疵作出说明的除外；符合在产品或者其包装上注明采用的产品标准，符合以产品说明、实物样品等方式表明的质量状况。销售者应当采取措施，保持销售产品的质量。该法明确禁止伪造或者冒用认证标志等质量标志；禁止伪造产品的产地，伪造或者冒用他人的厂名、厂址；禁止在生产、销售的产品中掺杂、掺假，以假充真，以次充好。国家对产品质量实行以抽查为主要方式的监督检查制度，对可能危及人体健康和人身、财产安全的产品，影响国计民生的重要工业产品以及消费者、有关组织反映有质量问题的产品进行抽查。

（4）《中华人民共和国反食品浪费法》 《中华人民共和国反食品浪费法》于 2021 年 4 月 29 日由第十三届全国人民代表大会常务委员会第二十八次会议表决通过，自公布之日起施行。

该法共三十二条，分别对食品浪费的定义、反食品浪费的原则和要求、政府及部门职责、各类主体责任、激励和约束措施、法律责任等作出规定。该法的实施为全社会树立浪费可耻、节约为荣的鲜明导向，为公众确立餐饮消费、日常食品消费的基本行为准则，为强化政府监管提供有力支撑，为建立制止餐饮浪费长效机制、以法治方式进行综合治理提供制度保障。

该法规定了食品安全监管部门在反食品浪费方面的监督职责，明确各级人民政府要加强对反食品浪费工作的领导，建立健全反食品浪费工作机制，确定反食品浪费目标任务，加强监督管理，推进反食品浪费工作。该法明确食品生产经营企业在反食品浪费方面应尽的义务，明确企业主体责任。食品生产经营者应当采取措施，改善食品储存、运输、加工条件，防止食品变质，降低储存、运输中的损耗；提高食品加工利用率，避免过度加工和过量使用原材料。餐饮服务经营者应当建立健全食品采购、储存、加工管理制度，提升餐饮供给质量，主动对消费者进行防止食品浪费提示提醒。设有食堂的单位应当建立健全食堂用餐管理制度，制定、实施防止食品浪费措施，增强反食品浪费意识。加强食品采购、储存、加工动态管理，改进供餐方式，在醒目位置张贴或者摆放反食品浪费标识。加强学校食堂餐饮服务管理，按需供餐。餐饮外卖平台应当以显著方式提示消费者适量点餐。旅游经营者应当引导旅游者文明、健康用餐。超市、商场等食品经营者应当对其经营的食品加强日常检查，对临近保质期的食品分类管理，作特别标示或者集中陈列出售。强化监督机制，违反该法相关规定，相关责任主体将会受到严厉处罚。

（5）《中华人民共和国进出境动植物检疫法》 《中华人民共和国进出境动植物检疫法》于 1991 年 10 月 30 日由第七届全国人民代表大会常务委员会第二十二次会议通过，自 1992 年 4 月 1 日起施行。根据 2009 年 8 月 27 日第十一届全国人民代表大会常务委员会第十次会议《关于修改部分法律的决定》修正。为防止动物传染病、寄生虫病和植物危险性病、虫、杂草以及其他有害生物传入、传出国境，保护农、林、牧、渔业生产和人体健康，促进对外经济贸易的发展，制定该法。

该法共分为八章，分别为总则；进境检疫；出境检疫；过境检疫；携带、邮寄物检疫；运输工具检疫；法律责任和附则。法律对进出境的动植物、动植物产品和其他检疫物，装载动植物、动植物产品和其他检疫物的装载容器、包装物，以及来自动植物疫区的运输工具等方面的检疫作出了详细规定。

（6）《中华人民共和国进出口商品检验法》 《中华人民共和国进出口商品检验法》于1989年2月21日由第七届全国人民代表大会常务委员会第六次会议通过，自1989年8月1日起施行。根据2002年4月28日第九届全国人民代表大会常务委员会第二十七次会议《关于修改〈中华人民共和国进出口商品检验法〉的决定》第一次修正，根据2013年6月29日第十二届全国人民代表大会常务委员会第三次会议《关于修改〈中华人民共和国文物保护法〉等十二部法律的决定》第二次修正，根据2018年4月27日第十三届全国人民代表大会常务委员会第二次会议《关于修改〈中华人民共和国国境卫生检疫法〉等六部法律的决定》第三次修正，根据2018年12月29日第十三届全国人民代表大会常务委员会第七次会议《关于修改〈中华人民共和国产品质量法〉等五部法律的决定》第四次修正，根据2021年4月29日第十三届全国人民代表大会常务委员会第二十八次会议《关于修改〈中华人民共和国道路交通安全法〉等八部法律的决定》第五次修正。

该法包括总则、进口商品的检验、出口商品的检验、监督管理、法律责任及附则六章内容。该法规定商检机构和依法设立的检验机构，依法对进出口商品实施检验。列入目录的进出口商品，按照国家技术规范的强制性要求进行检验；尚未制定国家技术规范的强制性要求的，应当依法及时制定，未制定之前，可以参照国家商检部门指定的国外有关标准进行检验。进口商品未经检验的，不准销售、使用；出口商品未经检验合格的，不准出口。进出口商品检验中的合格评定程序包括：抽样、检验和检查；评估、验证和合格保证；注册、认可和批准以及各项的组合。

（7）《中华人民共和国标准化法》 《中华人民共和国标准化法》是我国标准化工作的基本法，于1988年12月29日由第七届全国人民代表大会常务委员会第五次会议审议通过，由中华人民共和国第十二届全国人民代表大会常务委员会第三十次会议于2017年11月4日修订通过，修订后的《中华人民共和国标准化法》自2018年1月1日起施行。

该法共分为六章，分别为总则、标准的制定、标准的实施、监督管理、法律责任和附则。该法明确了国务院和设区的市级以上地方人民政府建立标准化协调推进机制，统筹协调标准化工作重大事项，对重要标准的制定和实施进行协调。在加强强制性标准统一管理的同时严格限制推荐性标准范围，鼓励社会团体制定满足市场和创新需要的团体标准，建立企业标准自我声明公开和监督制度，释放企业创新活力。为实现标准提质增效，在立项、制定等环节加强对标准制定和实施的监督，针对违法行为，规定了不同的监督措施和法律责任。

2.法规

法规包括行政法规和地方性法规。

国务院根据宪法及相关法律，制定行政法规。行政法规由总理签署国务院令公布。行政法规的形式有条例、办法、实施细则、决定等。

省、自治区、直辖市的人民代表大会及其常务委员会根据本行政区域的具体情况和实际需要，在不与宪法、法律、行政法规相抵触的前提下，可以制定地方性法规。地方性法规可以就下列事项作出规定：为执行法律、行政法规的规定，需要根据本行政区域的实际情况作具体规定的事项；属于地方性事务需要制定地方性法规的事项。省、自治区、直辖市的人民代表大会制定的地方性法规由大会主席团发布公告予以公布。省、自治区、直辖市的人民代表大会常务委员会制定的地方性法规由常务委员会发布公告予以公布。

食品相关的地方性法规如《上海市食品安全条例》《广东省食品安全条例》《贵州省食品安全条例》《安徽省食品安全条例》《广西壮族自治区食品安全条例》《福建省食品安全条例》《黑龙江省食品安全条例》《辽宁省食品安全条例》《湖北省食品安全条例》等，分别对各行政区域内食品、食品添加剂、食品相关产品的生产经营，食品生产经营者使用食品添加剂、食品相关产品，食品的贮存和运输，以及对食品、食品添加剂、食品相关产品的安全管理等作出了相关规定。为了规范食品小作坊、小餐饮、小食杂店和食品小摊贩的生产经营行为，部分省、自治区、直辖市制定了食品小作坊、小餐饮、小食杂店和食品小摊贩相关的地方性法规，如《北京市小规模食品生产经营管理规定》《广东省食品生产加工小作坊和食品摊贩管理条例》《广西壮族自治区食品小作坊小餐饮和食品摊贩管理条例》等。为了尊重少数民族的风俗习惯，保障清真食品供应，加强清真食品管理，促进清真食品行业发展，增进民族团结，部分省、自治区、直辖市制定了清真食品相关的地方性法规，如《上海市清真食品管理条例》《山西省清真食品监督管理条例》《新疆维吾尔自治区清真食品管理条例》等。以下介绍我国食品相关的主要行政法规的概况。

（1）《中华人民共和国食品安全法实施条例》《中华人民共和国食品安全法实施条例》作为行政法规，是对《中华人民共和国食品安全法》条款的细化，为解决我国食品安全问题奠定了良法善治的基石。该条例于 2009 年 7 月 20 日以中华人民共和国国务院令第 557 号公布，根据 2016 年 2 月 6 日《国务院关于修改部分行政法规的决定》修订，2019 年 3 月 26 日由国务院第 42 次常务会议修订通过，2019 年 10 月 11 日以中华人民共和国国务院令第 721 号公布，自 2019 年 12 月 1 日起施行。

该条例共分为十章，分别为总则、食品安全风险监测和评估、食品安全标准、食品生产经营、食品检验、食品进出口、食品安全事故处置、监督管理、法律责任和附则。该条例从五个方面进一步明确职责、强化食品安全监管：一是要求县级以上人民政府建立统一权威的食品安全监管体制，加强监管能力建设。二是强调部门依法履职、加强协调配合，规定有关部门在食品安全风险监测和评估、事故处置、监督管理等方面的会商、协作、配合义务。三是丰富监管手段，规定食品安全监管部门在日常属地管理的基础上，可以采取上级部门随机监督检查、组织异地检查等监督检查方式；对可能掺杂掺假的食品，按照现有食品安全标准等无法检验的，国务院食品安全监管部门可以制定补充检验项目和检验方法。四是完善举报奖励制度，明确奖励资金纳入各级人民政府预算，并加大对违法单位内部举报人的奖励。五是建立黑名单，实施联合惩戒，将食品安全信用状况与准入、融资、信贷、征信等相衔接。

该条例从四个方面对食品安全风险监测、标准制定作了完善性规定。一是强化食品安全风险监测结果的运用，规定风险监测结果表明存在食品安全隐患，监管部门经调查确认有必要的，要及时通知食品生产经营者，由其进行自查、依法实施食品召回。二是规范食品安全地方标准的制定，明确对保健食品等特殊食品不得制定地方标准。三是允许食品生产经营者在食品安全标准规定的实施日期之前实施该标准，以方便企业安排生产经营活动。四是明确企业标准的备案范围，规定食品安全指标严于食品安全国家标准或者地方标准的企业标准应当备案。

该条例从四个方面进一步强调了食品生产经营者的主体责任。一是细化企业主要负责人的责任，规定主要负责人对本企业的食品安全工作全面负责，加强供货者管理、进货查验和出厂检验、生产经营过程控制等工作。二是规范食品的贮存、运输，规定贮存、运输有温度、湿度等特殊要求的食品，应当具备相应的设备设施并保持有效运行，同时规范了委托贮存、运输食品的行为。三是针对实践中存在的虚假宣传和违法发布信息误导消费者等问题，明确禁止利用包括会议、讲座、健康咨询在内的任何方式对食品进行虚假宣传；规定不得发布未经资质认定的检验机构出具的食品检验信息，不得利用上述信息对食品等进行等级评定。四是完善特殊食品管理制度，对特殊食品的出厂检验、销售渠道、广告管理、产品命名等事项作出规范。

（2）《中华人民共和国进出境动植物检疫法实施条例》 《中华人民共和国进出境动植物检疫法实施条例》是对《中华人民共和国进出境动植物检疫法》条款的细化，于1996年12月2日以国务院令第206号公布，自1997年1月1日起施行。

该条例共分十章，分别为：总则；检疫审批；进境检疫；出境检疫；过境检疫；携带、邮寄物检疫；运输工具检疫；检疫监督；法律责任和附则。该条例明确了进出境动植物检疫范围；明确了国务院农业行政主管部门和国家动植物检疫机关管理进出境动植物检疫工作的职能；完善了检疫审批的规定；明确了进出境动植物检疫与口岸其他查验、运递部门和国内检疫部门协作、配合关系；强化了检疫监督制度；对保税区的进出境动植物及其产品的检疫作出了明确规定，要求动植物检疫机关认真履行职责，确保将国外危险性病虫害拒于国境之外；明确规定了动植物检疫机关在采样时必须出具凭单和按规定处理样品，对加强检疫队伍的业务建设和廉政建设提出了进一步的要求。

（3）《中华人民共和国进出口商品检验法实施条例》 《中华人民共和国进出口商品检验法实施条例》于2005年8月31日以中华人民共和国国务院令第447号公布，自2005年12月1日起施行。根据2013年7月18日《国务院关于废止和修改部分行政法规的决定》第一次修订，根据2016年2月6日《国务院关于修改部分行政法规的决定》第二次修订，根据2017年3月1日《国务院关于修改和废止部分行政法规的决定》第三次修订，根据2019年3月2日《国务院关于修改部分行政法规的决定》第四次修订，根据2022年3月29日《国务院关于修改和废止部分行政法规的决定》第五次修订。

该条例共分为六章，分别为总则、进口商品的检验、出口商品的检验、监督管理、法律责任和附则。该条例规定海关总署主管全国进出口商品检验工作，对列入目录的进出口商品以及法律、行政法规规定须经出入境检验检疫机构检验的其他进出口商品实施检验，对法定检验以外的进出口商品，根据国家规定实施抽查检验，进一步明确了检验检疫机构的职能任务。加强进出口商品检验管理，强化了对进出口商品的收货人、发货人、代理报检企业等的管理规定；加强对检验检疫机构和工作人员的监督；同时加大了对违法行为的处罚力度。

（4）《乳品质量安全监督管理条例》 为了加强乳品质量安全监督管理，保证乳品质量安全，促进乳业健康发展，《乳品质量安全监督管理条例》于2008年10月6日由国务院第28次常务会议通过，于2008年10月9日以国务院令第536号公布实施。

《乳品质量安全监督管理条例》共分八章，分别为总则、奶畜养殖、生鲜乳收购、乳制品生产、乳制品销售、监督检查、法律责任和附则。该条例明确规定，奶畜养殖者、生鲜乳收购者、乳制品生产企业和销售者对其生产、收购、运输、销售的乳品质量安全负责，是乳品质量安全的第一责任者。从事乳制品生产活动，应依法取得食品生产许可证，建立质量管理制度，对乳制品生产实施全过程质量控制。出厂的乳制品应当符合乳品安全国家标准。该条例强调加强对婴幼儿奶粉生产环节的监管，生产婴幼儿奶粉的企业应当建立危害分析与关键控制点体系，保证婴幼儿生长发育所需的营养成分，不得非法添加；出厂前应当检测营养成分表详细标明使用方法和注意事项。该条例加大对违法生产经营行为的处罚力度，加重监督管理部门不依法履行职责的法律责任，对生产经营者不得从事的行为、法律责任作了明确规定。

（5）《国务院关于加强食品等产品安全监督管理的特别规定》 为加强食品等产品安全监督管理，进一步明确生产经营者、监督管理部门和地方人民政府的责任，加强各监督管理部门的协调、配合，保障消费者身体健康和生命安全，《国务院关于加强食品等产品安全监督管理的特别规定》于 2007 年 7 月 25 日由国务院第 186 次常务会议通过，于 2007 年 7 月 26 日以国务院令第 503 号公布施行。

该特别规定共计二十条，明确规定生产经营者要对其生产、销售的产品安全负责，所使用的原料、辅料、添加剂、农业投入品应当符合法律、行政法规的规定和国家强制性标准；进出口产品要符合要求，建立产品台账；同时对各种违法行为的处理、处罚、监督管理部门职权及职责作出了规定。

3. 规章

规章包括部门规章和地方政府规章。

国务院各部、委员会、具有行政管理职能的直属机构等，可以根据法律和国务院的行政法规、决定、命令，在本部门的权限范围内，制定部门规章。

省、自治区、直辖市和设区的市、自治州的人民政府，可以根据法律、行政法规和本省、自治区、直辖市的地方性法规，制定地方政府规章。地方政府规章可以就下列事项作出规定：为执行法律、行政法规、地方性法规的规定需要制定规章的事项；属于本行政区域的具体行政管理事项。地方政府规章由省长、自治区主席、市长或者自治州州长签署命令予以公布。食品相关的地方政府规章如《上海市食品安全信息追溯管理办法》《福建省食品安全信息追溯管理办法》《西藏自治区食品安全责任追究办法（试行）》《山东省清真食品管理规定》《云南省食品生产加工小作坊和食品摊贩管理办法》等。以下介绍我国食品监管相关的主要部门规章概况。

（1）《食品生产许可管理办法》 为了规范食品、食品添加剂生产许可活动，加强食品生产监督管理，国家市场监督管理总局 2019 年第 18 次局务会议审议通过了《食品生产许可管理办法》，自 2020 年 3 月 1 日起施行。

该办法明确规定，在中华人民共和国境内，从事食品生产活动，应当依法取得食品生产许可。食品生产许可实行一企一证原则，即同一个食品生产者从事食品生产活动，应当取得一个食品生产许可证。市场监督管理部门按照食品的风险程度，结合食品原料、生产工艺等因素，对食品生产实施分类许可。国家市场监督管理总局负责监督指导全国食品生产许可管理工作。食品生产许可的申请、受理、审查、决定及其监督检查，适用该办法。

（2）《食品经营许可管理办法》 为了规范食品经营许可活动，加强食品经营监督管理，国家食品药品监督管理总局发布了《食品经营许可管理办法》，自 2015 年 10 月 1 日起实施。根据 2017 年 11 月 7 日国家食品药品监督管理总局局务会议《关于修改部分规章的决定》修正。

该办法明确规定，在中华人民共和国境内，从事食品销售和餐饮服务活动，应当依法取得食品经营许可。食品经营许可实行一地一证原则，即食品经营者在一个经营场所从事食品经营活动，应当取得一个食品经营许可证。市场监督管理部门按照食品经营主体业态和经营项目的风险程度对食品经营实施分类许可。申请食品经营许可，应当先行取得营业执照等合法主体资格。企业法人、合伙企业、个人独资企业、个体工商户等，以营业执照载明的主体作为申请人。申请食品经营许可，应当按照食品经营主体业态和经营项目分类提出。食品经营许可的申请、受理、审查、决定及其监督检查，适用该办法。

（3）《食品安全抽样检验管理办法》 为规范食品安全抽样检验工作，加强食品安全监督管理，保障公众身体健康和生命安全，国家市场监督管理总局发布了《食品安全抽样检验管理办法》，2022年9月29日国家市场监督管理总局令第61号修正。

该办法规定了国家实施食品安全日常监督抽检及风险监测应遵循的原则、对企业的要求、监管的规范。国家市场监督管理总局负责组织开展全国性食品安全抽样检验工作，监督指导地方市场监督管理部门组织实施食品安全抽样检验工作。县级以上地方市场监督管理部门负责组织开展本级食品安全抽样检验工作，并按照规定实施上级市场监督管理部门组织的食品安全抽样检验工作。

（4）《食品召回管理办法》 为加强食品生产经营管理，减少和避免不安全食品的危害，保障公众身体健康和生命安全，国家食品药品监督管理总局发布了《食品召回管理办法》，自2015年9月1日实施，根据2020年10月23日国家市场监督管理总局令第31号修订。在中华人民共和国境内，不安全食品的停止生产经营、召回和处置及其监督管理，适用该办法。

（5）《餐饮业经营管理办法（试行）》 为了规范餐饮服务经营活动，引导和促进餐饮行业健康有序发展，维护消费者和经营者的合法权益，国家商务部依据国家有关法律法规，于2014年9月2日发布了《餐饮业经营管理办法（试行）》，自2014年11月1日起实施。

该试行办法明确了餐饮经营的概念；规范了企业的经营行为；明确餐饮企业要做好资源节约和综合利用工作；引导消费者节俭消费、适量点餐；处置好餐厨废弃物；不得销售不合格食品；禁止设置最低消费，对所售食品或提供的服务项目标价；在提供外送服务时，明示服务时间、外送范围和收费标准；建立健全顾客投诉制度及突发事件应急预案和应对机制。加强对餐饮主要从业人员的信用记录管理，将其纳入国家统一的信用信息平台。对行业协会的职责进行了界定，通过制定行业公约等方式引导餐饮经营者节约资源、反对浪费。同时明确了餐饮经营者出现违反本办法的行为时需承担的相关法律责任。

（6）《食盐质量安全监督管理办法》 为加强食盐质量安全监督管理，国家市场监督管理总局发布了《食盐质量安全监督管理办法》，自2020年3月1日起施行。在中华人民共和国境内从事食盐生产经营活动，开展食盐质量安全监督管理，适用该办法。

该办法明确了食盐生产经营者的责任和义务及监管部门的职责等，明确从事食盐生产活动，应当依法取得食品生产许可，从事食盐批发、零售活动，应当依法取得食品经营许可，规定食盐生产经营者应当保证其生产经营的食盐符合法律、法规、规章和食品安全标准的规定，规定食盐生产经营企业应当建立健全并落实食品安全管理制度，应当建立食盐质量安全追溯体系，落实生产销售全程记录制度，应当建立食品安全自查制度，定期对食盐质量安全状况进行检查评价等。

（7）《食品安全国家标准管理办法》 为规范食品安全国家标准制（修）订工作，国家卫生部于2010年10月20日发布了《食品安全国家标准管理办法》，自2010年12月1日起施行。

该办法规定了食品安全国家标准的制定宗旨、制定依据和制定部门等，明确制定食品安全国家标准应当以保障公众健康为宗旨，以食品安全风险评估结果为依据，做到科学合理、公开透明、安全可靠。该规章对食品安全国家标准的制（修）订规划、计划、立项、起草、审查、批准、发布以及修改与复审等工作流程进行了明确规定。

4．规范性文件

规范性文件的形式灵活多样，主要包括决定、规定、公告、通告、通知、办法、实施细则、意见、复函批复、指南等。规范性文件规定的内容广泛，涉及了食品生产经营监管的方方面面。

规范性文件的数量众多，各食品监管部门均发布了较多的食品相关规范性文件。例如，国家食品药品监督管理总局发布的规范性文件有《总局办公厅关于进一步加强食品添加剂生产监管工作的通知》《总局关于印发食品生产经营风险分级管理办法（试行）的通知》等。国家市场监督管理总局发布的规范性文件有《总局关于印发食品生产许可审查通则的通知》《市场监管总局关于仅销售预包装食品备案有关事项的公告》《关于进一步加强婴幼儿谷类辅助食品监管的规定》《特殊食品注册现场核查工作规程（暂行）》等。国家卫生健康委员会发布的规范性文件有《按照传统既是食品又是中药材的物质目录管理规定》《食品安全风险评估管理规定》《食品安全风险监测管理规定》等。海关总署发布的规范性文件有《出口食品生产企业申请境外注册管理办法》等。国家认证认可监督管理委员会发布的规范性文件有《食品安全管理体系认证实施规则》等。

二、我国食品法律法规检索及有效性确认

食品相关法律法规一般在政府部门的官方网站上公开发布，如中国政府网，中国人大网和国家市场监督管理总局、国家卫生健康委员会、海关总署、农业农村部官方网站，以及各省、自治区、直辖市的地方人民政府、地方人大、地方市场监督管理部门、地方卫生健康委员会官方网站等。食品相关法规一般具体发布在官方网站的法律法规、政策法规、政策文件、通知公告、决策公开等栏目中。在官方网站的首页一般都有搜索框，可以通过法规名称、法规文号、关键词等检索相关法规。另外，在一些官方数据库中也可以通过法规名称、法规文号、关键词等检索相关法规。由于食品监管机构改革、官方网站改版、法规发布时间久远等原因，一些法规难以查找到，这就需要在多个网站上分别进行检索。有些官方网站和数据库明确标注了法规的有效性状态，有些则没有明确说明，也需要在多个网站上分别进行检索，根据检索结果并结合法规修订公告、废止公告、清理复审公告及现行有效文件目录等综合判断法规的有效性。

1. 我国法律法规的检索途径

查找食品相关法律法规一般是先通过搜索引擎进行快速搜索，如果通过搜索引擎不能直接找到相关法规的官方链接，就需要找到并访问相应的官方网站或者数据库进行检索，也可以访问食品行业服务性的网站查询相关法律、法规、规章、地方性法规、规范性文件以及法规动态等，如食品伙伴网

法律法规检索和
有效性确认

食品法规中心。下面具体介绍一下发布法律法规的官方网站或者数据库及检索注意事项。

（1）法律检索 法律可以在中国人大网、中国政府网、中国政府法制信息网（司法部官网）等网站进行检索，也可以在国家法律法规数据库中进行检索。国家法律法规数据库中的法律一般是现行有效的，如果法律有修正，一般能检索到经修正后的最新版本。

（2）法规检索 行政法规可以在中国政府网首页进行检索，也可以在国务院政策文件库、国家法律法规数据库、行政法规库和备案法规规章数据库等官方法规数据库中进行检索。如果法规有修正，备案法规规章数据库中一般同时收录了多个版本的法规，包括已经废止的版本、修正前和修正后的版本。

地方性法规可以在各省、自治区、直辖市的人大常委会网站进行检索，也可以在各省、自治区、直辖市的地方性法规数据库进行检索，如广东省地方性法规数据库、河北省地方性法规数据库等，还可以在备案法规规章数据库进行检索。

（3）规章检索　国务院各部门发布的部门规章可以在其官方网站检索，也可以在国务院政策文件库和备案法规规章数据库中进行检索。

地方政府规章可以在各省、自治区、直辖市的人民政府官网进行检索，也可以在各省、自治区、直辖市的规章数据库进行检索，如广西壮族自治区法规规章数据库等。

（4）规范性文件检索　规范性文件一般是在规范性文件颁发部门的官方网站上进行查询，规范性文件一般没有专门的数据库可以检索。

2. 我国法律法规有效性的确认

随着经济社会发展需要的不断变化，监管部门发布的法律法规也会有所调整，因此会不断出台新的法律法规，同时废止一些旧的法律法规文件。食品法律法规的有效性包括已经废止或失效、部分有效、现行有效等。在进行食品合规判定时需要确保所使用的法律法规为现行有效版本。以下为法律法规有效性的判断方法和依据。

（1）已经废止或失效法律法规的确认　法律法规是否废止或失效可以通过法规废止公告、清理公告、新法规明确废止旧法规等进行判定。

① 通过查找多个官方网站和官方数据库，若有网站上明确标注已经废止或失效的，则该法规极有可能已经废止或失效，可以进一步查找废止依据进行验证。

② 在官网上能找到法规废止公告的或在清理复审公告中明确废止的，依据废止公告或清理复审公告，判定该法规已经废止或失效。如依据《国家工商行政管理总局关于废止〈流通环节食品安全监督管理办法〉和〈食品流通许可证管理办法〉的决定》，《流通环节食品安全监督管理办法》和《食品流通许可证管理办法》已经废止。

③ 法规本身规定了有效期的，如超过规定有效期，法规自动废止。如《粮食质量安全风险监测管理暂行办法》明确规定有效期至 2025 年 3 月 31 日。

④ 新法规发布公告或新法规正文中明确，自新法规实施之日起，旧法规同时废止的，判定旧法规被新法规替代，旧法规废止或失效。

（2）部分有效法律法规的确认　法规部分有效一般是法规中的部分条款或者某个附件内容被新的法规替代或明确废止。例如，2016 年国家食品药品监督管理总局发布了《特殊医学用途配方食品注册管理办法》相关配套文件的公告，其中的附件 1《特殊医学用途配方食品注册申请材料项目与要求（试行）》和附件 3《特殊医学用途配方食品稳定性研究要求（试行）》被《总局关于发布〈特殊医学用途配方食品注册申请材料项目与要求（试行）（2017 修订版）〉〈特殊医学用途配方食品稳定性研究要求（试行）（2017 修订版）〉的公告》替代。

（3）现行有效法律法规的确认　官方网站和官方法规数据库中明确标注现行有效，没有明确的废止判断依据的，或者官方最新发布的现行有效文件目录里的文件可以认为现行有效。

第二节　我国食品标准体系

标准是世界"通用语言"，是经济活动和社会发展的技术支撑，伴随着经济全球化深入发展，标准化在便利经贸往来、支撑产业发展、促进科技进步、规范社会治理中的作用日益凸显。世界需要标准协同发展，标准促进世界互联互通。标准助推创新发展，标准引领时代进步。

食品标准是食品工业领域各类标准的总和，我国食品标准从无到有、从重要食品到一般食品的覆盖、从卫生标准到产品标准、生产经营规范标准、检验方法标准等标准的全面拓展，最终形成以统一权威的国家标准为核心，以展现地方特色及风俗的地方标准、统一技术要求的行业标准、体现市场经济行为的团体标准和企业标准为补充的食品标准体系。食品安全标准是食品生产经营者必须遵循的最低要求，是食品能够合法生产、进入消费市场的门槛。

一、我国食品标准概况

1. 标准概念

目前对于标准的概念有两种，一是来源于《中华人民共和国标准化法》的规定：标准（含标准样品）是指农业、工业、服务业以及社会事业等领域需要统一的技术要求。二是来源于《标准化工作指南 第 1 部分：标准化和相关活动的通用术语》（GB/T 20000.1）的定义：通过标准化活动，按照规定的程序经协商一致制定，为各种活动或其结果提供规则、指南或特性，供共同使用和重复使用的文件。其中标准化是为了在既定范围内获得最佳秩序，促进共同效益，对现实问题或潜在问题确立共同使用和重复使用的条款以及编制、发布和应用文件的活动。

2. 标准管理

根据《中华人民共和国标准化法》规定，标准包括国家标准、行业标准、地方标准、团体标准和企业标准。国家标准分为强制性标准、推荐性标准、国家标准化指导性技术文件，强制性标准必须执行。国家鼓励采用推荐性标准。这里需要注意的是，法律法规另有规定的从其规定，如根据《中华人民共和国食品安全法》的规定，食品安全地方标准为强制性标准。

标准的制定、实施以及监督管理服从《中华人民共和国标准化法》，该法是规范标准化工作的一部基本法律，同时为了加强标准管理，有针对性地规范标准的制定、实施和监督，各个类型的标准由配套的法规进行管理，如《国家标准管理办法》《行业标准管理办法》等。

食品、粮油等行业领域的标准还应符合其特有的规定，如食品安全国家标准的管理应符合《食品安全标准管理办法》的要求；粮油行业领域的标准管理应符合《粮食和物资储备标准化工作管理办法》。表 1-1 为各类型标准代号、含义、标准号组成、标准约束力、对应管理办法及示例。

表 1-1　各类型标准代号、含义、标准号组成、标准约束力、对应管理办法及示例

标准类型	代号	含义	标准号组成	标准约束力	对应管理办法	示例
国家标准	GB	强制性国家标准	GB 国家标准发布的顺序号—标准发布年代号	强制性	《强制性国家标准管理办法》《食品安全国家标准管理办法》	《限制商品过度包装要求 食品和化妆品》（GB 23350—2021）、《食品安全国家标准 复合调味料》（GB 31644—2018）
	GB/T	推荐性国家标准	GB/T 国家标准发布的顺序号—标准发布年代号	推荐性	《国家标准管理办法》	《干迷迭香》（GB/T 22301—2021）
	GB/Z	国家标准化指导性技术文件	GB/Z 国家标准化指导性技术文件发布的顺序号—标准发布年代号	推荐性	《国家标准管理办法》《国家标准化指导性技术文件管理规定》	《农产品追溯要求 蜂蜜》（GB/Z 40948—2021）

标准类型	代号	含义	标准号组成	标准约束力	对应管理办法	示例
行业标准	NY/T、QB/T 等	农业行业标准/轻工行业标准等	行业标准代号—标准顺序号—标准发布年代号	推荐性	《行业标准管理办法》	《坚果炒货产品追溯技术规范》（GH/T 1362—2021）
地方标准	DBS	食品安全地方标准	DBS 行政区划代码/顺序号—标准发布年代号	强制性	地方行政主管部门发布的食品安全地方标准管理办法	《食品安全地方标准 螺蛳鸭脚煲》（DBS45/ 066—2020）
	DB××/T，×× 为行政区划代码	推荐性地方标准	DB××/T 顺序号—标准发布年代号	推荐性	《地方标准管理办法》及地方行政主管部门发布的地方标准管理办法	《巴旦木仁果品质量分级》（DB65/T 3156—2021）
团体标准	T/	团体标准	T/ 社会团体代号团体标准顺序号—标准发布年代号	推荐性	《团体标准管理规定》	《食品安全管理职业技能等级要求》（T/FDSA 012—2021）
企业标准	Q/	企业标准	一般格式：Q/ 企业代号顺序号 S—标准发布年代号	/	《企业标准化促进办法》及地方行政主管部门发布的企业标准管理规定	《焙烤调理奶油》（Q/FMT 001S—2021）

注：食品标准根据政策的变化经过多次清理整合及调整，目前仍有部分特殊情况存在。

（1）国家标准管理　对需要在全国范围内统一的技术要求，应当制定国家标准（含标准样品的制作）。对保障人身健康和生命财产安全、国家安全、生态环境安全以及满足经济社会管理基本需要的技术要求，应当制定强制性国家标准。食品安全国家标准以保障公众身体健康为宗旨，为强制性标准。对满足基础通用、与强制性国家标准配套、对各有关行业起引领作用等需要的技术要求，可以制定推荐性国家标准。

强制性国家标准由国务院批准发布或者授权批准发布。推荐性国家标准由国务院标准化行政主管部门统一发布。强制性国家标准的代号为"GB"，推荐性国家标准的代号为"GB/T"。国家标准的编号由国家标准的代号、国家标准发布的顺序号和国家标准发布的年代号构成。

（2）行业标准管理　对没有国家标准、需要在全国某个行业范围内统一的技术要求，可以制定行业标准。行业标准由国务院有关行政主管部门制定，报国务院标准化行政主管部门备案。

行业标准代号由国务院标准化行政主管部门规定。食品行业相关的行业标准代号主要有农业标准 NY、水产标准 SC、轻工标准 QB、机械标准 JB、化工标准 HG、包装标准 BB、国内贸易标准 SB、认证认可标准 RB、粮食标准 LS、林业标准 LY、卫生标准 WS、供销合作标准 GH、安全生产标准 AQ 等。行业标准的编号由行业标准代号、标准顺序号及年代号组成。

（3）地方标准管理　为满足地方自然条件、风俗习惯等特殊技术要求，可以制定地方标准。地方标准由省、自治区、直辖市人民政府标准化行政主管部门制定；地方标准由省、自治区、直辖市人民政府标准化行政主管部门报国务院标准化行政主管部门备案，由国务院标准化行政主管部门通报国务院有关行政主管部门。

对地方特色食品，没有食品安全国家标准的，省、自治区、直辖市人民政府卫生行政部门制定并公布食品安全地方标准，是强制性标准。

地方标准一般由地方市场监督管理部门统一审批和发布。根据《地方标准管理办法》的规定，地方标准的编号，由地方标准代号、顺序号和年代号三部分组成。省级地方标准代号，由"DB"加上其行政区划代码前两位数字组成。市级地方标准代号，由"DB"加上其行政区划代码前四位数字组成。

食品安全地方标准由省、自治区、直辖市卫生行政部门发布，食品安全地方标准的编号一般由字母"DBS"加上省、自治区、直辖市行政区划代码前两位数加斜线以及标准顺序号与年代号组成。

（4）团体标准管理　国家鼓励学会、协会、商会、联合会、产业技术联盟等社会团体协调相关市场主体共同制定满足市场和创新需要的团体标准，由本团体成员约定采用或者按照本团体的规定供社会自愿采用。

团体标准一般由依法成立的学会、协会、商会、联合会、产业技术联盟等社会团体发布。我国实行团体标准自我声明公开和监督制度。国务院标准化行政主管部门会同国务院有关行政主管部门对团体标准的制定进行规范、引导和监督。《团体标准管理规定》中明确团体标准编号依次由团体标准代号、社会团体代号、团体标准顺序号和年代号组成。

（5）企业标准管理　国家鼓励食品生产企业制定严于食品安全国家标准或者地方标准的企业标准，在本企业适用。食品生产企业不得制定低于食品安全国家标准或者地方标准要求的企业标准。食品生产企业制定食品安全指标严于食品安全国家标准或者地方标准的企业标准的，应当报省、自治区、直辖市人民政府卫生行政部门备案。食品生产企业制定企业标准的，应当公开，供公众免费查阅。

食品生产企业对备案的企业标准负责，是企业标准的第一责任人。

企业标准的编号由企业编制，一般格式为：Q/（企业代号）（四位顺序号）S—（四位年代号），企业标准备案号格式一般为：（省级行政区划代码前四位）（四位顺序号）S—（四位年代号）。

北京、四川、湖南、湖北等多个省、自治区、直辖市卫生行政部门相继出台了食品企业标准备案办法，如北京市卫生健康委员会2020年4月发布了《北京市食品企业标准备案办法》并于2020年6月实施，该办法详细规定了适用范围、责任人、备案及管理部门、标准内容、标准代号、办理形式、备案处理、标准公开、标准备案登记号、有效期、修订重新备案情况、注销备案情况等内容。

二、我国食品安全标准体系

1. 食品安全标准体系

20世纪50年代，卫生部发布了第一个酱油中砷的限量标准，标志着我国食品标准开始起步。20世纪60年代初刚刚萌芽的"标准化"管理理念推动食品工业标准化拉开序幕。2013年"最严谨的标准、最严格的监管、最严厉的处罚、最严肃的问责"即"四个最严"的提出，最严谨的标准成为保障食品安全的前提和基础。随着食品工业的发展进入新的阶段，食品标准化建设也得到了大力加强。经过多轮机构改革和职能调整，食品安全标准工作管理机制更加完善，机构运转更加有效，标准体系建设也更加优化，食品安全国家标准体系初步建成。食品安全标准是对食品中各种影响消费者健康的危害因素进行控制的技术法规。《中华人民共和国食品安全法》规定，食品安全标准为强制性标准。

第二十五条　食品安全标准是强制执行的标准。除食品安全标准外，不得制定其他食品强制性标准。

食品安全标准是食品生产经营者必须遵循的最低要求，是食品能够合法生产、进入消费市场的门槛；其他非食品安全方面的食品标准是食品生产经营者自愿遵守的，可以为组织生产、提高产品品质提供指导，以增加产品的市场竞争力。

食品生产经营者应当依照法律、法规和食品安全标准从事生产经营活动，建立健全食品安全管理制度，采取有效管理措施，保证食品安全。食品生产经营者对其生产经营的食品安全负责，对社会和公众负责，承担社会责任。

《中华人民共和国食品安全法》第二十六条规定了食品安全标准应当包括的内容：

第二十六条　食品安全标准应当包括下列内容：

（一）食品、食品添加剂、食品相关产品中的致病性微生物，农药残留、兽药残留、生物毒素、重金属等污染物质以及其他危害人体健康物质的限量规定；

（二）食品添加剂的品种、使用范围、用量；

（三）专供婴幼儿和其他特定人群的主辅食品的营养成分要求；

（四）对与卫生、营养等食品安全要求有关的标签、标志、说明书的要求；

（五）食品生产经营过程的卫生要求；

（六）与食品安全有关的质量要求；

（七）与食品安全有关的食品检验方法与规程；

（八）其他需要制定为食品安全标准的内容。

食品安全标准体系包括食品安全国家标准、食品安全地方标准。其中，食品安全国家标准是我国食品安全标准体系的主体，我国食品安全国家标准包括通用标准、产品标准、生产经营规范标准以及检验方法与规程标准，食品安全地方标准的分类与食品安全国家标准相似。

（1）通用标准　也称基础标准，在食品安全国家标准体系中，食品安全通用标准涉及各个食品类别，覆盖各类食品安全健康危害物质，对具有一般性和普遍性的食品安全危害和控制措施进行了规定。因涉及的食品类别多、范围广，标准的通用性强，通用标准构成了标准体系的"网底"。通用标准是从健康影响因素出发，按照健康影响因素的类别，制定出各种食品、食品相关产品的限量要求或者使用要求或者标示要求。

（2）产品标准　从食品、食品添加剂、食品相关产品出发，按照产品的类别，制定出各种健康影响因素的限量要求或者使用要求或者标示要求，规定了各大类食品的定义、感官、理化和微生物等要求。

（3）食品生产经营规范标准　规定了食品生产经营过程控制和风险防控要求，具体包括了对食品原料、生产过程、运输和贮存、卫生管理等生产经营过程安全的要求。

（4）检验方法与规程标准　规定了理化检验、微生物学检验和毒理学检验规程的内容，其中理化检验方法和微生物学检验方法主要与通用标准、产品标准的各项指标相配套，服务于食品安全监管和食品生产经营者的管理需要。检验方法与规程标准一般包括各项限量指标检验所使用的方法及其基本原理、仪器和设备以及相应的规格要求、操作步骤、结果判定和报告内容等方面。

我国的食品安全国家标准体系见图1-1。

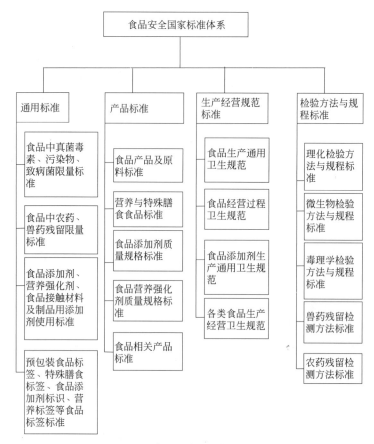

图 1-1　食品安全国家标准体系

2. 食品安全国家标准制定原则及相关方

按照《中华人民共和国食品安全法》的规定，制定食品安全国家标准，应当以保障公众身体健康为宗旨，做到科学合理、安全可靠。食品安全国家标准应体现《中华人民共和国食品安全法》的立法宗旨，以食品安全风险评估结果为依据，以对人体健康可能造成食品安全风险的因素为重点，科学合理设置标准内容。标准的制定应符合我国国情和食品产业发展实际，注重标准的可操作性。标准内容还应充分考虑各级食品安全监管部门的监管需要和执行能力，有利于解决监管工作中发现的重大食品安全问题。标准的制定过程应广泛听取各方意见，鼓励公民、法人和其他组织积极参与，提高标准制定过程的公开透明度。标准应积极借鉴相关国际标准和管理经验，充分考虑国际食品法典委员会相关工作的进展。

食品安全国家标准由国务院卫生行政部门会同国务院食品安全监督管理部门制定、公布，国务院标准化行政部门提供国家标准编号。食品中农药残留、兽药残留的限量规定及其检验方法与规程由国务院卫生行政部门、国务院农业行政部门会同国务院食品安全监督管理部门制定。屠宰畜、禽的检验规程由国务院农业行政部门会同国务院卫生行政部门制定。依据上述规定，国家卫生健康委员会按照法定职能，依法组建了国家食品安全风险评估专家委员会和食品安全国家标准审评委员会，以风险监测数据和风险评估结果为基础的食品安全国家标准体系逐步完善。

食品安全标准的主要使用者是进行食品生产经营的企业和进行监督管理的各部门，但食品安全标准的制定与执行却与社会各界都密切相关。食品安全监管部门、食品生产经营企业、科研机构、消费者、学术团体都应当作为利益相关方参与食品安全标准工作。食品安全标准的制定是食品安全风险管理的一部分内容。食品安全标准应当以科学为基础，因此从事食品安全科学研究的机构应当主导标准的各项指标制定；食品安全标准又离不开具体的食品生产加工过程，因此食品企业、行业协会是食品安全标准的最重要参与者之一；食品安全标准指标的设置是否能够满足监管需要，需要监管部门的人员参与；消费者同样有权利基于自身的消费需求，对食品安全标准提出意见和建议。

食品安全标准的制修订作为一项食品风险管理工作，应当基于科学，还应当包括其他社会、经济、人文等因素。政府管理者、专家、企业和消费者都参与到风险管理中，是为了从多个角度考虑食品安全管理问题，以科学为基础，对管理中的各个因素进行平衡，将公众利益最大化。

任何公民、法人和组织在食品安全标准执行过程中发现问题，都可以及时与国务院卫生行政部门联系，提出意见和建议。

3. 通用食品安全国家标准介绍

（1）《食品安全国家标准 食品中真菌毒素限量》（GB 2761）　真菌毒素是指真菌在生长繁殖过程中产生的次生有毒代谢产物。《食品安全国家标准 食品中真菌毒素限量》（GB 2761）标准规定了食品中黄曲霉毒素 B_1、黄曲霉毒素 M_1、脱氧雪腐镰刀菌烯醇、展青霉素、赭曲霉毒素 A 及玉米赤霉烯酮的限量指标。标准规定了应用原则及真菌毒素的限量指标要求及检测方法，附录为食品类别（名称）的说明。

（2）《食品安全国家标准 食品中污染物限量》（GB 2762）　污染物是指食品在从生产（包括农作物种植、动物饲养和兽医用药）、加工、包装、贮存、运输、销售，直至食用等过程中产生的或由环境污染带入的、非有意加入的化学性危害物质。《食品安全国家标准 食品中污染物限量》（GB 2762）所规定的污染物是指除农药残留、兽药残留、生物毒素和放射性物质以外的污染物。该标准规定了食品中铅、镉、汞、砷、锡、镍、铬、亚硝酸盐、硝酸盐、苯并［a］芘、N- 二甲基亚硝胺、多氯联苯、3- 氯 -1,2- 丙二醇的限量指标。标准规定了应用原则及污染物的限量指标要求及检测方法，附录为食品类别（名称）的说明。

（3）《食品安全国家标准 预包装食品中致病菌限量》（GB 29921）和《食品安全国家标准 散装即食食品中致病菌限量》（GB 31607）食品中致病菌污染是导致食源性疾病的重要原因，预防和控制食品中致病菌污染是食品安全风险管理的重点内容。根据我国行业发展现况，考虑致病菌或其代谢产物对健康造成实际或潜在危害的可能、食品原料中致病菌污染风险、加工过程对致病菌的影响以及贮藏、销售和食用过程中致病菌的变化等因素，《食品安全国家标准 预包装食品中致病菌限量》（GB 29921）和《食品安全国家标准 散装即食食品中致病菌限量》（GB 31607）两项通用标准构成了我国食品中致病菌的限量标准，有助于保障食品安全和消费者健康，强化食品生产、加工和经营全过程管理，助推行业提升管理水平和健康发展。

《食品安全国家标准 预包装食品中致病菌限量》（GB 29921）适用于乳制品、肉制品、水产制品、即食蛋制品、粮食制品、即食豆制品、巧克力类及可可制品、即食果蔬制品、饮料、冷冻饮品、即食调味品、坚果籽类食品、特殊膳食用食品等类别的预包装食品，不适用于执行商业无菌要求的食品、包装饮用水、饮用天然矿泉水。标准规定了沙门氏菌、金黄色葡萄球菌、致泻大肠埃希菌、副溶血性弧菌、单核细胞增生李斯特菌、克罗诺杆菌属阪崎肠杆菌 6 种致病菌指标在对应食品类别中的限量标准。附录为食品类别（名称）说明。

《食品安全国家标准 散装即食食品中致病菌限量》（GB 31607）适用于散装即食食品。不适用于餐饮服务中的食品、执行商业无菌要求的食品、未经加工或处理的初级农产品，标准规定了沙门氏菌、金黄色葡萄球菌、蜡样芽胞杆菌、单核细胞增生李斯特氏菌、副溶血性弧菌的限量。

（4）《食品安全国家标准 食品中农药最大残留限量》（GB 2763）和《食品安全国家标准 食品中兽药最大残留限量》（GB 31650）、《食品安全国家标准 食品中 41 种兽药最大残留限量》（GB 31650.1—2022）《食品安全国家标准 食品中农药最大残留限量》（GB 2763）标准规定了 2,4- 滴丁酸（2,4-DT）等农药在对应食品类别中的最大残留限量，标准的技术要求主要包括农药名称、主要用途、每日允许摄入量（ADI）、残留物和最大残留限量、检测方法。附录为食品类别及测定部位说明及豁免制定食品中最大残留限量标准的农药。

兽药残留是指对食品动物用药后，动物产品的任何可食用部分中所有与药物有关的物质的残留，包括药物原型或 / 和其代谢产物。《食品安全国家标准 食品中兽药最大残留限量》（GB 31650）为通用标准，适用于与最大残留限量相关的动物性食品。标准规定了动物性食品中阿苯达唑等兽药的最大残留限量；规定了醋酸等允许用于食品动物，但不需要制定残留限量的兽药；规定了氯丙嗪等允许作治疗用，但不得在动物性食品中检出的兽药。标准的技术要求主要包括兽药名称、兽药分类、每日允许摄入量（ADI）、残留标志物、最大残留限量等。

（5）《食品安全国家标准 食品添加剂使用标准》（GB 2760） 食品添加剂是指为改善食品品质和色、香、味，以及为防腐、保鲜和加工工艺的需要而加入食品中的人工合成或者天然物质。食品用香料、胶基糖果中基础剂物质、食品工业用加工助剂也包括在内。《食品安全国家标准 食品添加剂使用标准》（GB 2760）规定了食品添加剂的使用原则、允许使用的食品添加剂品种、使用范围及最大用量，包括正文和附录两个部分：正文主要规定了食品添加剂的含义、使用原则、食品分类系统、食品添加剂的使用规定等；附录规定了食品添加剂、食品用香料、食品工业用加工助剂的使用规定，食品添加剂功能类别和食品分类系统等内容。

（6）《食品安全国家标准 食品营养强化剂使用标准》（GB 14880） 食品营养强化剂是指为了增加食品的营养成分（价值）而加入食品中的天然或人工合成的营养素和其他营养成分。《食品安全国家标准 食品营养强化剂使用标准》（GB 14880）包括了营养强化的主要目的、使用营养强化剂的要求、可强化食品类别的选择要求、营养强化剂的使用规定、食品类别（名称）说明和营养强化剂质量标准等八个部分。四个附录从四个不同方面进行了规定：营养强化剂在食品中的使用范围、使用量应符合附录 A 的要求；允许使用的化合物来源应符合附录 B 的规定；特殊膳食用食品中营养素及其他营养成分的含量按相应的食品安全国家标准执行，允许使用的营养强化剂及化合物来源应符合该标准附录 C 和（或）相应产品标准的要求。附录 D 食品类别（名称）说明用于界定营养强化剂的使用范围，只适用于该标准。如允许某一营养强化剂应用于某一食品类别（名称）时，则允许其应用于该类别下的所有类别食品，另有规定的除外。

（7）《食品安全国家标准 食品接触材料及制品用添加剂使用标准》（GB 9685） 食品接触材料及制品用添加剂是指在食品接触材料及制品生产过程中，为满足预期用途，所添加的有助于改善其品质、特性，或辅助改善品质、特性的物质；也包括在食品接触材料及制品生产过程中，所添加的为保证生产过程顺利进行，而不是为了改善终产品品质、特性的加工助剂。《食品安全国家标准 食品接触材料及制品用添加剂使用标准》（GB 9685）包括食品接触材料及制品用添加剂的使用原则、食品接触材料及制品用添加剂的使用规定。附录规定了食品接触材料及制品允许使用的添加剂及使用要求、特定迁移总量限量［SML（T）］、金属元素特别限制规定。

（8）《食品安全国家标准 预包装食品标签通则》（GB 7718） 《食品安全国家标准 预包装食品标签通则》（GB 7718）对预包装食品标签标示的内容作出了详细规定，指导和规范了预包装食品标签标示的内容，适用于直接提供给消费者的预包装食品标签和非直接提供给消费者的预包装食品标签。其主要内容包括预包装食品标签的基本要求、直接向消费者提供的预包装食品标签标示内容、非直接提供给消费者的预包装食品标签标示内容、豁免的标示内容、推荐标示的内容及其他要求。附录为包装物或包装容器最大表面面积计算方法、食品添加剂在配料表中的标示形式、部分标签项目的推荐标示形式。

（9）《食品安全国家标准 预包装特殊膳食用食品标签》（GB 13432） 《食品安全国家标准 预包装特殊膳食用食品标签》（GB 13432）规定了特殊膳食用食品的强制标示内容、可选择标示内容，适用于预包装特殊膳食用食品的标签（含营养标签）。该标准附录规定了特殊膳食用食品的类别。

（10）《食品安全国家标准 食品添加剂标识通则》（GB 29924） 《食品安全国家标准 食品添加剂标识通则》（GB 29924）规定了食品添加剂标识基本要求、提供给生产经营者的食品添加剂标识内容及要求、提供给消费者直接使用的食品添加剂标识内容及要求，适用于食品添加剂的标识，食品营养强化剂的标识参照使用，不适用于为食品添加剂在储藏运输过程中提供保护的储运包装标签的标识。

（11）《食品安全国家标准 预包装食品营养标签通则》（GB 28050） 《食品安全国家标准 预包装食品营养标签通则》（GB 28050）规定了预包装食品营养标签的基本要求、强制标示内容、可选择标示内容、营养成分的表达方式、营养声称用语及其条件等内容，适用于预包装食品营养标签上营养信息的描述和说明，不适用于保健食品及预包装特殊膳食用食品的营养标签标示。附录为食品标签营养素参考值（NRV）及其使用方法、营养标签格式、能量和营养成分含量声称和比较声称的要求 / 条件和同义语以及能量和营养成分功能声称标准用语。

标准在实施中应当遵循以下原则：一是食品生产经营者应当严格依据法律法规和标准组织生产和经营活动，使其产品符合食品安全标准中的限量要求。二是对标准未涵盖的其他污染物、真菌毒素、致病菌等，或未制定污染物、真菌毒素、致病菌等限量要求的食品类别，食品生产、加工、经营者均应通过采取各种控制措施，严格管理食品生产、经营过程，尽可能降低污染物、真菌毒素、致病菌的含量水平及导致风险的可能性，保障食品安全。

三、我国食品标准检索及有效性确认

标准信息检索主要使用网络资源如官方网站、官方数据库等进行。部分标准文本需要从相关出版社购买。标准的有效性确认需通过发布公告、标准文本等多种途径综合判断。

1. 我国标准检索

（1）国家标准检索 食品安全国家标准主要是由国家卫生健康委员会网站发布，其中农兽药残留及检测方法标准由农业农村部网站发布，一般以公告形式。食品安全国家标准还可在国家食品安全风险评估中心的食品安全国家标准数据检索平台检索，农兽药残留限量及检测方法相关的食品安全国家标准在农业农村部农产品质量安全中心网站搜索。

标准检索及有效性确认

国家标准公告一般在国家标准化管理委员会或国家市场监督管理总局网站发布，大部分推荐性标准文本支持在线预览，强制性国家标准支持预览和下载，采用国际标准的除外。

（2）**行业标准检索**　目前，大部分新发布的行业标准已在行业标准信息服务平台公开电子文本或者在相应的国务院行政主管部门官方网站发布。

（3）**地方标准检索**　食品安全地方标准在各地方卫生健康委员会网站发布并公开标准文本，其他地方标准在地方市场监督管理厅/局/委员会发布，标准文本一般可在发布网站、标准信息平台或标准馆查找。

（4）**团体标准检索**　团体标准的检索，需要首先确定该团体标准的发布单位，可以在发布标准的社会团体网站和全国团体标准信息平台查找，不主动公开的团体标准文本可通过与发布标准的社会团体联系沟通确认是否能获得文本，部分社会团体仅对其会员单位提供文本，部分团体标准纸质文本由出版社出版发行。

（5）**企业标准检索**　根据食品安全法的规定，严于食品安全标准的食品企业标准需要备案，根据标准化法的规定，企业标准实行自我声明公开制度。一般通过地方卫生健康委员会网站可以检索到企业标准备案平台或企业标准公开平台（或网站），对于不在备案范围的企业标准，企业要将其产品执行标准在企业标准公共信息服务平台进行自我声明公开。

2. 我国标准有效性确认

标准的有效性状态包括已经废止、部分有效、现行有效等。当查询结果存在不一致的情况时，需要通过多种方式进行综合检索后作出判断。

（1）**废止标准的确认**　标准是否废止可以通过标准废止公告、标准发布公告、新标准前言、标准清理复审结论等进行判定。

① 有明确废止公告的，依据废止公告废止。

② 新标准的发布公告中明确被代替的标准即为废止标准。

③ 对于新标准发布公告以及新标准封面中未标明代替标准的，部分会在新标准的前言部分显示旧版本，可依据该前言确定旧标准的有效性状态。

④ 根据官方发布的清理复审结论予以废止。

⑤ 相关法规中明确废止标准的，也是标准废止依据，说明该标准已被废止。

（2）**部分有效标准的确认**　标准部分有效一般是在新标准的发布公告中查看或者在新标准的前言部分予以明确。

（3）**现行有效标准的确认**　没有明确的废止判断依据的，或者在官方现行有效标准目录中的标准可以认为现行有效。

第三节　我国食品监管机构职能与监管制度

我国食品安全监管机构历经数次改革，目前主要有国家市场监督管理总局、国家卫生健康委员会、农业农村部和海关总署等食品安全监管机构。香港、澳门也有专门机构进行食品安全监管。我国针对食品安全监管，建立了一系列监管制度。

一、我国食品安全监管机构及职能

2009年我国颁布了第一部食品安全法，为贯彻落实食品安全法，切实加强对食品安全工作的领导，2010年2月6日，国务院决定设立国务院食品安全委员会，作为国务院食品安全工作的高层次议事协调机构。设立国务院食品安全委员会办公室，作为国务院食品安全委员会的办事机构。国务院食品安全委员会的主要职责是分析食品安全形势，研究部署、统筹指导食品安全工作；提出食品安全监管的重大政策措施；督促落实食品安全监管责任。

我国的食品安全监管机构包括立法机构、行政机构和司法机构。其中立法机构是全国人民代表大会及其常务委员会，负责制定国家法律。行政机构是市场监督管理总局、海关总署等食品安全监管部门。司法机构是最高人民法院和最高人民检察院。

为加强食品药品监督管理，提高食品药品安全质量水平，2013 年，国务院机构改革，将国务院食品安全委员会办公室的职责、国家食品药品监督管理局的职责、国家质量监督检验检疫总局的生产环节食品安全监督管理职责、国家工商行政管理总局的流通环节食品安全监督管理职责整合，组建国家食品药品监督管理总局。其主要职责是对生产、流通、消费环节的食品安全和药品的安全性、有效性实施统一监督管理等。将工商行政管理、质量技术监督部门相应的食品安全监督管理队伍和检验检测机构划转食品药品监督管理部门。保留国务院食品安全委员会，不再保留单设的国务院食品安全委员会办公室。

2018 年，国务院机构再次改革，将国家工商行政管理总局的职责、国家质量监督检验检疫总局的职责、国家食品药品监督管理总局的职责、国家发展和改革委员会的价格监督检查与反垄断执法职责、商务部的经营者集中反垄断执法以及国务院反垄断委员会办公室等职责整合，组建国家市场监督管理总局，作为国务院直属机构。保留国务院食品安全委员会、国务院反垄断委员会，具体工作由国家市场监督管理总局承担。

除国家市场监督管理总局外，我国与食品安全监管有关的机构还包括国家卫生健康委员会、海关总署、农业农村部、商务部、国家粮食和物资储备局等。我国国家层面的食品安全监管机构框架见图 1-2。

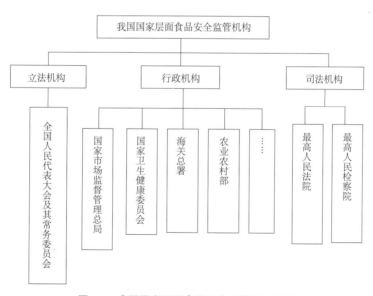

图 1-2　我国国家层面食品安全监管机构框架

香港食品安全监管机构主要为食物及卫生局，具体的监管执行工作由其下属的食物环境卫生署、渔农自然护理署和政府化验所负责，其中食物环境卫生署是食品安全管理职能最集中、综合的部门。

澳门由行政法务司管辖的市政署统筹食品安全的监督管理工作，经济及科技发展局、旅游局等部门协同管理。市政署负责监察食品安全及水质、动植物的检验检疫；对有关企业和活动发出行政准照或许可等。经济及科技发展局负责签发工业场所牌照和编制工业记录，并进行有关监督工作；签发对外贸易活动准照；管理对外贸易活动的限量制度；监察其他经济法例的遵守情况。旅游局负责向澳门旅游业界的实体发出牌照并监管其活动及场所，确保旅游业界严格按照法律规定运作。

1. 国家市场监督管理总局

国家市场监督管理总局是国务院正部级直属机构，负责市场综合监督管理，负责市场主体统一登记注册，负责组织和指导市场监管综合执法工作，负责反垄断统一执法，负责监督管理市场秩序，负责宏观质量管理，负责产品质量安全监督管理，负责食品安全监督管理综合协调，负责食品安全监督管理等。

国家市场监督管理总局内设机构中与食品安全监督管理工作相关的主要司局包括食品安全协调司、食品生产安全监督管理司、食品经营安全监督管理司、特殊食品安全监督管理司、食品安全抽检监测司、网络交易监督管理司、广告监督管理司等。

（1）食品安全协调司　主要工作职责包括：拟订推进食品安全战略的重大政策措施并组织实施；承担统筹协调食品全过程监管中的重大问题，推动健全食品安全跨地区跨部门协调联动机制工作；承办国务院食品安全委员会日常工作。

（2）食品生产安全监督管理司　主要工作职责包括：分析掌握生产领域食品安全形势，拟订食品生产监督管理和食品生产者落实主体责任的制度措施并组织实施；组织食盐生产质量安全监督管理工作；组织开展食品生产企业监督检查，组织查处相关重大违法行为；指导企业建立健全食品安全可追溯体系。

（3）食品经营安全监督管理司　主要工作职责包括：经营环节的监督管理工作；分析掌握流通和餐饮服务领域食品安全形势，拟订食品流通、餐饮服务、市场销售食用农产品监督管理和食品经营者落实主体责任的制度措施，组织实施并指导开展监督检查工作；组织食盐经营质量安全监督管理工作；组织实施餐饮质量安全提升行动。指导重大活动食品安全保障工作；组织查处相关重大违法行为。

（4）特殊食品安全监督管理司　主要工作职责包括：分析掌握保健食品、特殊医学用途配方食品和婴幼儿配方乳粉等特殊食品领域安全形势，拟订特殊食品注册、备案和监督管理的制度措施并组织实施；组织查处相关重大违法行为。

（5）食品安全抽检监测司　主要工作职责包括：拟订全国食品安全监督抽检计划并组织实施，定期公布相关信息；督促指导不合格食品核查、处置、召回；组织开展食品安全评价性抽检、风险预警和风险交流；参与制定食品安全标准、食品安全风险监测计划，承担风险监测工作，组织排查风险隐患。

（6）网络交易监督管理司　主要工作职责包括：拟订实施网络商品交易及有关服务监督管理的制度措施；组织指导协调网络市场行政执法工作；组织指导网络交易平台和网络经营主体规范管理工作；组织实施网络市场监测工作；依法组织实施合同、拍卖行为监督管理，管理动产抵押物登记；指导消费环境建设。

（7）广告监督管理司　主要工作职责包括：拟订实施广告监督管理的制度措施，组织指导保健食品、特殊医学用途配方食品等广告审查工作；组织查处虚假广告等违法行为。

2. 国家卫生健康委员会

2018 年，国务院机构改革，批准成立国家卫生健康委员会。国家卫生健康委员会是国务院正部级组成部门，其内设机构与食品安全监管相关的主要为食品安全标准与监测评估司。此外，经中央机构编制委员会办公室批准，成立了属于国家卫生健康委员会事业单位的国家食品安全风险评估中心。

（1）食品安全标准与监测评估司　主要职责包括：组织拟订食品安全国家标准，开展食品安全风险监测、评估和交流，承担新食品原料、食品添加剂新品种、食品相关产品新品种的安全性审查工作。

（2）国家食品安全风险评估中心　主要职责包括：开展食品安全风险监测、风险评估、标准管理等相关工作；拟订国家食品安全风险监测计划，开展食品安全风险监测工作，按规定报送监测数据和分析结果；拟订食品安全风险评估技术规范，承担食品安全风险评估相关工作，对食品、食品添加剂、食品相关产品中生物性、化学性和物理性危害因素进行风险评估，向国家卫生健康委报告食品安全风险评估结果等信息；开展食品安全相关科学研究、成果转化、检测服务、信息化建设、技术培训和科普宣教工作；承担食品安全风险监测、评估、标准、营养等信息的风险交流工作；承担食品安全标准的技术管理工作，承担国民营养计划实施的技术支持工作；开展食品安全风险评估领域的国际合作与交流；承担国家食品安全风险评估专家委员会、食品安全国家标准审评委员会等机构秘书处工作等。

3. 农业农村部

农业农村部作为国务院正部级组成部门，其主要职责包括：负责种植业、畜牧业、渔业、农垦、农业机械化等农业各产业的监督管理；负责农产品质量安全监督管理；负责有关农业生产资料和农业投入品的监督管理等。农业农村部内设机构中涉及食品监管的机构包括农产品质量安全监管司、种植业管理司（农药管理司）、畜牧兽医局等。

（1）农产品质量安全监管司　主要职责包括：组织实施农产品质量安全监督管理有关工作；指导农产品质量安全监管体系、检验检测体系和信用体系建设；承担农产品质量安全标准、监测、追溯、风险评估等相关工作。

（2）种植业管理司（农药管理司）　主要职责包括：起草种植业发展政策、规划；指导种植业结构和布局调整及标准化生产工作，发布农情信息；承担发展节水农业和抗灾救灾相关工作；承担肥料有关监督管理以及农药生产、经营和质量监督管理，指导农药科学合理使用；承担国内和出入境植物检疫、农作物重大病虫害防治有关工作。

（3）畜牧兽医局　主要职责包括：起草畜牧业、饲料业、畜禽屠宰行业、兽医事业发展政策和规划；监督管理兽医医政、兽药及兽医器械；指导畜禽粪污资源化利用；监督管理畜禽屠宰、饲料及其添加剂、生鲜乳生产收购环节质量安全；组织实施国内动物防疫检疫；承担兽医国际事务、兽用生物制品安全管理和出入境动物检疫有关工作。

4. 海关总署

海关总署是国务院正部级直属机构，成立于 1949 年。2018 年，国务院机构改革，将出入境检验检疫管理职责和队伍划归海关总署。海关总署负责食品进出口管理的主要内设机构包括进出口食品安全局、动植物检疫司、企业管理和稽查司、口岸监管司等。

（1）进出口食品安全局　主要职责包括：拟订进出口食品、化妆品安全和检验检疫的工作制度，依法承担进口食品企业备案注册和进口食品、化妆品的检验检疫、监督管理工作，按分工组织实施风险分析和紧急预防措施工作。依据多双边协议承担出口食品相关工作。

（2）**动植物检疫司**　主要工作职责包括：拟订出入境动植物及其产品检验检疫的工作制度，承担出入境动植物及其产品的检验检疫、监督管理工作，按分工组织实施风险分析和紧急预防措施，承担出入境转基因生物及其产品、生物物种资源的检验检疫工作。

（3）**企业管理和稽查司**　主要工作职责包括：拟订海关信用管理制度并组织实施，拟订加工贸易等保税业务的管理制度并组织实施，拟订海关稽查及贸易调查、市场调查等制度并组织实施。承担货物"出口申报前监管""进口放行后检查"等工作任务。

（4）**口岸监管司**　主要工作职责包括：拟订进出境运输工具、货物、物品、动植物、食品、化妆品和人员的海关检查、检验、检疫工作制度并组织实施，拟订物流监控、监管作业场所及经营人管理的工作制度并组织实施，拟订进出境邮件快件、暂准进出境货物、进出境展览品等监管制度并组织实施。承担国家禁止或限制进出境货物、物品的监管工作，承担海关管理环节的反恐、维稳、防扩散、出口管制等工作，承担进口固体废物、进出口易制毒化学品等口岸管理工作。

二、我国食品安全监管部门间分工

我国食品安全监管虽涉及较多政府部门，但责任分工很明确。目前，国家市场监督管理总局主要与国家卫生健康委员会、海关总署、农业农村部在食品安全监督管理方面存在分工合作关系。另外，海关总署与农业农村部因动植物检验检疫等工作也存在分工合作的情况。

1. 国家市场监督管理总局与国家卫生健康委员会的职责分工

国家卫生健康委员会负责食品安全风险评估工作，会同国家市场监督管理总局等部门制订、实施食品安全风险监测计划。国家市场监督管理总局在监督管理工作中发现需要进行食品安全风险评估的，应当及时向国家卫生健康委员会提出建议。国家卫生健康委员会对通过食品安全风险监测或者接到举报发现食品可能存在安全隐患的，应当立即组织进行检验和食品安全风险评估，并及时向国家市场监督管理总局通报食品安全风险评估结果，对于得出不安全结论的食品，国家市场监督管理总局应当立即采取措施。

2. 国家市场监督管理总局与海关总署的职责分工

为避免对各类进出口商品和进出口食品、化妆品进行重复检验、重复收费、重复处罚，减轻企业负担，海关总署与国家市场监督管理总局两部门要建立合作机制。对于境外发生的食品安全事件可能对我国境内造成影响，或者在进口食品中发现严重食品安全问题的，海关总署应当及时采取风险预警或者控制措施，并向国家市场监督管理总局通报，国家市场监督管理总局应当及时采取相应措施。海关总署在口岸检验监管中发现不合格或存在安全隐患的进口产品，依法实施技术处理、退运、销毁，并向国家市场监督管理总局通报。国家市场监督管理总局统一管理缺陷产品召回工作，通过消费者报告、事故调查、伤害监测等获知进口产品存在缺陷的，依法实施召回措施；对拒不履行召回义务的，国家市场监督管理总局向海关总署通报，由海关总署依法采取相应措施。

3. 国家市场监督管理总局与农业农村部的职责分工

农业农村部负责食用农产品从种植养殖环节到进入批发、零售市场或者生产加工企业前的质量安全监督管理。食用农产品进入批发、零售市场或者生产加工企业后，由国家市场监督管理总局监督管理。

农业农村部负责动植物疫病防控、畜禽屠宰环节、生鲜乳收购环节质量安全的监督管理。农业农村部与国家市场监督管理总局两部门要建立食品安全产地准出、市场准入和追溯机制，加强协调配合和工作衔接，形成监管合力。

4. 海关总署与农业农村部的职责分工

海关总署会同农业农村部起草出入境动植物检疫法律法规草案；确定和调整禁止入境动植物名录并联合发布；制定并发布动植物及其产品出入境禁令、解禁令。农业农村部负责签署政府间动植物检疫协议、协定；海关总署负责签署与实施政府间动植物检疫协议、协定，以及动植物检疫部门间的协议等。

三、我国主要食品安全监管制度

我国对食品安全的监管有一套完整的制度，从食用农产品到食品生产加工，再到市场销售，每个环节都有其对应的监管制度，主要包括农产品质量安全制度、食品生产经营许可制度、特殊食品注册备案制度、食品安全风险监测和评估制度、食品生产经营监督检查制度、食品安全抽样检验制度、食品追溯制度、食品召回制度、进出口食品安全监管制度等。另外，我国对于食品相关产品的监管也很重视，相关监管制度也日益完善。我国食品安全监督管理制度明确了生产经营者、监督管理部门和地方人民政府的责任，加强了各监督管理部门的协调、配合，保障了人民群众的身体健康和生命安全。以下介绍我国主要的食品安全监管制度。

1. 农产品质量安全制度

根据《中华人民共和国食品安全法》的规定，供食用的源于农业的初级产品的质量安全管理，应遵守《中华人民共和国农产品质量安全法》的规定。但是，食用农产品的市场销售、有关质量安全标准的制定、有关安全信息的公布和《中华人民共和国食品安全法》对农业投入品作出规定的，应当遵守《中华人民共和国食品安全法》的规定。

《中华人民共和国食品安全法》规定，食用农产品生产者应当按照食品安全标准和国家有关规定使用农药、肥料、兽药、饲料和饲料添加剂等农业投入品，严格执行农业投入品使用安全间隔期或者休药期的规定，不得使用国家明令禁止的农业投入品。进入市场销售的食用农产品在包装、保鲜、贮存、运输中使用保鲜剂、防腐剂等食品添加剂和包装材料等食品相关产品，应当符合食品安全国家标准。

《中华人民共和国农产品质量安全法》从农产品质量安全标准、农产品产地、农产品生产、农产品包装和标识等方面，对农产品质量安全的监督管理进行了规定。

2. 食品生产经营许可制度

《中华人民共和国食品安全法》规定，国家对食品生产经营实行许可制度。在我国境内，从事食品生产、食品销售等，应当依法取得许可，但销售食用农产品，不需要取得许可。仅销售预包装食品的，应当报所在地县级以上地方人民政府食品安全监督管理部门备案。

为规范食品生产经营许可活动，加强食品生产经营监督管理，国家发布实施《食品生产许可管理办法》和《食品经营许可管理办法》，规定了食品生产经营许可的申请、受理、审查、决定及其监督检查等。

另外，国家还制定了《食品生产许可审查通则》《食品经营许可审查通则（试行）》等文件，以配合食品生产经营许可制度的实施。

3. 特殊食品注册备案制度

特殊食品安全事关婴幼儿、病患等特殊敏感群体的切身利益。我国对特殊食品实行注册备案制度，其中对婴幼儿配方乳粉产品配方、特殊医学用途配方食品实行注册制度，对保健食品实行注册或备案制度。

《中华人民共和国食品安全法》规定，婴幼儿配方乳粉的产品配方应当经国务院食品安全监督管理部门注册。注册时，应当提交配方研发报告和其他表明配方科学性、安全性的材料。为严格婴幼儿配方乳粉产品配方注册管理，保证婴幼儿配方乳粉质量安全，原国家食品药品监督管理总局发布了《婴幼儿配方乳粉产品配方注册管理办法》（国家食品药品监督管理总局令第 26 号），自 2016 年 10 月 1 日起施行。在中华人民共和国境内生产销售和进口的婴幼儿配方乳粉产品配方注册管理，适用该办法。

特殊医学用途配方食品是指为了满足进食受限、消化吸收障碍、代谢紊乱或特定疾病状态人群对营养素或膳食的特殊需要，专门加工配制而成的配方食品。该类产品必须在医生或临床营养师指导下，单独食用或与其他食品配合食用。为规范特殊医学用途配方食品注册工作，加强注册管理，保证特殊医学用途配方食品的质量安全，原国家食品药品监督管理总局制定颁布了《特殊医学用途配方食品注册管理办法》，在中国境内生产销售和进口的特殊医学用途配方食品的注册管理，适用该办法。特殊医学用途配方食品生产企业应当按照批准注册的产品配方、生产工艺等技术要求组织生产，保证特殊医学用途配方食品安全。

根据《中华人民共和国食品安全法》的要求，我国对保健食品实行注册备案制度。保健食品注册，是指市场监督管理部门根据注册申请人申请，依照法定程序、条件和要求，对申请注册的保健食品的安全性、保健功能和质量可控性等相关申请材料进行系统评价和审评，并决定是否准予其注册的审批过程。保健食品备案，是指保健食品生产企业依照法定程序、条件和要求，将表明产品安全性、保健功能和质量可控性的材料提交市场监督管理部门进行存档、公开、备查的过程。为规范保健食品的注册与备案，2016 年国家食品药品监督管理总局发布《保健食品注册与备案管理办法》，并于 2020 年完成修订。在我国境内保健食品的注册与备案及其监督管理适用该办法。

4. 食品安全风险监测和评估制度

《中华人民共和国食品安全法》规定，国家建立食品安全风险监测制度，对食源性疾病、食品污染物以及食品中的有害因素进行监测。

国家卫生健康委员会会同国家市场监督管理总局等部门，制订、实施国家食品安全风险监测计划。地方政府根据国家食品安全风险监测计划，结合本行政区域的具体情况，制定、调整本行政区域的食品安全风险监测方案。

食品安全风险监测结果表明可能存在食品安全隐患的，县级以上人民政府卫生行政部门应当及时将相关信息通报同级食品安全监督管理等部门，并报告本级人民政府和上级人民政府卫生行政部门。食品安全监督管理等部门应当组织开展进一步调查。

国家建立食品安全风险评估制度，运用科学方法，根据食品安全风险监测信息、科学数据以及有关信息，对食品、食品添加剂、食品相关产品中生物性、化学性和物理性危害因素进行风险评估。

国家卫生健康委员会负责组织食品安全风险评估工作，成立由医学、农业、食品、营养、生物、环境等方面的专家组成的食品安全风险评估专家委员会进行食品安全风险评估。食品安全风险评估结果由国家卫生健康委员会公布。

5. 食品生产经营监督检查制度

为贯彻落实《中华人民共和国食品安全法》有关要求，进一步督促食品生产经营者规范食品生产经营活动，2021年12月，国家市场监督管理总局颁布《食品生产经营监督检查管理办法》，细化对食品生产经营活动的监督管理、规范监督检查工作要求，将基层监管部门对生产加工、销售、餐饮服务企业的日常监督检查责任落到实处，督促企业把主体责任落到实处。

（1）食品生产环节监督检查事项 应当包括食品生产者资质、生产环境条件、进货查验、生产过程控制、产品检验、贮存及交付控制、不合格食品管理和食品召回、标签和说明书、食品安全自查、从业人员管理、信息记录和追溯、食品安全事故处置以及食品委托生产等情况。特殊食品生产环节还应当包括注册备案要求执行、生产质量管理体系运行、原辅料管理等情况。保健食品生产环节的监督检查要点还应当包括原料前处理等情况。

（2）食品销售环节监督检查事项 应当包括食品销售者资质、一般规定执行、禁止性规定执行、经营场所环境卫生、经营过程控制、进货查验、食品贮存、食品召回、温度控制及记录、过期及其他不符合食品安全标准食品处置、标签和说明书、食品安全自查、从业人员管理、食品安全事故处置、进口食品销售、食用农产品销售、网络食品销售等情况。特殊食品销售环节还应当包括禁止混放要求落实、标签和说明书核对等情况。

（3）餐饮服务环节监督检查事项 应当包括餐饮服务提供者资质、从业人员健康管理、原料控制、加工制作过程、食品添加剂使用管理、场所和设备设施清洁维护、餐饮具清洗消毒、食品安全事故处置等情况。

县级以上地方市场监督管理部门应当按照本级人民政府食品安全年度监督管理计划，综合考虑食品类别、企业规模、管理水平、食品安全状况、风险等级、信用档案记录等因素，编制年度监督检查计划。按照国家市场监督管理总局的规定，根据风险管理的原则，结合食品生产经营者的食品类别、业态规模、风险控制能力、信用状况、监督检查等情况，将食品生产经营者的风险等级从低到高分为A级风险、B级风险、C级风险、D级风险四个等级。

6. 食品安全抽样检验制度

为提高食品安全监督管理的靶向性，加强食品安全风险预警，我国实行食品安全抽样检验制度。《中华人民共和国食品安全法》规定，县级以上人民政府食品安全监督管理部门应当对食品进行定期或者不定期的抽样检验。依据法定程序和食品安全标准等规定开展抽样检验，保障了公众身体健康和生命安全，加强了食品安全监督管理。

根据《中华人民共和国食品安全法》有关要求，结合食品安全抽样检验工作实际，国家市场监督管理总局发布《食品安全抽样检验管理办法》，市场监督管理部门按照科学、公开、公平、公正的原则，以发现和查处食品安全问题为导向，依法对食品生产经营活动全过程组织开展食品安全抽样检验工作。食品生产经营者应当依法配合市场监督管理部门组织实施的食品安全抽样检验工作。

7. 食品追溯制度

食品追溯是采集记录产品生产、流通、消费等环节信息，强化全过程质量安全管理与风险控制的有效手段。《中华人民共和国食品安全法》规定，国家建立食品安全全程追溯制度。食品生产经营者应当依照规定，建立食品安全追溯体系，确保记录真实完整，确保产品来源可查、去向可追、责任可究，保证食品可追溯。国家鼓励食品生产经营者采用信息化手段采集、留存生产经营信息，建立食品安全追溯体系。

国家市场监督管理总局会同农业农村部等有关部门建立食品安全全程追溯协作机制。国家建立统一的食用农产品追溯平台，建立食用农产品和食品安全追溯标准和规范，完善全程追溯协作机制。加强全程追溯的示范推广，逐步实现企业信息化追溯体系与政府部门监管平台、重要产品追溯管理平台对接，接受政府监督，互通互享信息。

8. 食品召回制度

《中华人民共和国食品安全法》规定，国家建立食品召回制度。食品生产者发现其生产的食品不符合食品安全标准或者有证据证明可能危害人体健康的，应当立即停止生产，召回已经上市销售的食品，通知相关生产经营者和消费者，并记录召回和通知情况。食品生产者认为应当召回的，应当立即召回。食品经营者发现其经营的食品不符合食品安全标准或者有证据证明可能危害人体健康的，应当立即停止经营，通知相关生产经营者和消费者，并记录停止经营和通知情况。

9. 进出口食品安全监管制度

2021年，海关总署发布第248号令《中华人民共和国进口食品境外生产企业注册管理规定》、第249号令《中华人民共和国进出口食品安全管理办法》，在进出口食品监管领域，基本形成以《中华人民共和国进出口食品安全管理办法》为基础、以《中华人民共和国进口食品境外生产企业注册管理规定》为辅助，以相关规范性文件为补充的法规体系，我国进出口食品安全监管制度更加完善。

第四节 国际组织与主要贸易国家和地区食品安全监管体系

随着全球贸易的不断发展，越来越多的食品企业走出国门开拓更广泛的国际市场，在此过程中，必然需要解决产品的出口合规问题。在全球食品安全体系中，国际性组织会制定一些国际食品标准、针对公共卫生事件和动植物检验检疫方面的政策等，并推进其在全球范围采用，成为全球食品贸易健康、安全、有序开展的重要技术保障。

一、国际食品法典委员会及国际食品法典标准

国际食品法典委员会（Codex Alimentarius Commission，CAC）是联合国粮食及农业组织（Food and Agriculture Organization of the United Nations，FAO）和世界卫生组织（World Health Organization，WHO）于1963年联合设立的政府间国际组织，专门负责协调政府间的食品标准。国际食品法典委员会有189个成员，其中包括188个成员国和1个成员组织（欧盟）。

《国际食品法典标准》是以统一方式呈现的国际通用食品标准和相关文本的集合。这些标准及相关文本涵盖了加工、半加工食品及某些食品原料，旨在为消费者提供安全、健康、没有掺假的食品，且要保证食品的正确标识及描述。

法典标准可分为通用标准、产品标准、操作规范标准及其他标准等4大类。通用标准涉及污染物、食品添加剂、微生物、农药残留、兽药残留、进出口检验与认证、采样和分析方法、标签等内容。产品标准涉及肉和肉制品、水产及其制品、乳和乳制品、谷物和豆类、加

工水果和蔬菜、新鲜水果和蔬菜、可可和巧克力制品、油脂、瓶装水、特殊膳食食品和区域特色食品等。操作规范标准包括通用规范、食品的操作规范、食品污染控制规范。其他标准包括政府应用的风险分析原则、各区域法典委员会准则等。国际食品法典标准框架体系见图1-3。

图 1-3 国际食品法典标准框架体系

以下详细介绍与食品进出口合规直接相关的通用标准和产品标准。

（1）**食品污染物限量标准** 污染物相关的限量标准有《食品和饲料中污染物和毒素的通用标准》（CXS 193），该标准规定了霉菌毒素（总黄曲霉毒素、黄曲霉毒素 M_1、脱氧雪腐镰刀菌烯醇、伏马菌素、赭曲霉毒素 A、棒曲霉素）、重金属（砷、镉、铅、汞、甲基汞、锡）、放射性核素和其他污染物（丙烯腈、氯丙醇、氢氰酸、三聚氰胺、氯乙烯单体）在食品中的限量要求。

（2）**食品添加剂标准** 食品添加剂相关的标准及指南包括《食品添加剂通用标准》（CXS 192）、《食品添加剂分类名称和国际编号系统》（CXG 36）、《香料使用指南》（CXG 66）、《加工助剂类物质指南》（CXG 75）、《食品添加剂规格目录》（CXA 6）和《食品添加剂摄入量的初步评估指南》（CXG 3）。

《食品添加剂通用标准》是食品添加剂使用的基础标准，对食品添加剂的使用范围和使用量进行了规定，并对食品分类系统进行了说明。另外，CAC在其网站上建立了食品添加剂使用数据库，可按照食品类别或食品添加剂名称进行查询。食品添加剂规格则执行食品添加剂联合专家委员会（JECFA）的具体规定。

（3）微生物标准　CAC未制定终产品中的微生物限量标准，而是倡导过程控制，制定了控制微生物风险的原则和操作规范。微生物控制相关的指南和规范如《食品微生物标准的制定和应用准则》（CXG 21）、《实施微生物危险性评估的原则及准则》（CXG 30）、《微生物风险管理操作指南和原则》（CXG 63）、《应用食品卫生通用原则控制即食食品中的李斯特菌指南》（CXG 61）等。

CAC 添加剂和农残数据库检索

（4）农药残留限量标准　食品中农药的最大残留限量是以数据库的形式展现的，可以在线查询某种农药的最大残留限量（MRL）。

（5）兽药残留限量标准　兽药残留限量也是以数据库的形式体现，可按照兽药功能类别、动物类别、兽药名称进行查询。同时，也可以通过《食品中兽药残留的最大残留限量和风险管理建议》（CXM 2）查询。

（6）食品标签标准　CAC对预包装食品的标签标示、营养标签、声称的规定比较全面，相关的标准包括《预包装食品标签通用标准》（CXS 1）、《营养标签指南》（CXG 2）、《声称通用指南》（CXG 1）、《营养和健康声称使用指南》（CXG 23）以及《非零售食品容器标签通用标准》（CXS 346）。

（7）产品标准　产品标准规定了食品质量和安全要求，包括标准名称、范围、描述、基本成分和质量指标、食品添加剂、污染物、卫生、度量衡、标签、分析和采样方法。食品安全要求（如食品添加剂、污染物等）可参照相应的通用标准，当通用标准无法满足产品要求时，可以根据需要规定指标要求。产品标准涉及产品种类繁多，可在国际食品法典委员会网站查询。

二、欧盟食品安全监管机构及法律法规

1. 欧盟食品安全监管机构

欧盟食品安全监管机构可分为决策机构、立法机构、执行机构和咨询机构。欧洲理事会（The European Council）为欧盟最高决策机构，欧盟理事会是欧盟的主要决策机构之一。欧盟理事会（Council of the European Union）、欧洲议会（European Parliament）和欧盟委员会（European Commission）是欧盟立法机构，其中，欧洲议会为欧盟的参与立法、监督、预算和咨询机构，同时欧盟委员会也是常设执行机构，欧盟食品安全局（European Food Safety Authority，EFSA）独立于其他部门，为咨询机构，为欧盟委员会提供食品安全方面的科学意见和建议。

2. 欧盟食品安全法规

欧盟已经构建了以"食品安全绿皮书"和"食品安全白皮书"为框架，以《通用食品法》为基础，以食品卫生系列法规和食品安全技术法规为补充，覆盖从农田到餐桌整个食品供应链的食品安全法规体系。

（1）**食品安全基本法**　2002年1月28日，欧洲议会和欧盟理事会发布了（EC）No 178/2002《通用食品法》，制定了食品法的基本原则和要求，如建立食品和食品安全的定义，明确欧盟食品安全总的指导原则、方针和目标，经营者要对食品安全负责，保证食品符合法规要求，成员国应按照统一要求制定相关管理和处罚措施，以及食品追溯和召回的要求等。《通用食品法》成为欧盟制定食品安全配套法规的基础。

（2）**食品卫生系列法规**　为进一步完善欧盟立法，为《通用食品法》制定相关实施细则，欧盟发布了（EC）No 852/2004《食品卫生法规》、（EC）No 853/2004《供人类消费的动物源性食品具体卫生规定》，并于2006年1月1日生效。为有效控制欧盟成员国及第三国食品安全，欧盟发布了（EU）2017/625《为确保饲料和食品法、动物健康和动物福利规则、植物卫生和植物保护产品规则的应用而进行的官方控制和其他官方活动》。

（EC）No 852/2004规定了食品卫生的最低要求，要求食品企业必须遵守法规附录规定的卫生规范；作为（EC）No 852/2004的补充，（EC）No 853/2004规定了动物源性食品的卫生准则，制定了包括乳及乳制品、蛋及蛋制品、水产及其制品、肉及肉制品等16个食品卫生标准；（EU）2017/625涵盖了由成员国国家执法部门进行的官方控制，以确认在一些领域遵守农业食物链规则。

（3）**食品安全技术法规**　除基本法及食品卫生系列法规外，欧盟还针对生物安全（微生物）、化学安全、食品添加剂、食品标签以及特定产品制定了食品安全技术法规。这些法规分别以横向、纵向的方式不断完善欧盟食品安全监管的主要内容，从而形成了纵横交错的覆盖从农田到餐桌整个食品供应链的食品安全法律法规体系。

三、美国食品安全监管机构及法律法规

1. 美国食品安全监管机构

联邦政府层面有多个联邦机构参与食品安全监管和执法，主要包括卫生与人类服务部（Department of Health & Human Services，DHHS）下属的食品药品管理局（Food & Drug Administration，FDA），农业部（U.S.Department of Agriculture，USDA）下属的食品安全检验局（Food Safety and Inspection Service，FSIS）和动植物卫生检验局（Animal and Plant Health Inspection Service，APHIS）等。这些机构按照产品种类进行职责分工，并与各州政府有效协作共同保障食品安全。

2. 美国食品安全法律法规

在联邦政府层面，美国制定了《联邦食品、药品和化妆品法》《公共卫生安全与生物恐怖防范应对法》《FDA食品安全现代化法》《联邦肉类检验法》《禽类产品检验法》《蛋制品检验法》和《食品质量保护法》等多部食品安全相关法律文件。根据联邦法律的要求，美国在食品标准、食品标签等方面制定了相应的联邦法规，对联邦法律进行了细化和补充。

（1）**《联邦食品、药品和化妆品法》**　该法是美国食品安全法律的核心，为美国食品安全的管理提供了基本原则和框架。该法规定由FDA监管除肉、禽和蛋制品以外的国产和进口食品的生产、加工、包装和储存等事宜；要求食品生产必须符合良好生产规范，禁止销售需经FDA批准但却未获批的食品、拒绝FDA检查的厂家生产的食品；禁止销售不洁食品以及被病毒侵染的产品，等等。

（2）**《公共卫生安全与生物恐怖防范应对法》**　该法第三章"保护食品供应安全"条款中规定了食品安全和保障策略，防止食品掺假，禁止进口违规食品，食品企业注册，相关记录

审核与保存等要求，明确要求 FDA 制定法规加强对本土及进口产品安全防护。

（3）《FDA 食品安全现代化法》及配套法规 《FDA 食品安全现代化法》（FSMA）规范了进口食品安全管理措施，是美国 1938 年以来最有影响力的食品安全修正法案。为有效实施 FSMA ，FDA 制定了 7 个配套法规，包括《农产品种植、收获、包装和保存标准》《人类和动物食品的卫生运输》《保护食品防止被故意掺杂的缓解策略》《人类食品的预防控制措施》等。

（4）《联邦肉类检验法》《禽类产品检验法》和《蛋制品检验法》 《联邦肉类检验法》《禽类产品检验法》和《蛋制品检验法》赋予 FSIS 监管肉类、禽类和蛋制品的权利，确保这些产品是在严格的卫生条件下生产的，并贴有适当标签。

（5）产品相关法规 21 CFR Part 130-169 规定了部分食品的质量要求，包括可添加的配料、加工过程、食品添加剂的使用、标签标示等。这些食品包括乳及乳制品、谷物制品、果蔬制品、蛋与蛋制品、鱼类与水生动物制品、可可制品、坚果、调味料等。9 CFR Part 319 规定了各类肉制品的产品标准，如生肉、香肠、午餐肉、特殊膳食肉类等食品。27 CFR Part 19、27 CFR Part 24 和 27 CFR Part 25 分别规定了蒸馏酒、葡萄酒和啤酒生产、加工方面的要求。

（6）食品标签和营养标签相关法规 21 CFR Part 101 规定了食品标签的要求，包括强制性标识信息、字体大小和印刷格式、营养标签和健康声称等。7 CFR Part 66 和 7 CFR Part 205 分别规定了生物工程食品标签和有机产品标签的要求。9 CFR Part 317 规定了肉禽类制品标签的一般要求和营养标签要求。27 CFR Part 4、27 CFR Part 5 和 27 CFR Part 7 分别规定了葡萄酒、蒸馏酒和麦芽酒的标签和广告要求。

（7）污染物相关法规 21 CFR Part 109.30 规定了食品中多氯联苯的限量要求；合规政策指南中规定了食品中真菌毒素和重金属等污染物的限量要求。

（8）微生物相关法规 美国没有专门制定食品中的微生物限量要求。目前，FDA 在合规政策指南中规定了食品中的微生物限量，主要涉及瓶装水、乳制品、水产贝类、果蔬汁等。FSIS 在 9 CFR Part 318、381 和 430 部分规定了肉禽和即食食品中微生物的限量要求。

（9）食品添加剂相关法规 美国已批准的食品添加剂被列入《联邦法规》第 21 卷。食品添加剂可分为直接食品添加剂（21 CFR Part 172）、次级直接食品添加剂（21 CFR Part 173）和间接食品添加剂（21 CFR Part 174）。其中，21 CFR Part 172 规定了允许直接添加到食品中的防腐剂、抗结剂、特殊膳食和营养强化剂、香料、多功能添加剂，以及这些添加剂的质量规格、使用范围、最大添加量和标识要求。21 CFR Part 173 规定了食品加工用聚合体和聚合体助剂、酶制剂和微生物、溶剂、润滑剂、特定用途添加剂等次级直接食品添加剂在食品中的使用要求。21 CFR Part 174 规定了食品接触材料及制品中添加剂的使用要求。21 CFR Part 189 规定了禁止在食品中使用的添加剂。

（10）色素相关法规 在美国，FDA 负责监管所有色素添加剂，以确保含有色素添加剂的食品可安全食用。21 CFR Part 70-82 规定了色素使用的要求。食品用色素可分为需要认证的色素和免于认证的色素。需要认证的色素是人工合成色素。FDA 已批准了 9 种需要认证的着色剂（如 FD&C 黄色 6 号），这些色素需要经过 FDA 认证，方可在食品中使用。免于认证的色素包括从蔬菜、矿物质或动物等天然来源提取的色素，包括红木提取物（黄色）等。

（11）一般认为安全的物质（GRAS）相关法规 GRAS 是 "Generally Recognized As Safe"（一般认为安全）的首字母缩写。如果某物质被一致认为其在预期使用条件下是安全的物质，则该物质属于 GRAS 物质，被列入联邦法规 21 CFR Part 182、21 CFR Part 184 和 21

CFR Part 186 中。

（12）农药和兽药残留限量相关法规　食品中农药的最大残留限量主要由环境保护署制定，收录于 40 CFR Part 180。同时，FDA 在合规政策指南 CPG Sec.575.100 中制定了食品和饲料中不可避免的农药残留行动水平（action level）。

《联邦法规》21 CFR Part 530 规定了禁用兽药清单，21 CFR Part 556 规定了食品中兽药的最大残留限量。

四、加拿大食品安全监管体系

在食品安全管理方面，加拿大采取分级管理、相互合作、广泛参与的模式，联邦、各省和市政当局按照各自职能履行食品安全监管责任。

1. 加拿大食品安全监管机构

加拿大食品安全监管机构主要包括卫生部（Health Canada，HC）、食品检验局（Canadian Food Inspection Agency，CFIA）、公共卫生局（Public Health Agency of Canada，PHAC）、农业与农业食品部（Agriculture and Agri-Food Canada，AAFC）和边境服务局（Canada Border Services Agency，CBSA）。其中，HC 负责制定所有在国内出售食品的安全及营养质量标准，以及食品安全相关法规。CFIA 负责实施这些法规和标准，并对有关法规和标准执行情况进行监督。CBSA、PHAC 和 AAFC 在食品进出口、流行性疾病研究等方面发挥作用，协助 HC 和 CFIA 的工作，全力保障加拿大的食品安全。

2. 加拿大食品安全法律法规

加拿大食品安全相关法律主要包括《食品药品法》和《食品安全法》。《食品药品法》是加拿大食品安全基本法，制定了食品安全和保护消费者健康的最低标准。《食品安全法》旨在建立一种基于风险的综合防控监管体系，要求对所有食品建立更加统一的检查制度，保证提供给加拿大家庭的食品尽可能安全。在上述两部法律的基础上，加拿大分别制定了相应的实施条例，制定了产品标准、标签标示、食品添加剂使用等方面的要求，成为加拿大食品安全监管的法规依据。

五、澳新食品安全监管体系

1996 年，澳大利亚与新西兰在《澳新食品标准法案》框架下建立了食品联合管理系统，并规定由澳新食品标准局（Food Standards Australia New Zealand，FSANZ）负责制定与维护澳大利亚、新西兰食品标准与法规，由澳新食品部长级会议（原澳新食品监管部长级论坛）负责制定食品政策，其会议成员是联合食品安全监管体系的决策者。

澳新食品标准局是澳大利亚和新西兰专门制定食品安全标准的独立非政府机构。澳新食品标准局主要负责制定食品生产和加工过程中的卫生标准、食品中的农兽药最大残留限量，还负责协调食品监测和食品召回系统，并为农业、水和环境部在进口食品监管中提供支持。澳新食品标准局在制定食品标准时，必须考虑部长级会议发布的政策指南，还要经过会议的审批。这些食品标准经过会议批准后即成为《澳新食品标准法典》的一部分。虽然食品标准是由澳新食品标准局制定，但标准的执行机构是澳大利亚各州、区政府和新西兰相关机构。

1. 澳大利亚食品安全监管机构

澳大利亚食品安全的监管工作由联邦政府、州政府管理机构及地方政府共同承担。联邦政府统一负责制定食品标准，以及食品对外贸易和检验检疫等法律法规。州和地方政府负责监管辖区内的食品。澳大利亚食品安全监管机构主要包括农业、水和环境部（Department of Agriculture，Water and the Environment，AWE），农兽药管理局（Australian Pesticides and Veterinary Medicines Authority，APVMA）以及竞争和消费者委员会（Australian Competition and Consumer Commission，ACCC）。

2. 新西兰食品安全管理机构

新西兰是一个具有独立政府的国家，没有"州"的行政级别，市和地区政府在实施和执法方面发挥重要作用，主要关注一些食品法管理范围内的中小型企业；而一些大型企业和受《动物产品法》约束的企业则由初级产业部负责监管。新西兰涉及食品安全监管的机构主要包括初级产业部（Ministry of Primary Industry，MPI）、卫生部（The Ministry of Health，MOH）和环境保护部（Department of Conservation，DOC）。

3. 澳新食品安全监管法律法规

澳新联合食品监管法规标准主要包括《澳新食品标准法案》和《澳新食品标准法典》。其中，《澳新食品标准法案》规定了澳新食品标准的目标，以及制定标准时必须遵循的要求和流程。《澳新食品标准法典》是在《澳新食品标准法案》的基础上制定的，成为澳新食品安全监管的法律法规基础。此外，澳大利亚和新西兰还分别制定了仅适用于其本国的食品安全法律法规。

（1）澳新联合食品监管法规 《澳新食品标准法典》包括食品通用标准、食品产品标准、食品安全标准、初级生产标准等四章内容，另外还包括相应的附表。其中，第三章和第四章的标准仅适用于澳大利亚。

第一章为食品通用标准，适用于所有食品。内容包括：食品标签、食品添加剂和营养强化剂等方面的要求；辐照食品、转基因食品和新资源食品等食品上市前的审批要求；污染物、天然毒素及微生物在食品中的最大限量等。其中，食品中农兽药的最大残留限量及肉制品加工过程的微生物控制限量仅适用于澳大利亚。

第二章为食品产品标准，涉及谷物、肉蛋鱼、蔬菜水果、食用油、乳制品、非酒精饮料、酒精饮料、糖及蜂蜜、特殊用途食品、醋和盐等 10 类产品。其中，特殊膳食配方食品过渡标准仅适用于新西兰。

第三章为食品安全标准（仅适用于澳大利亚），具体内容包括食品安全计划、食品安全操作、食品企业的生产设施及设备要求。食品安全计划基于 HACCP 体系建立，要求企业注重加工过程控制，而不仅依赖终产品标准。澳大利亚各州和领地的食品企业应按照该章的要求实施并审核食品安全计划。

第四章为初级生产标准（仅适用于澳大利亚），规定了肉类和蛋类等食品的初级生产和加工的要求。澳大利亚食品生产企业应按照该章的要求识别食品中的潜在危害，并实施与风险相匹配的控制措施。

（2）澳大利亚食品相关法律法规 《澳新食品标准法典》在澳大利亚各州强制执行，为澳大利亚各州/区提供了统一的食品安全标准。此外，澳大利亚在食品标准、食品贸易以及具体产品方面都制定了法案及配套的条例和法令/决定，形成了一套较为完善的食品安全法律法规体系。法案由联邦议会和各州/地区议会根据其宪法立法；条例和法令/决定根据法案的授权由行政机构制定，并处于议会的监督之下。

澳大利亚国内生产的食品应符合《澳新食品标准法典》的要求，《进口食品控制法案》和《出口管制法案》分别规定了官方对进口食品和出口产品的控制要求。《进口食品控制法案》旨在控制和检查进入澳大利亚的食品，要求所有进口食品和进口商符合该法的规定，包括进口商注册、产品抽检等规定。高风险食品的抽检比例是100%，低风险食品的抽检比例为5%。《出口管制法案》是一部针对出口商品管理的法律，适用于所有出口货物。该法旨在确保出口货物满足进口国的相关要求；货物符合相应的政府或行业要求；可追溯，必要时可召回；出口货物的商品说明准确无误。《农业和兽用化学品法案》规定了农药和兽药评估、登记和控制等方面的要求。

（3）新西兰食品相关法律法规　新西兰法律和法规的类型包括以下三类：①法律；②条例，根据法律制定，由部长推荐，内阁批准，总督颁布；③通知、指令、规格和标准，根据法律和条例制定，由MPI总干事发布。

澳新食品标准法典
及添加剂法规查询

新西兰食品安全法律和法规主要包括《食品法2014》《动物产品法1999》《农业化合物和兽药法1997》《葡萄酒法2003》及相应的配套法规，如《食品条例》《动物产品（乳）条例》和《农业化合物最大残留限量》。

《食品法2014》要求实施一套新的风险管理方法。该法给予不同类型的企业更多的灵活性，降低了其执行食品安全规定的成本。《动物产品法1999》旨在保护人类和动物健康。该法规定了动物产品的生产、储存、运输和加工等各个环节的要求。《农业化合物和兽药法1997》对农业化合物及兽药的进口、生产、销售和使用进行了规定，要求按照标签使用农业化合物和兽药以确保食品符合农兽药的最大残留限量标准。《酒类法2003》规定了葡萄酒管理计划及注册、葡萄酒出口和出口商注册等要求。

六、日本食品安全监管体系

二十世纪五六十年代，日本出现过较多食品安全事故，随后日本不断加强食品监管，积极调整法律法规，确立了严格的食品监管制度，不断完善食品安全监管体系，实施从农田到餐桌的全过程监管以保证食品安全。严格的监管也给我国食品出口日本带来了较大挑战。增进对日本食品监管体系及相关法律法规的了解有助于我国食品企业开拓日本市场，减少因食品不合格或标签问题导致的损失。以下介绍日本食品安全监管机构和法律法规。

1. 日本食品安全监管机构

日本食品安全监管机构可分为中央和地方两个层级。中央层级主要包括厚生劳动省（Ministry of Health Labour and Welfare，MHLW）、农林水产省（Ministry of Agriculture，Forestry and Fisheries，MAFF）、消费者厅（Consumer Affairs Agency，CAA）及食品安全委员会（Food Safety Commission，FSC）。

2. 日本食品安全法律法规

日本食品安全相关法律主要包括《食品卫生法》《食品安全基本法》《农林物资规格化法》和《食品标示法》。《食品卫生法》规定了食品与食品添加剂的规格标准、容器包装、农药残留标准、食品标签和广告、进口食品等方面的一般要求，同时还规定了食品生产、加工、流通、销售的监管要求及处罚措施。《食品安全基本法》是日本食品安全基本法，规定了食品生产经营者、运输者和消费者的责任，建立了食品对人体健康影响的评价制度，设立食品安全委员会开展食品安全风险评估，为监管机构提供科学意见和建议。《农林物资规格化法》（简称《JAS 法》），主要规定了日本农林规格的制修订、农产品质量评级及品质标示等方面的要求。《食品标示法》整合了《JAS 法》《食品卫生法》中有关食品标示的相关要求，要求食品从业者对标签的真实性负责，还规定了食品标签违规的处罚措施。

在涉及具体产品安全和质量要求方面，日本制定了食品添加剂、污染物、农兽药和食品标签等方面的法规，是日本食品安全监督执法的重要依据。

？ 思考题

1. 我国食品法规分为几个层级？
2. 我国食品安全国家标准包括哪些类别？
3. 如何判定食品标准的有效性？
4. 我国主要的食品安全监管制度有哪些？
5. 国际食品法典委员会的主要职能是什么？
6. 欧盟、美国、澳新及加拿大食品安全监管有哪些异同点？

第二章
食品合规管理体系概述

合规是食品企业能够持续生产经营所应符合的基本要求。对食品企业而言，生产经营的食品的质量与安全是食品企业合规的核心，此外还包括财务管理、人力资源、环境保护、安全生产、营销活动、知识产权保护等各方面的合规。本章主要介绍食品合规与食品合规管理的基本知识和食品合规管理体系建设的基本要求。主要从食品生产经营企业的资质合规、食品生产经营过程合规以及食品产品合规三个方面，介绍食品合规管理体系在食品生产经营企业的应用。

食品合规管理体系的建立和实施，需要食品企业研发、生产、质量、销售、市场等各个部门每一位员工的参与，贯穿了食品企业从设立到运行的整个生命周期，也涵盖了从农田到餐桌的整个食物供应链。食品生产经营企业宜通过建立和实施食品合规管理体系来规范合规管理。

 知识目标

1. 了解食品合规管理的起源和发展历史。
2. 理解食品合规管理的目的和意义。
3. 掌握食品合规管理的主要内容。
4. 掌握食品合规管理体系的应用。

 技能目标

1. 能够参与食品合规管理体系的建设。
2. 能够根据食品合规管理的主要内容，解决现实中遇到的有关问题。

 职业素养与思政目标

1. 具有爱国主义精神。
2. 具有食品安全卫士的责任意识。
3. 具有高度的社会责任感和专业使命感。
4. 具有终身学习、勤于钻研、谨慎调查、善于总结、勇于负责的精神。

合规是任何组织生存和发展的基础。当前，国际社会和世界各国政府都致力于建立公平透明的社会秩序的同时，我国亦不断推进法治社会的建设。食品生产经营企业作为我国重要的市场参与组织，也越来越关注国家的监管要求，关注如何规避合规风险，实现生产经营活动的合规。

一、合规与合规管理的概念和起源

1. 合规与合规管理的概念

（1）合规 依据《合规管理体系 指南》（GB/T 35770），合规是指组织履行其全部的合规义务，而组织的合规义务来自其合规要求和合规承诺。合规要求是指组织有义务遵守的要求，合规要求是明示的、通常隐含的或有义务履行的需求或者期望。合规承诺则是指组织选择遵守的要求。就食品企业合规而言，组织即食品生产经营企业，合规要求主要来源于立法机构及食品安全监管部门制定发布的法律、法规以及食品安全标准等强制性规定，包括食品企业资质合规要求、过程合规要求和产品合规要求；合规承诺则是指食品企业通过选择执行要求更高的推荐性标准或企业标准、团体标准以及食品标签标示、广告宣传对其产品品质及安全做出的承诺。

合规的基本要求就是符合并履行法律法规、规章及准则等所有要求和义务。

（2）合规管理 《合规管理体系 指南》（GB/T 35770）标准并没有给出合规管理的定义，综合"合规"和"管理"的定义，可以将"合规管理"理解为指挥和控制组织履行合规义务的协调活动，即以实现合规为目的，以企业和员工的生产经营行为为对象，开展包括制度制定、风险监测、风险识别、风险应对、合规审查、合规培训、持续改进等有组织、有计划的协调活动。合规管理的目的就是通过管理确保企业履行所有的合规义务。

2. 合规与合规管理的起源和发展

合规管理的概念起源于金融行业。21世纪初，经济利益驱动的造假和欺诈案件不断发生，导致社会对企业的诚信产生了质疑，促使各国政府加强对于企业的监督管理，使全球企业不断提高合规意识，逐渐关注合规管理。自此，合规管理作为一种系统化的管理模式，在企业内部落地并进入公众的视野。

2006年，中国银行业监督管理委员会出台了《商业银行合规风险管理指引》，引入合规管理的概念，推动金融领域率先建立合规管理体系，并要求商业银行建立合规绩效考核制度、合规问责制度和诚信举报制度等三项基本制度。2007年，中国保险监督管理委员会也发布了《保险公司合规管理指引》，将合规管理体系引入保险业，这两个指引的出台标志着合规管理体系从金融、保险行业开始正式落地国内。

2014年，国际标准化组织（International Organization for Standardization，ISO）通过不懈努力，颁布了《合规管理体系 指南》（ISO 19600）标准，为ISO众多的管理体系家族标准增加了合规管理体系，也为全球企业的合规管理体系建设指明了方向。由此，国际社会越来越重视合规管理，一些国家逐步建立起严格的合规管理制度，从立法、执法层面引导和督促企业主动实施合规管理。国际组织及国际间的合作也在合规管理方面逐步达成了共识。

2017年，国家质量监督检验检疫总局和国家标准化管理委员会联合发布推荐性国家标准

《合规管理体系 指南》（GB/T 35770）。该标准等同采用《合规管理体系 指南》（ISO 19600）。该标准的发布与实施，将金融、保险业的合规管理扩展到全行业，正式开启了我国全行业合规管理体系建设的新时代，在程序、流程及认证认可方面系统地指导着我国企业合规管理体系的建设与实施。

2018年，国务院国有资产监督管理委员会发布《中央企业合规管理指引（试行）》，推动央企全面加强合规管理，提升依法合规经营管理水平，着力保障央企的持续健康发展。为我国各类企业的合规管理与发展树立榜样。

2021年，ISO发布了《合规管理体系 要求及使用指南》（ISO 37301:2021）标准，为企业的合规管理体系建设提供了系统方法，进一步规范了企业合规管理体系建设与实施的基本要求，并通过该通用合规管理规则，在合作的相关方之间传递诚实与信任，加深了企业与企业、企业与政府以及国际贸易的交流与沟通合作。企业的合规管理为其持续发展奠定强大的合规基础。

二、食品合规与食品合规管理的内容与范畴

1. 食品安全与合规

（1）食品与食用农产品 依据《中华人民共和国食品安全法》，食品是指各种供人食用或者饮用的成品和原料，以及按照传统既是食品又是中药材的物品，但是不包括以治疗为目的的物品。食品是各类食物的总称，包括可食用的初级农产品、加工食品、食药物质，但不包括药品。食品分布于农田到餐桌的各个环节，其来源包括各种动物、植物、微生物，以及动植物和微生物的加工品。

食品包括食用农产品，食用农产品是指在传统的种植、养殖、采摘、捕捞等农业活动，以及设施农业、生物工程等现代农业活动中获得的供人食用的植物、动物、微生物及其产品，包括在农业活动中直接获得的，以及经过分拣、去皮、剥壳、干燥、粉碎、清洗、切割、冷冻、打蜡、分级、包装等加工，但未改变其基本自然性状和化学性质的产品。

（2）食品安全 食品的基本用途是供人食用或饮用，但前提是要确保食品安全，确保食用人群的身体健康和必要的营养。《中华人民共和国食品安全法》中明确了"食品安全"的定义：是指食品无毒、无害，符合应当有的营养要求，对人体健康不造成任何急性、亚急性或者慢性危害。

无毒、无害，通常是指食品不得对人产生有毒有害的作用，无毒、无害并不是一定不含有那些有毒有害的物质，而是强调食品不得产生毒害作用。有的物质，虽然其本身具有一定毒性，也会因为某些原因存在于食品中，只是其残留的含量很低，人们通过正常饮食摄入的量不会影响身体健康。我国相关食品安全国家标准和法规公告中规定了这部分物质的最大残留限量或允许使用量，在一定的限量范围内允许其存在于某些特定的食品中。例如，在作物栽培和种植中使用的农药、在动物饲养过程中使用的兽药、由于环境因素而无法避免引入食品中的污染物等。

符合应当有的营养要求是指食品具有一定的营养成分，能够满足人们对能量和营养成分的摄入要求。目前，我国对于乳制品、婴幼儿配方食品、婴幼儿辅助食品、特殊医学用途配方食品等均规定了相应的营养成分含量要求，包括蛋白质、脂肪、碳水化合物以及维生素、矿物质等营养素的含量要求。

关于急性、亚急性或者慢性危害，可以通过《食品安全国家标准 急性经口毒性试验》（GB 15193.3）了解急性经口毒性的定义："急性经口毒性是指一次或在 24h 内多次经口给予实验动物受试物后，动物在短期内出现的毒性效应。同时对于食品安全的毒理学评价，除了急性经口毒性，还包括遗传毒性、28d 和 90d 经口毒性、生殖发育毒性、致癌性等亚急性和慢性危害方面的评价。

（3）食品合规 食品合规是食品安全的重要方面，国家通过制定一系列的食品法律法规和食品安全标准，来保障食品的安全，只有充分地履行食品安全相关的合规义务，才能有效地保障食品安全。参考《食品合规管理体系 要求及实施指南》（Q/FMT 0002S—2021）标准，食品合规是指食品生产经营企业的生产经营行为及结果需要满足食品相关法律法规、规章、标准、行业准则和企业章程、规章制度以及国际条约、规则等规定的全部要求和承诺。基本含义等同于《合规管理体系指南》（GB/T 35770）对于合规的定义。食品合规需要具备三个要素，即合规主体——食品生产经营企业；合规义务——各类规定的全部要求；合规承诺——食品生产经营企业对其产品和服务的质量安全方面的承诺。

依据食品行业的特点，食品合规涵盖食品生产经营的全部过程和结果，通常包括资质合规、生产经营过程合规和产品合规。各个方面的合规义务和合规管理的具体内容将在后续章节中介绍。

2. 食品合规管理

参考《食品合规管理体系 要求及实施指南》（Q/FMT 0002S—2021）标准，食品合规管理是指为了实现食品合规的目的，以企业和员工的生产经营行为为对象，开展包括制度制定、风险监测、风险识别、风险应对、合规审查、合规培训、持续改进等有组织、有计划的协调活动。

食品合规管理的目的是确保食品合规，预防和控制食品合规风险。与其他的管理体系相类似，食品合规管理不是一成不变的，而是一个策划、实施、检查和改进的循环过程。食品合规管理的对象涉及企业的人员、设施设备、所有原辅材料、相关产品及成品、半成品、制度文件工艺及记录、内外部环境及监视与测量等食品生产经营的方方面面。

食品生产经营企业为了达到食品合规管理目标，行之有效的办法是建立和实施食品合规管理体系。关于食品合规管理体系的建设和实施，将在本章的第二节中进行介绍。

三、食品合规管理的现状和趋势

1. 食品合规管理的现状

食品安全是食品行业的生命线，2020 年之前，我国食品行业并没有明确提出"合规管理"的概念，对于食品安全的监管主要靠对终产品进行出厂检验来实施。"三聚氰胺"事件让人们意识到，单纯的产品检验并不能发现和避免所有的食品安全风险，相反地，食品原料、生产过程乃至更上游的种、养殖业和更下游的物流运输行业都有可能影响食品的安全。并且，随着行业的发展，越来越多的监管人员、企业技术人员、研究人员等食品从业人员都意识到"安全的食品是生产出来的，不是检验出来的"。随着行业对食品源头和过程控制的重视，食品合规管理的理念在一些企业开始逐步出现。修订后的《中华人民共和国食品安全法》明确我国食品安全工作实行预防为主、风险管控、全程控制、社会共治，建立科学、严格的监督管理制度。自此，我国食品行业步入"合规管理"的新阶段。

目前，我国食品企业规模差别较大，管理水平参差不齐。一般来说，越是大规模的企业越是重视合规管理，越是能够有计划、有目的地开展合规管理工作。对于这些企业而言，虽然建设并实施食品合规管理体系的并不多，但是却能在一些项目过程中开展一系列合规管理工作。在部门和人员方面，一些企业成立了法规部或者合规部，组建专门的法规或者合规管理团队。在合规义务识别方面，企业全面收集和梳理其应该遵守的标准法规要求，按照品类、部门、人员、环节各个维度建立了合规义务手册。在合规风险识别方面，有的企业有专门人员或委托第三方机构定期收集与本企业相关的食品安全信息和大数据，进行风险识别评估。在风险防控方面，有的企业建立了食品合规风险防控系统，制定并实施了风险预防控制措施。

2. 食品合规管理的发展趋势

2020年12月，由烟台富美特信息科技股份有限公司主导的食品合规管理1+X职业技能等级评价，获得了教育部的批准，并通过《关于受权发布参与1+X证书制度试点的第四批职业教育培训评价组织及职业技能等级证书名单的通知》予以发布。2021年7月，烟台富美特信息科技股份有限公司发布了《食品合规管理体系 要求及实施指南》（Q/FMT 0002S）企业标准，为广大食品企业食品合规管理体系的建设提供了技术支持。同年，北京联食认证服务有限公司完成了食品合规管理体系认证审核在国家认证认可监督管理委员会的备案工作，开始提供认证审核服务。伴随着食品合规管理体系的提出和发展，未来我国食品合规管理将呈现以下三方面的趋势。

一是人员职业化。由于食品合规管理职业技能培训和等级评价能够使学员全面系统地掌握食品合规管理的知识和技能，获得食品合规管理职业技能等级证书，这部分人员将成为食品企业从事食品合规管理工作的重要力量。

二是团队专业化。食品企业将建立专门的合规管理团队，由专业合规技术人员从事包括食品合规义务识别、食品合规风险分析与评价、预防控制、食品合规问题处理和应对等工作，为食品合规管理体系的建设和实施奠定了专业化基础。

三是合规全员化。随着合规管理体系的建立和实施，食品企业的全体员工都将具有合规管理的基础知识和基本技能，将合规意识灌输到每个岗位、每个环节的工作中去，实现合规全员化。

第二节　食品合规管理体系建设

食品合规管理体系是为保证食品企业食品合规，在对其合规义务进行识别、分析和评价的基础之上，建立包括组织架构、职责、策划、运行、规则、目标等相互关联或相互作用的完整要素。对于食品企业而言，在明确体系目标和框架、明确职能部门分工的基础上，遵循诚信、独立、全面的原则，整合其内外部资源，建立和实施食品合规管理体系，对实现有效的合规管理具有重要意义。

食品合规管理体系建设包括：食品合规理念的全员宣贯，食品合规文化、方针、目标、组织框架等策划，管理文件及制度建立等管理流程；结合食品行业法律法规、标准等要求，进行食品合规义务识别的过程；结合合规风险的严重程度和发生风险的可能性，对合规义务进行合规风险分析与评估，并对评估后的核心合规风险、关键合规风险、普通合规风险及一般合规风险等落实合规风险分级管理，制定科学有效的合规管理预防控制措施，进而实施系统化的食品合规管理体系并在评估的基础上持续改进的整个流程。

下面针对食品合规管理体系的建设过程进行逐步解析。

一、食品合规管理体系建设策划

1. 食品合规管理团队及职责策划

体系建设需要专业的团队来实现，食品合规管理体系的建设也是如此。食品生产经营企业应建立食品合规管理组织框架并赋予相应的职能部门独立管理食品合规管理的职责和权限，确保所有的合规管理不受经济或其他因素的影响。同时对于相关人员或岗位明确相应的问责制度，确保食品合规治理的独立性、权威性。

企业组建合规治理小组，规划包括合规治理组织框架及治理小组的成员构成、职责和权限等，并确保充分识别出企业的合规管理人员。

食品合规治理机构和最高管理者应结合食品生产经营企业的组织划分，由涉及食品合规的主要部门组成相应的食品合规管理组织框架，明确具体成员组成，分配相关角色，明确其相应的职责和权限。

企业合规负责人（合规治理小组组长）应履行的合规职责包括以下三个方面。

① 贯彻执行企业决策层对合规管理工作的各项要求，全面负责企业的合规管理工作。

② 协调合规管理与企业各项业务之间的关系，监督合规管理执行情况，及时解决合规管理中出现的重大问题。

③ 领导合规管理部门，加强合规管理队伍建设，做好人员选聘培养，监督合规管理部门认真有效地开展工作。

企业合规管理部门需要承担的职责至少包括以下十个方面。

① 持续关注企业食品及业务涉及的法律法规、监管要求和国际规则等最新进展，及时提供合规建议。

② 建立并持续完善公司应符合的法律法规和标准体系。

③ 制定公司合规管理制度和年度合规管理计划，并推动其贯彻落实。

④ 审查评价企业规章制度和业务流程的合规性，组织、协调和监督各部门对规章制度和业务流程进行梳理和修订。

⑤ 组织或协助业务部门、人事部门开展合规培训，并向员工提供合规咨询。

⑥ 积极主动识别和评估与公司生产经营相关的合规风险，并监督与供应商、代理商、认证检测公司等相关方相关的合规风险。为新产品和新业务的开发提供必要的合规性审查和测试，识别和评估新业务的拓展、新客户关系的建立以及客户关系发生重大变化等所产生的合规风险，并制定应对措施。

⑦ 实施充分且具有代表性的合规风险评估和测试，查找规章制度和业务流程存在的缺陷并进行相应的调查。对已发生的合规风险或合规测试发现的合规缺陷，应提出整改意见并监督有关部门进行整改。

⑧ 推动将合规责任纳入岗位职责和员工绩效管理流程。建立合规绩效指标，监控和衡量合规绩效，识别改进需求。

⑨ 建立合规报告和记录制度，制定合规资料管理流程。

⑩ 建立并保持与境内外监管机构日常的工作联系，跟踪和评估监管意见和监管要求的落实情况。

除管理者和合规管理部门外，企业所有的员工都应自觉履行其合规管理职责，包括积极参与食品合规管理知识的培训，履行与其职位和职务相关的合规管理义务，积极关注和报告在实际工作中遇到的合规风险，对合规管理措施提出合理化建议等。

2. 食品合规文化策划

食品合规文化策划，主要是收集整理现阶段企业的食品安全文化，同时发动企业全员出谋划策，归纳总结食品合规文化及其内涵。来源于基层的文化，更适合普及与实施。

食品合规文化是企业的价值观、道德规范、宗旨理念及信念的体现，是组织架构、控制系统及行为准则的相互作用，在全员中产生共鸣，并产生有利于合规成果的行为规范和信仰。合规文化是企业长时间磨合形成的共同价值观和信仰的体现，是由一群有共同价值观，共同文化信仰的人共同努力的结果。推行合规文化，属于企业文化的一个重要组成，让合规的观点和意识渗透到企业所有成员的日常工作中，从而达到"合规创造价值"的企业理念与目的。食品合规文化是食品合规管理的一种先进管理理念。合规文化的建设，有利于提高企业执行力，防控企业风险，也有利于降低企业的管理成本。

3. 方针及目标策划

企业需制定合规管理方针或宗旨，以便引领企业更好地实现食品合规管理。制定企业合规管理目标，包括各部门的合规目标，以目标为导向，确保目标及方针落地实施。

食品合规方针是由企业负责人或最高管理者发布的食品合规的宗旨和战略方向，是企业实现食品合规的愿景和使命，为食品合规目标提供框架支持。食品合规方针具有强烈的号召力，需要全员统一认知并努力践行。

食品合规目标是企业在食品合规方面为满足合规要求和持续改进而制定的需要实现的结果，包括企业的总合规目标，也包括分解到部门的食品合规目标。食品合规目标体现企业或部门的目标追求和预期的期望，与食品合规方针保持一致，以实现食品合规、合规创造价值的结果。

二、食品合规义务识别与评估

食品合规义务的识别与评估是食品合规管理的核心环节之一。食品企业需要了解食品合规义务和食品合规风险的内涵和外延，以便有针对性地开展风险防控工作。

1. 术语解析

食品合规义务是指食品相关法律法规、规章、标准、行业准则和企业章程、制度以及国际条约、规则等规定的全部要求和承诺的集合。食品合规义务主要来源是法律法规、部门规章、相关标准、行业规范、企业规章制度等明确要求企业履行的义务，也包括企业对社会、对消费者承诺应该履行的义务。履行食品合规义务属于食品生产经营企业应尽的责任，不受企业是否获利等因素影响，是食品生产经营企业一切活动的根本。不履行合规义务，就会产生一定的合规风险。

食品合规风险主要是指因食品生产经营企业未能遵守食品合规义务，可能遭受法律制裁、监管处罚、经济损失和声誉危机等风险。尤其是一些涉及食品安全性的合规风险，可能会造成严重的食品安全事件及负面影响，严重时危及企业生存，甚至给社会发展造成严重的影响。

食品合规管理体系需要通过落实控制合规风险产生的原因、控制要点及参数、监控人员、监控频率、监视测量及记录等手段，实施预防式的控制，防止不合规的发生。食品合规管理体系需要针对可能发生的不合规制定相应的纠偏措施，落实具体的纠偏控制方法和手段，以应对可能发生的不合规，杜绝危害结果的产生或降低危害的影响。

不合规一般是指不履行某项或多项合规义务，也包括履行相应的义务所经历的过程或结果不符合要求。不合规可以是不合格的结果，也可以是违规的过程、动作或行为。不合规有别于不合格。

纠偏措施是指为了消除或阻止不合格和不合规，并能有效防控其再次发生所采取的措施。不仅可以及时纠偏已发生的不合格和不合规，而且通过相应措施的学习与掌握，能更好地预防此不合格和不合规的再次发生。纠偏措施也是一种预防控制手段。

预防措施通常也称为预防控制措施，是指为了消除或阻止潜在的或可能发生不合格和不合规的原因所采取的措施。预防措施通常是对一些可能产生不合格和不合规的原因进行相应的分析与评估，并制定相应的措施，防止不合格和不合规原因产生的方法和手段。控制风险或危害的产生因素，预防不合格和不合规的发生，防患于未然。企业通常通过制定操作手册、卫生规范、工艺流程及参数等制度明确相应的操作参数、要点、方法及步骤等，必要时配合一些监视测量及记录，防止某些原因造成不合格和不合规的行为或结果。

2. 合规义务的识别

食品合规管理的内容包括资质合规、生产过程合规和产品合规，合规义务的识别包括：对食品生产经营企业的资质合规义务进行识别并分析，落实相应的控制措施和合规管理体系要求；对食品生产过程涉及的食品合规义务进行识别和风险分析，并落实食品合规管理体系要求；对产品配料及质量安全指标进行食品合规义务识别和风险分析，确保食品的质量安全及标签的合规。

（1）资质合规

① 食品生产企业的资质合规。食品生产企业的资质合规包括获得营业执照、相应食品类别的生产许可证、特殊食品注册或备案资质等方面。其相应的合规义务包括但不限于以下内容。

a. 应取得营业执照，并明确其食品的经营范围。

b. 如果是实施食品生产许可管理的食品，应按食品生产许可管理办法，取得相应食品类别的食品生产许可证。

c. 如果有特殊食品，应依法取得相应的注册证书或备案证明，并依法对广告进行备案。

d. 对于相应食品、标签和说明书使用的商标等有知识产权的信息，应依法取得注册证书或获得授权。

e. 对于需要特殊许可的食品类别应有相应的资质，如矿泉水的采矿许可等。

f. 取得法律法规和客户要求的与食品生产相关的其他资质。

② 食品经营企业的资质合规。食品经营企业的资质合规包括取得营业执照及相应食品类别的经营许可证等。其相应的合规义务包括但不限于以下内容。

a. 应取得营业执照，并明确其食品的经营范围。

b. 应取得相应的食品经营许可证或预包装食品销售备案证明。

c. 经营食盐的，应取得食盐的专营资质。

d. 法律法规和客户要求的与食品经营相关的其他资质。

③ 食品进出口企业的资质合规。食品进出口企业的资质合规根据企业类型有所不同。其相应的合规义务包括但不限于以下内容。

a. 我国出口企业应获得出口企业备案、基地备案或目标国家、组织和地区要求的注册资质。

b. 进口食品境外生产企业应获得我国注册资质。

c. 食品进出口商应在海关总署备案。

d. 法律法规和客户要求的与食品进出口相关的其他资质。

（2）过程合规　食品生产企业需要确保本企业食品生产过程的全程合规，需要在供应商选择、生产过程等环节进行食品合规义务的识别，包括以下过程的合规义务识别。

① 食品原辅材料采购过程的合规义务识别。

a. 识别所有供应商的资质要求是否合规有效。

b. 必要时，可以对所有供应商资质及食品安全管理体系的有效性进行验证。

c. 识别所有原辅材料的食品安全验收标准、指标要求或合同中的技术指标是否合规。

d. 是否采购非法或禁止使用的物料。

e. 识别每批原辅材料是否有供应商的合格证明并进行进货查验，首批或定期的型式检验是否合规。

f. 识别每批食品相关产品（包括食品接触材料、洗涤剂、消毒剂等）是否有供应商出具的合格证明并进行进货查验。

g. 识别设施设备供应商提供的合格证明并验收。

② 运输（包括原辅材料和成品）过程合规义务识别。

a. 识别运输工具的资质是否合规；是否符合必要的冷链运输条件。

b. 识别运输过程的防护是否合规；食品安全防护是否合规。

c. 识别运输过程卫生条件是否合规；是否实施了相应的检查或验证。

③ 贮存（包括原辅材料、半成品及成品）过程合规义务识别。

a. 识别贮存环境是否符合相应食品的要求；必要时，识别制冷和通风条件是否合理。

b. 识别贮存过程防护是否合规，是否能有效地防止交叉污染等。

c. 识别贮存过程的卫生是否合规。

④ 生产经营过程合规义务识别。

a. 识别所有食品生产或餐饮制作过程是否有规范的工艺流程及工艺参数，并有效地实施。

b. 识别所有食品设计的配方是否合规，以及标准配方是否得到有效的执行。

c. 识别所有的工艺流程或步骤是否进行了必要的物理性、化学性及生物性危害的控制与预防，预防交叉污染的措施是否合理。

d. 识别生产或餐饮制作过程中的质量检验、工序交接互检是否合理。

e. 识别生产或餐饮制作过程卫生控制是否合理有效。

f. 识别涉及食品安全的设备是否得到有效控制。

g. 识别是否存在非法添加、超范围超量添加等食品欺诈的非法行为。

h. 识别生产或餐饮制作过程中的区域设置是否合理。

i. 识别生产或餐饮制作过程人员卫生管理是否合理。

j. 识别生产或餐饮制作过程中的环境卫生、温度是否合理。

k. 识别生产或餐饮制作过程中的记录是否准确、及时、有效。

⑤ 检验（包括原辅材料、半成品和成品）过程的合规义务识别。

a. 识别检验人员的知识和能力是否符合相应的标准要求。

b. 识别检验标准是否有效。

c. 识别检验过程是否合理并符合相应的标准要求。

d. 识别检验记录是否及时、准确、真实有效，是否存在提供虚假检验记录或报告的嫌疑。

⑥ 销售过程的合规义务识别。

a. 识别销售记录是否完善，并可满足追溯和召回管理的需要。

b. 识别经营活动是否有合法的资质条件。

c. 识别销售过程中是否有夸大、虚假宣传等不真实、不诚信的行为。

识别其他涉及食品合规的义务，是否符合相关法律法规和食品安全标准的要求。

上述过程合规义务的识别，包括各种食品生产经营过程中合规义务的识别，只要相应的活动涉及上述合规义务，就需要进行相应的合规义务识别。食品合规管理的审核，依据相应的审核发现进行全面性及准确性的合规义务识别。

（3）产品合规　企业需要依据法律法规、食品安全国家标准和产品执行标准等要求，对产品指标及配料进行合规义务识别，包括使用范围、使用量及含量的合规义务，确保食品产品合规。包括：

① 识别食品成品使用的所有原辅材料是否合规。

② 识别原辅材料使用范围、添加比例是否合规。

③ 识别成品的安全指标、质量指标及明示的指标是否合规。

④ 识别食品标签是否合规。

⑤ 识别食品的销售广告及销售网页的宣传是否合规。

⑥ 识别成品的其他技术要求及参数是否符合法律法规标准及企业承诺等要求。

3. 合规风险的识别与评价

食品企业应根据识别出来的食品合规义务，针对合规风险发生的可能性和严重性进行识别与评价，必要时实施合规风险分级，按核心合规风险、关键合规风险等不同的风险级别实施分类管理，从而为核心合规风险和关键合规风险等重要的风险点分配足够的管理资源，妥善管理并预防核心合规风险和关键合规风险。

食品企业应依据不同的合规风险等级，策划并制定相应的预防控制措施，落实具体的控制因素、控制频率、控制人员、控制手段及方法、监视与测量要求、纠偏措施及记录等预防式的控制要求，从而落实并完善控制措施，防止其偏离或产生合规风险。

同其他管理制度一样，合规管理的预防控制措施及纠偏措施的制定，也需要根据企业的发展情况不断更新完善。

三、食品合规管理文件编制

食品合规管理文件主要用于指导食品合规管理体系有效运行和实施，并为体系实施过程中可能出现的问题提供指导性预防和纠偏措施。食品合规管理文件通常包括但不限于：文件化的食品合规文化、方针、食品合规目标及分解目标；法律法规及标准要求形成的文件；食品合规管理体系实施和运行所需要的文件、程序、制度和记录等。如《食品合规管理体系 要求及实施指南》中明确要求建立文件化的食品合规管理文化、方针和目标，文件化的食品合规管理组织框架及治理小组成员、职责和权限、合规治理组长任命、食品合规管理手册、合规义务、合规义务识别与评估程序、合规风险预防控制措施、合规人员培训计划、人员合规绩效考评制度、人员健康档案、内部审核程序、管理评审程序、合规演练控制程序、合规风险及隐患举报和汇报制度、合规案件调查制度、合规管理问责制度、食品合规报告制度等合规管理文件。另外，依据《中华人民共和国食品安全法》等法律法规及食品安全国家标准GB 14881等标准需要建立的文件有进货查验管理制度、生产过程控制管理制度、出厂检验管理制度、不合格品控制程序、食品安全事故处置程序、追溯控制程序、召回控制程序等，具体依据法律法规和标准需要建立的所有文件，只要合规义务要求制定文件的，都必须要制定相应的文件或制度。

食品合规管理文件及制度要求所有企业员工都需要遵守的食品合规行为规范，是企业建立食品合规管理体系的基础。所以需要对食品合规管理体系所要求的文件加以控制，确保文件发布前得到审核与批准，以确保文件的适宜性及准确性；必要时，对文件进行评审与更新，需要再次审核与批准；文件修订的原因、修订人等信息及状态得到及时记录；文件清晰、准确，易于识读、理解，并保持有效的状态，防止作废文件的误用。

记录可以协助监视和验证过程，以提供符合要求和食品合规管理体系有效运行的证据。所有的相关内容都按相应的要求记录，并维护和保持记录的完整性和清晰度，易于识读和检索。

四、食品合规管理体系试运行

1. 文件及制度培训

企业需要对编写、审核并批准的文件按照文件控制程序进行管理，确保各部门和岗位使用的文件实时有效，并依据有效的文件进行操作规范培训，从而妥善落实文件的具体要求，做什么，怎么做，谁来做，做到什么程度，谁检查，是否记录等体系运行过程要求及记录要求。通过培训，要求相应岗位人员知道如何做等具体规定要求。

将企业合规义务清单，落实到相关部门或岗位，并按文件的要求实施相应的管理与记录，从而验证食品合规义务是否得到有效的落实与履行。

2. 运行过程监控

企业应对食品合规管理体系进行监控，以确保食品合规目标的实现。同时，应确定以下内容：需要被监控和测量的对象；监视、测量、分析、评价的方法，以确保有效的监控和测量结果；进行监视和测量的最佳时机；对监视和测量的结果进行分析和评价的方法。

企业应保留文件化的监视、测量、分析、评价的结果信息，作为结果的证据。企业应对合规绩效和食品合规管理体系的有效性进行评价。

3. 合规评价

合规治理小组应履行对各部门合规义务检查的职责，并形成自查报告；同时应对合规管理体系进行内部审核、管理评审、合规演练，以验证体系在各部门的执行情况及符合性情况。

（1）**内部审核** 食品企业应按计划安排内部审核，以验证食品合规管理体系运行是否有效。内部审核计划的策划与实施包括内审的频率、方法、职责和要求。内部审核方案应考虑相关过程的重要性和前期审核的结果。食品企业应选择拥有初级、中级和高级食品合规技能等级证书或同等能力以上的人员进行内部审核。内审人员不允许审核自己部门或岗位的食品合规管理体系要素，以确保内部审核的客观公正。内部审核报告要提交给相关管理层，保留内部评审的记录，作为实施审核方案和审核结果的证据。

（2）**管理评审**　食品合规治理小组和最高管理者应评审组织食品合规管理体系，以确保食品合规管理体系的适用性、有效性。应输出文件化的管理评审结果，管理评审的结果应包括与持续改进有关的决定、食品合规管理体系更新与修订等。

（3）**合规演练**　食品合规治理小组应定期组织食品合规演练，合规演练包括：过程合规演练和产品合规演练。演练报告包括食品合规演练计划、实施及演练结果总结，并及时向合规治理组长汇报。

五、食品合规管理体系建设评估

企业应保持持续改进食品合规管理体系的适用性、充分性和有效性。当企业确定需要对食品合规管理体系进行变更时，变更应有计划地进行。

食品合规管理需要企业各部门密切配合，需要全员共同参与。合规管理部门与企业其他部门分工协作，生产经营相关部门应主动进行日常合规管理工作，识别相关合规要求，制定并落实管理制度和风险防范措施，组织或配合合规管理部门进行合规审查和风险评估，组织或监督违规调查及整改工作。企业还应积极与监管机构建立良好沟通渠道，了解监管机构的合规期望，制定符合监管机构要求的合规制度，降低市场投诉及行政处罚等方面的风险。为做好食品合规管理工作，企业可以寻求与专业的合规咨询公司建立合作，与合规咨询公司合作时，应做好相关的风险研究和调查，深入了解合规管理相关法律法规及标准的新要求。

企业应建立健全合规风险应对机制，对识别评估的各类合规风险采取恰当的控制和处置措施。发生重大合规风险时，企业的合规管理部门和其他相关部门应协同配合，及时采取补救措施，最大程度降低损失。法律法规有明确规定要求向监管部门报告的，应及时报告。

合规管理体系不是一成不变的，需要根据合规管理部门自查以及其他部门反馈意见持续完善。食品合规管理部门应定期对合规管理体系进行系统全面的评价，发现和纠偏合规管理工作中存在的问题，促进合规体系的不断完善。合规管理体系评价可由合规管理相关部门组织开展，也可以委托外部专业咨询机构开展。在开展评价工作时，应考虑企业面临的合规要求变化情况，不断调整合规管理目标，更新合规风险管理措施，以满足内外部所有的合规管理要求。也应根据合规管理体系评价情况，进行合规风险再识别和合规制度再修订完善的持续改进，保障合规体系稳健运行，切实提高企业合规管理水平。必要时，实施食品合规管理体系的阶段性评价，以验证食品合规管理体系是否能持续有效地运行。企业也可以申请食品合规管理体系第三方审核，以第三方专业的视角评估本企业策划并建立的食品合规管理体系，验证其是否符合相应的食品合规管理体系标准的要求，并有能力确保此食品合规管理体系持续有效地运行。

第三节　食品合规管理体系应用

万丈高楼平地起，再高的大楼，都需要有坚实的地基，只有结实牢固的地基，才能保证大厦百年屹立不倒。企业经营同样如此,企业产品质量过硬可能会带来丰厚的利润,质量做不好或做得不够精良,可能丧失市场竞争力和良好的前景。但是如果企业的合规管理做不好甚至不合规,不仅会丧失竞争力,甚至会危及企业的生命。而且食品的安全影响着消费者的身体健康,所以食品安全尤为重要,而资质、过程及产品的合规是食品安全的首要条件和基础,所以食品企业的生产经营必须要打牢合规管理的基础。利用食品合规管理体系规范食品生产经营的资质申请、原辅料采购、生产加工及产品检验等合规管理工作。只有合规经营,食品安全才能有保障,质量才能稳定,市场才会认可。而不合规的食品生产经营企业不仅影响食品行业的公平竞争环境,还要承受监管部门的严厉处罚和消费者的质疑,甚至会让消费者丧失信心。企业只有严控合规的底线,才能有效地保证食品的安全,才会有资格从事食品生产经营。

一、食品合规管理体系的应用现状

目前食品行业的合规管理体系发展及应用还不够完善、不够成熟。大部分食品企业主要是利用《质量管理体系 要求》(GB/T 19001 或 ISO 9001)、《食品安全管理体系 食品链中各类组织的要求》(GB/T 22000 或 ISO 22000)和《危害分析与关键控制点(HACCP)体系 食品生产企业通用要求》(GB/T 27341)等管理体系相关标准,进行食品质量及安全的管理。在我国食品法律法规和标准体系建设及推动下,大部分食品企业都能贯彻执行法律法规、标准的有关要求,但还有部分企业未能系统地对法律法规和标准中的合规义务进行识别、分析与评估,很有可能会遗漏某条法律法规或标准的某些条款规定的合规义务,导致一些食品安全事件的发生,从而给企业的合规经营带来一定的影响。

随着食品安全刑事责任及终身禁止从事食品行业等"最严厉的处罚"制度的落实,以及"最严肃的问责"食品安全管理制度的推行,食品生产经营者的风险也在不断加大。尤其是自媒体和网络时代的发展,任何不合规行为都有可能被无限放大,造成各种不良影响,这也鞭策着广大食品生产经营者提升食品合规管理意识,敦促落实食品合规管理体系。

二、食品合规管理体系的应用范围和要素

1. 食品合规管理体系的应用范围

依据《中华人民共和国食品安全法》和《合规管理体系 指南》(GB/T 35770)标准建立的适用于食品生产经营企业的食品合规管理体系,围绕食品相关法律法规、食品安全标准等合规义务,应用食品合规管理体系,从食品生产经营企业的资质、过程管理及产品合规等主要合规内容方面,落实合规管理控制措施。鉴于食品的特殊性及食品安全的重要性,目前推行的食品合规管理体系适用于实施食品生产许可的 32 个大类的所有食品生产企业;也适用于未实施生产许可的可食用农副产品的生产加工,如畜禽屠宰分割企业和水产品分割冷冻加工企业等;还适用于实施食品经营许可或备案的食品经营企业。

食品合规管理体系仅适用于上述企业需要履行的涉及食品质量和食品安全及与食品相关的法律法规及标准等合规义务,不包括企业需要履行的《中华人民共和国劳动法》《中华人民共和国环境保护法》等合规义务,但是企业可以通过应用食品合规管理体系知识或工具,在劳动保护、环境保护及安全生产等方面完善企业的合规管理体系。

2. 食品合规管理体系诚信原则的应用

"人无信不立,业无信难兴",诚信是社会主义核心价值观的重要组成,是人与人,企业

与企业合作的基础，是食品合规管理体系的基本原则，任何人不应有任何形式的虚假、隐瞒或恶性的非诚信行为。使用低劣的原辅材料、以次充好、非法添加、虚假宣传及出具虚假报告等食品欺诈行为，都是非诚信的非法行为，严重威胁着食品的安全。

食品合规管理体系是以诚信为基本原则，依据法律法规标准，在客观事实的基础上建立的系统性的管理体系。要求贯彻法律法规标准的合规义务，制定相应的管理制度和操作规范，并实施监视测量管理。在诚信的基础上，将企业义务制度化，过程行为记录化，并根据需要实施过程监视与测量。在食品合规管理体系建设期间，应积极组织开展诚信意识培训，加强员工良好职业操守的培养，树立"诚信为荣"的企业文化和素养。

对于诚信管理，也需要延伸到供应商和客户，尤其是要求供应商必须本着诚信的原则进行合作，必须保证源头输入的原辅材料符合法律法规和食品安全标准要求，信息真实准确。对于客户的市场销售行为，也必须客观真实地向消费者介绍和宣传，确保信息真实准确，防止虚假或误解。

3. 食品合规管理体系文件的应用

食品企业在申请食品生产许可前，需要依据法律法规和标准的要求，建立相应的食品安全和卫生管理制度。同时实施质量管理体系或食品安全管理体系的企业，按相应的审核准则建立一些程序文件及制度。食品合规管理体系与其他管理体系一样，结合食品合规管理体系建设的需要，也要建立必要的程序性管理文件。尤其是法律法规标准等明确要求建立的制度。对于食品合规管理体系需要建立的文件的格式没有固定的要求，文件内容也是法律法规和标准的基本要求，所以食品合规管理体系文件可以与其他体系文件进行整合。建立食品合规管理体系时，可以直接应用食品生产许可申请时的部分文件，也可以直接使用质量管理体系或食品安全管理体系文件，而对于上述体系不包括的文件制度，则需要结合企业的组织架构、活动范围等客观事实，单独制定相应的制度文件。当然食品合规管理体系文件也适用于其他管理体系，可以直接引用或应用。

4. 食品合规风险分析工具的应用

企业依据《危害分析与关键控制点（HACCP）体系 食品生产企业通用要求》（GB/T 27341）和《食品卫生总则》（CXC 1）在进行食品危害分析时，大多采用"判断树"作为关键控制点分析与判断的主要工具，而食品合规管理体系通常使用"矩阵图"法进行食品合规风险的分析。"矩阵图"是一种有效的质量管理工具，从多个维度找出成对的因素，组成矩阵图进行分析，确定关键及核心问题的方法。食品合规管理体系通过对合规风险发生的可能性及影响程度等维度进行风险分析。影响程度大的、发生的可能性高的作为核心合规风险或关键合规风险，影响程度小的、发生的可能性低的作为普通合规风险或一般合规风险。实行合规风险的等级管理，为核心合规风险或关键合规风险匹配足够的管理资源，落实预防控制措施，控制、降低或杜绝合规风险。对于食品合规风险分析的"矩阵图"工具，也可以在食品危害分析、关键控制点判断及市场风险分析等环节使用。

PDCA 管理工具，是持续改进的、全面质量管理的重要工具。通过计划（plan）、执行（do）、检查（check）和改进（act）的不断循环，周而复始，阶梯式提升质量管理水平和能力。

食品合规管理体系也引用了这一管理工具，在合规风险识别、应对、监视测量、持续改进等过程实施 PDCA 管理，逐步提升企业的食品合规管理水平。食品合规管理体系总体要求示意图如图 2-1 所示。

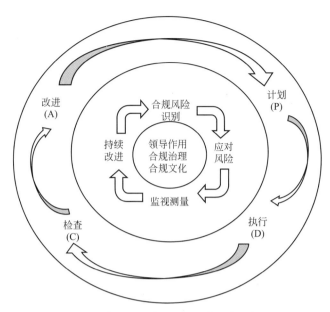

图 2-1 食品合规管理体系总体要求示意图

5.食品合规绩效的应用

合规绩效是指在食品合规管理体系建立、实施过程中，将食品合规管理情况纳入对各部门负责人的年度绩效的综合考核与评价。合规绩效考核，应该作为个人评选、薪酬调整、升职或工作调动的重要依据。

合规绩效反馈来源包括员工、客户、供应商、监管机构和过程控制记录和活动记录。合规绩效反馈内容包括合规问题、不合规或疑似不合规的反馈或举报、对食品合规有效性和合规绩效的评价及对于食品合规目标完成情况的统计等。举报和反馈信息作为食品合规管理体系持续改进的重要依据。

对于未实施绩效考核的企业，可以利用合规绩效考核的经验，在企业推行绩效考评，逐步规范企业的绩效管理，激励员工更加努力地工作。

三、食品合规管理体系的应用前景

食品合规管理体系是一套预防式的管理体系，可以让企业系统地识别出所有的合规义务及风险，并对合规义务和风险进行分析与评价，实施合规风险的等级管理，并制定相应的监控计划、预防或纠偏控制措施，从而实施有效的预防式管理。它能有效地改善企业食品合规管理的现状，并形成系统化的食品合规管理氛围，有利于合规化的建设与推进，有利于企业文化的建设。能系统地提升企业食品合规管理人员的管理水平，综合提升企业的市场竞争力与应对能力，为企业合规合法经营奠定了坚实的合规保障。

随着食品安全法律法规及标准体系的不断健全，越来越多的法律法规及标准需要食品生产经营企业引起重视。食品的安全不仅是通过检验是否符合相应的食品安全指标，还包括资质合规、原辅包装材料合规、过程合规及产品合规等系列管理与控制的结果。食品合规管理体系将"食品安全"的结果向前延伸，明确食品生产经营企业应该做什么，应该怎么做，需要配备什么样的资源（包括硬件设施设备等资源及人力资源等），通过先进的预防式管理方法进行具体化、明细化、制度化、记录化，并通过一系列过程的合规管理，保证食品的安全，从而帮助提升企业的市场竞争力。

? 思考题

1. 食品合规管理的主要内容包括哪些？
2. 食品合规义务识别包括哪些方面？
3. 食品合规评价包括哪些方面？
4. 简述食品企业需要编写的合规管理文件有哪些？

第三章
食品生产经营资质合规管理

依据《中华人民共和国食品安全法》的规定，食品企业开展各类食品生产经营活动必须获得相应的许可资质。获得资质是食品企业得以持续生产经营的前提条件，是食品企业的立身之本。没有资质，食品企业的任何生产经营活动都无从谈起。食品生产企业需要办理食品生产许可证；食品销售和餐饮服务企业需要办理食品经营许可证或仅销售预包装食品的备案；保健食品、婴幼儿配方乳粉、特殊医学用途配方食品等特殊食品必须根据要求办理注册或备案。

知识目标

1. 掌握《中华人民共和国食品安全法》《食品生产许可管理办法》《食品生产许可审查通则》和细则中有关食品生产许可的规定、食品生产许可申报材料整理要求与办理流程。

2. 掌握《中华人民共和国食品安全法》《食品经营许可管理办法》《食品经营许可审查通则》中有关食品经营许可的规定、食品经营许可申报材料整理要求与办理流程。

3. 掌握保健食品备案与注册、婴幼儿配方乳粉产品配方注册、特殊医学用途配方食品注册的主要法律法规要求，了解申报材料整理要求与办理流程。

技能目标

1. 能够根据要求组织编写、审核、提交和补正食品生产许可证办理材料，依法申请、变更、延续、补办食品生产许可证，能够组织迎接食品生产许可现场审核；能够解决食品生产许可现场审核中的常见问题。

2. 能够根据要求组织编写、审核、提交和补正食品经营许可证办理材料，依法申请、变更、延续、补办食品经营许可证；能够解决食品经营许可现场审核中的常见问题。

3. 能够组织完成保健食品备案与注册、婴幼儿配方乳粉产品配方注册、特殊医学用途配方食品注册；能够解决特殊食品注册备案中的常见问题。

职业素养与思政目标

1. 具有一定的法律意识和食品安全意识，具有高度的社会责任感和专业使命感。

2. 具有严谨的合规管理意识，准确使用标准法规，申报材料、申报程序要精准合规。

3. 认真负责、一丝不苟、诚实守信、忠于职守。

食品生产企业是食品安全的第一责任人。为确保食品安全，世界多数国家、组织和地区都要求企业具备一定条件，获得相应资质后才可从事食品生产活动。我国也不例外，自 1982 年起，我国就开始实施食品许可证制度。

食品生产许可制度是我国为保证食品安全而对食品生产企业采取的一项行政许可制度。企业获得食品生产许可证后方可从事食品生产活动。实施食品生产许可制度能够使食品生产企业规范食品生产，确保食品安全，提高食品品质，也可以提高食品生产企业的现代化管理水平。同时，实施食品生产许可制度，通过统一发证单元、申请和审批流程、生产许可证编号管理，可以提高食品生产监管效率，降低监管成本。

一、食品生产许可的演变史

从 1982 年至今，我国食品生产许可证经历了"食品卫生许可证""企业生产许可（QS）""SC"三个时期，其中，QS 时期又分为食品生产许可、工业生产许可两个阶段。从 2001 年我国开始建立食品质量安全市场准入制度，至 2008 年取消卫生许可证前，QS 与食品卫生许可证并存，食品生产企业需要取得两个许可证。2008 年 7 月 10 日，国务院办公厅发出通知，将食品生产环节的卫生规范和条件纳入食品生产许可的条件，不再发放卫生许可证。

2013 年，国家食品药品监督管理总局对生产、流通、消费环节的食品安全实施统一监督管理。2015 年 10 月 1 日，修订后的《中华人民共和国食品安全法》实施，从法律上确定了食品监管职能转移到国家食品药品监督管理总局。国家食品药品监督管理总局也在同年 8 月 31 日颁布《食品生产许可管理办法》，该部门规章在同年 10 月 1 日与《中华人民共和国食品安全法》同步实施。

2020 年 1 月 3 日，国家市场监督管理总局发布重新修订的《食品生产许可管理办法》，同年 3 月 1 日起实施。同年 2 月，国家市场监督管理总局修订食品生产许可分类目录，并与新修订的《食品生产许可管理办法》同步实施。新的《食品生产许可分类目录》秉着包容审慎的态度，鼓励新型食品类别的发展，并和现行有效的标准和政策做到了有效融合。

2021 年 6 月，国务院发布了《关于深化"证照分离"改革进一步激发市场主体发展活力的通知》，中央层面设定的涉企经营许可事项改革清单（2021 年自由贸易试验区版）中提到对低风险食品实施"告知承诺"制，先发证后审核（不符合条件的予以撤销许可证）的模式。后期上海、天津等地陆续发布了相关规定，企业可参考当地的具体规定来申请获证。

二、食品生产许可的管理机构与权限范围

依据《食品生产许可管理办法》的规定，国家市场监督管理总局负责监督指导全国食品生产许可管理工作，县级以上地方市场监督管理部门负责本行政区域内的食品生产许可监督管理工作。随着"证照分离"和"放管服"改革的推进，各地纷纷下放食品生产许可管理权限，多地陆续实现食品生产许可的线上申请。各地可根据当地具体的权限下放情况向相应的监管部门提出申请。

生产许可的发证由其直接监管部门负责，如审批权限在市级监管部门，由市级监管部门负责发证；审批权限在区级监管部门的，由区级监管部门负责发证。市级和区级监管部门对

其负责的食品类别分别进行相应管理。

食品生产许可实行一企一证原则，即同一个食品生产者从事食品生产活动，应当取得一个食品生产许可证。保健食品、特殊医学用途配方食品、婴幼儿配方食品、婴幼儿辅助食品、食盐等食品的生产许可，由省、自治区、直辖市市场监督管理部门负责。

申请食品生产许可，应当先行取得营业执照等合法主体资格，应当按照食品类别提出，需要实施食品生产许可管理制度的类别包括：粮食加工品，食用油、油脂及其制品，调味品，肉制品，乳制品，饮料，方便食品，饼干，罐头，冷冻饮品，速冻食品，薯类和膨化食品，糖果制品，茶叶及相关制品，酒类，蔬菜制品，水果制品，炒货食品及坚果制品，蛋制品，可可及焙烤咖啡产品，食糖，水产制品，淀粉及淀粉制品，糕点，豆制品，蜂产品，保健食品，特殊医学用途配方食品，婴幼儿配方食品，特殊膳食食品，其他食品及食品添加剂，共 32 大类。

三、食品生产许可申请与审查

1. 食品生产许可申请条件与流程

依据《食品生产许可管理办法》第四条的规定，食品生产许可实行一企一证原则，食品生产许可证与企业是一一对应的。依据《食品生产许可管理办法》第十条，申请食品生产许可证，应该先行取得营业执照等合法主体资格，以营业执照载明的主体作为申请人。食品生产许可证的申请主体必须是企业或组织，如企业法人、合伙企业、个人独资企业、个体工商户、农民专业合作组织或企业。

企业要申请食品生产许可证，首先要确定欲生产的食品在食品生产许可目录中的类别；其次，有的行业需要满足一定的产业政策；另外，要符合食品生产许可证的申请条件。满足上述条件后，食品企业可按照流程申请食品生产许可证。

（1）**确定申请食品生产许可的产品类别**　关于申请生产许可时食品类别的选择，所申请生产许可的食品类别应当在营业执照载明的经营范围内，且营业执照在有效期限内。《食品生产许可分类目录》将食品分为 32 大类，并具体规定了细化分类及其所属的品种明细。《食品生产许可证》中"食品生产许可品种明细表"按照《食品生产许可分类目录》填写。

需要注意的是，食品生产许可的食品类别，其分类目的是确定生产许可的发证单元、其分类依据是食品的原料、生产工艺等因素等方面的不同。食品生产许可的分类目录仅适用于生产许可，不能与其他食品分类体系相混淆。

确定食品生产许可的食品分类，要将企业生产的产品的原辅料、生产工艺、成品状态及其指标等与相应的审查细则及产品执行标准进行比对，通过综合分析确定食品类别。例如，某企业欲采购豆类将其磨成豆粉供其他企业用作进一步加工的食品原料。其原料为豆类，生产工艺包括清理、碾磨、包装等环节，依据食品生产许可分类目录及相应审查细则的要求，该产品应选择的食品类别为 0104 其他粮食加工品。

（2）**符合相应行业的产业政策**　乳制品等产品的生产许可，需要符合相应行业的产业政策，如 2009 年 6 月，工业和信息化部、国家发展和改革委员会对原《乳制品工业产业政策》《乳制品加工行业准入条件》进行了整合修订，并联合发布《乳制品工业产业政策（2009 年修订）》，明确新建或改（扩）建的乳制品加工企业申请食品生产许可证时，须附上省级人民政府投资主管部门核准文件。

2020 年 7 月，工业和信息化部发布公告，废止《浓缩果蔬汁（浆）加工行业准入条件》（工业和信息化部公告 2011 年第 27 号）和《葡萄酒行业准入条件》（工业和信息化部公告 2012 年第 22 号），即浓缩果蔬汁（浆）和葡萄酒行业申请生产许可时，不再需要满足相应行业的准入条件要求。

由此可见，食品生产许可工作需要严格执行国家产业政策，将符合产业政策作为企业申请取得食品生产许可证的必要条件。具体是否需要预先获取符合国家产业政策证明文件，需要依据国家发展和改革委员会最新发布的《产业结构调整指导目录》和地方产业政策的规定执行。

（3）满足食品生产许可申请条件 依据《食品生产许可管理办法》的规定，食品生产许可申请企业应当符合的条件包括环境场所、设备设施、人员、制度、设备布局和工艺流程几大方面，这也是现场审核的主要方面。

① 环境场所。企业应具有与生产的食品品种、数量相适应的食品原料处理和食品加工、包装、贮存等场所。企业应保持该场所环境整洁，并与有毒、有害场所以及其他污染源保持规定的距离。食品生产企业环境与场所还应符合《食品安全国家标准 食品生产通用卫生规范》（GB 14881）中有关选址与厂区环境的规定。此外，各类食品生产许可审查细则中也会对生产场所作出规定，在现场核查时会予以核查。例如，对于各类饮料的许可审查，《饮料生产许可审查细则（2017 版）》有明确的规定，包括生产场所的审查要求、作业区的划分、不同作业区的洁净度要求等。

② 设备设施。企业应具有与生产的食品品种、数量相适应的生产设备或者设施；有相应的消毒、更衣、盥洗、采光、照明、通风、防腐、防尘、防蝇、防鼠、防虫、洗涤以及处理废水、存放垃圾和废弃物的设备或者设施；保健食品生产工艺有原料提取、纯化等前处理工序的，需要具备与生产的品种、数量相适应的原料前处理设备或者设施。各类食品生产许可审查细则针对相应产品的特点对设备设施作出规定。例如，《企业生产乳制品许可条件审查细则（2010 版）》规定了液体乳、乳粉、其他乳制品等所必需的生产设备和检验设备。

③ 人员要求。企业应有专职或者兼职的食品安全专业技术人员、食品安全管理人员，具体是指各部门食品安全管理人员以及生产工艺关键环节的操作人员。从事接触直接入口食品工作的食品生产人员应当每年进行健康检查，取得健康证明后方可上岗工作。食品安全管理人员及专业技术人员应定期进行培训和考核。

④ 制度要求。企业应建立和实施保证食品安全的规章制度，包括《中华人民共和国食品安全法》《食品生产许可审查通则》及各类食品审查细则规定的各项保证食品安全的管理制度。

⑤ 设备布局和工艺流程。企业应根据所生产产品的特点，设计合理的设备布局和工艺流程。设备布局应能够防止待加工食品与直接入口食品、原料与成品交叉污染，避免食品接触有毒物、不洁物。工艺流程应能够确保所生产食品的安全性。

此外，还应符合相关法律、法规规定的其他条件。

（4）食品生产许可申请流程 食品生产许可的申请包括新办理、变更和延续等。要办理食品生产许可，企业首先需要准备和提交申报材料，提交之后市场监管部门会进行材料审查，并视情况组织现场核查，然后企业需要根据审查结果进行整改。市场监管部门根据申请材料审查和现场核查等情况，对符合条件的，作出准予生产许可的决定；对不符合条件的，应当及时作出不予许可的书面决定并说明理由，同时告知申请人依法享有申请行政复议或者提起行政诉讼的权利。材料审查及现场核查的主要依据包括《食品生产许可管理办法》《食品生产许可审查通则》以及相关食品安全国家标准以及各类食品生产许可审查细则等。

图 3-1 为江苏某地区的食品生产许可审查程序。

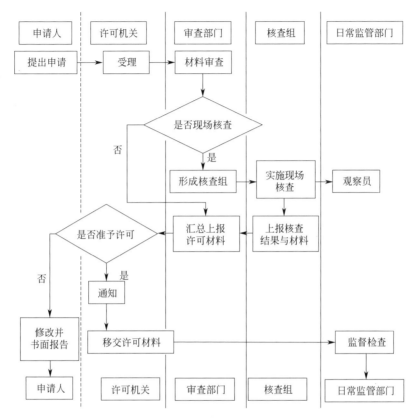

图 3-1　江苏某地区的食品生产许可审查程序

2.食品生产许可申请材料及其审查

（1）食品生产许可申请材料　依据《食品生产许可管理办法》第十三条的规定，申请食品生产许可，企业应提交下列材料。

① 食品生产许可申请书。2020 年 2 月 26 日，国家市场监督管理总局发布通知，公布了食品生产许可申请书的格式文本。申请书的主要内容包括申请人基本情况、产品信息表、主要设备设施清单、专职或者兼职的食品安全专业技术人员和食品安全管理人员信息、食品安全管理制度清单以及其他申请材料等内容。

② 食品生产设备布局图和食品生产工艺流程图。食品生产设备布局图、食品生产工艺流程图应清晰，主要设备设施布局合理，工艺流程符合审查细则和所执行标准规定的要求。

生产设备布局图应完整标识车间的主要生产设备设施及重要辅助设备的名称、具体位置；涉及多层的，应正确标示车间的空间结构（建筑物名称、楼层、结构名称等），有的地区还要求注明各个功能区的面积。食品生产设备布局图、食品生产工艺流程图可按照楼层、申请类别、工艺流程等分别绘制，宜采用 CAD 制图。涉及多张图的，可通过 Word（增加页面）或者 Excel（插入工作表，如 sheet1、sheet2、sheet3）整合到一个电子文档中。食品生产设备布局图应当按比例标注。

食品生产工艺流程图应包含从原料验收到包装的整个过程工序，并对生产流程中的关键控制点及其控制参数进行标注。对于有洁净度要求的生产工序，还应标注工艺工序对应的洁净区范围。

③ 食品生产和检验用主要设备、设施清单。食品生产和检验用主要设备、设施清单，应说明所使用的设备、设施以及检验所用仪器设备的名称、规格/型号、使用场所及其主要的技术参数。并且，提供的材料要与现场核查时现场设备的铭牌信息保持一致。

④ 食品安全管理人员和制度。申请食品生产许可，应当提交专职或者兼职的食品安全专业技术人员、食品安全管理人员信息和食品安全管理制度。食品安全专业技术人员及食品安全管理人员清单应说明每个人员的姓名、职务、学历及专业、人员类别、专职和兼职情况等。同一人员可以是专业技术人员和管理人员双重身份，人员可以在内部兼任职务，在提供材料时据实填写即可。食品安全管理制度清单应提供制度名称和文件编号。

⑤ 特殊食品注册备案证明材料。申请保健食品、特殊医学用途配方食品、婴幼儿配方食品等特殊食品的生产许可，还应当提交与所生产食品相适应的生产质量管理体系文件以及相关注册和备案文件。

除以上材料外，地方监管部门有特别要求的需要一并执行。例如，有的地方还要求提供法定代表人身份证明、产品执行标准文本、生产用水检验报告、洁净车间空气洁净度检测报告等材料。

（2）食品生产许可变更/延续申请材料 申请变更许可的，应当提交食品生产许可变更申请书、变更食品生产许可事项有关的材料以及法律法规规定的其他材料。申请延续许可的，应当提交食品生产许可延续申请书、延续食品生产许可事项有关的材料以及法律法规规定的其他材料。保健食品、特殊医学用途配方食品、婴幼儿配方食品的生产企业申请延续食品生产许可的，还应当就申请人变化事项提供与所生产食品相适应的生产质量管理体系运行情况的自查报告，以及相应的产品注册和备案文件。

（3）食品生产许可申请材料审查要求及容易出现的问题

① 食品生产许可申请材料审查的一般要求。依据《食品生产许可审查通则》，材料审查主要是对申请人提交申请材料的完整性、规范性、符合性进行审查。完整性是指申请人按照《食品生产许可管理办法》等要求提交相应材料的种类齐全、内容完整、份数符合地方管理部门规定。规范性是指申请人填写的内容、方式符合材料规定的内容、格式要求。符合《食品生产许可管理办法》和相应审查细则等要求。

依据《食品生产许可审查通则》第七条的要求，负责许可审批的市场监督管理部门要求申请人提交纸质申请材料的，应当根据食品生产许可审查、日常监管和存档需要确定纸质申请材料的份数。申请材料应当种类齐全、内容完整，符合法定形式和填写要求。

② 食品生产许可申请材料容易出现的问题。食品生产许可材料中的常见问题包括：申请类型选择错误；申报的产品类别和品种明细有误；产品执行标准过期或不适用，标准名称书写错误；专业技术人员设置不合理；配料不合规；食品安全管理制度不完整或不符合法规的要求等。

3. 食品生产许可现场核查

根据《食品生产许可审查通则》，现场核查主要核查申请材料与实际状况的一致性、合规性。

（1）需要现场核查的情形 下列情形需要现场核查：新申请食品生产许可的；生产场所

发生变迁的；许可即将期满申请延续的，生产条件发生变化，可能影响食品安全的；对变更或者延续申请，需要对申请材料进行核实的；生产场所迁出原发证的市场监督管理部门管辖范围的；存在食品安全隐患的以及其他情形。

下列情形不需要现场核查：特殊食品在注册时，已经完成现场核查工作的，但是在注册现场核查后生产条件发生变化的企业除外；企业在申请延续换证时，申请人声明企业生产条件未发生变化的。

（2）现场核查的程序　召开首次会议，现场核查、核查组与申请人就核查项目评分与初步核查意见进行沟通，并根据最终的会商结果，按照不同食品类别分别进行现场核查项目评分判定，分别汇总评分结果，最后召开末次会议，宣布现场核查结论。现场核查程序见图3-2。

图3-2　现场核查程序

（3）现场核查范围与结果判定　现场核查范围主要包括生产场所、设备设施、设备布局和工艺流程、人员管理、管理制度及其执行情况，以及按规定需要查验试制产品检验合格报告。

① 在生产场所方面，核查申请人提交的材料是否与现场一致，其生产场所周边和厂区环境、布局和各功能区划分、厂房及生产车间相关材质等是否符合有关规定和要求。核查厂区是否避开对食品有显著污染的区域；厂区环境是否做到整洁，无扬尘或积水现象；是否具有与生产的产品品种、数量相适应的厂房和车间；是否根据要求合理布局和划分作业区，避免交叉污染等。

② 在设备设施方面，核查申请人提交的生产设备设施清单是否与现场一致，生产设备设施材质、性能等是否符合规定并满足生产需要；申请人自行对原辅料及出厂产品进行检验的，是否具备审查细则规定的检验设备设施，性能和精度是否满足检验需要。

③ 在设备布局和工艺流程方面，核查申请人提交的设备布局图和工艺流程图是否与现场一致，设备布局、工艺流程是否符合规定要求，并能防止交叉污染。实施复配食品添加剂现场核查时，核查组应当依据有关规定，根据复配食品添加剂品种特点，核查复配食品添加剂配方组成、有害物质及致病菌是否符合食品安全国家标准。

④ 在人员管理方面，核查申请人是否配备申请材料所列明的食品安全管理人员及专业技术人员；是否建立生产相关岗位的培训及从业人员健康管理制度；从事接触直接入口食品工作的食品生产人员是否取得健康证明。

⑤ 在管理制度方面，核查申请人的进货查验、生产过程控制、出厂检验、食品安全自查、不安全食品召回、不合格品管理、食品安全事故处置等保证食品安全的管理制度是否齐全，内容是否符合法律法规等相关规定。

⑥ 在试制产品检验合格报告方面，现场核查时，核查组可以根据食品生产工艺流程等要求，按申请人生产食品所执行的食品安全标准和其他相关产品标准核查试制食品检验合格报告。试制食品检验合格报告应为近期有效的执行产品标准的全项目检验报告。

实施食品添加剂生产许可现场核查时，可以根据食品添加剂品种，按申请人生产食品添加剂所执行的食品安全标准核查试制食品添加剂检验合格报告。

现场核查按照《食品、食品添加剂生产许可现场核查评分记录表》的项目得分进行判定。核查项目单项得分无 0 分项且总得分率≥ 85% 的，该食品类别及品种明细判定为通过现场核查；核查项目单项得分有 0 分项或者总得分率＜ 85% 的，该食品类别及品种明细判定为未通过现场核查。

审核中有待整改项的，需在监管部门规定的期限内提交整改报告。

（4）现场审核可能会出现的不符合项

① 厂区、生产场所及设施设备相关不符合项。周边存在垃圾场。厂区内外环境较差，存在排水不畅，积水较多，杂物堆放较多等问题，特别是燃煤等堆放无专门场所。无防鼠板或离地缝隙过大，无防鼠效果。存在更衣室的卫生未及时清理，蜘蛛网、霉斑、灰尘等较明显问题。车间有异味。车间有积水、漏水。人员、原料进入车间存在交叉污染。工作服与生活服未分离。缺少紫外线灯，缺少过脚池，缺少手消毒设施。部分企业的洗手设施为手动式或存在故障，干手设施未配备或故障。消毒池尺寸不满足要求，宽度不够（可一步迈过）。缺少设备消毒液配制记录。消毒液配置信息不完整，配制浓度与文件规定不符（消毒液浓度过高或过低）。车间照明设施数量不足，暴露食品或原料上方的照明设施缺少防护措施。天气炎热，部分企业只有部分车间有空调，导致员工为享受空调将所有生产工序集中在一个车间内进行操作。或者为便于车间通风降低温度，将车间对外通道打开。即食与非即食产品共用生产车间，设备布局交叉，布局不合理。设备未清洁打扫。设备维修保养计划与实际操作不一致。设备维护保养记录缺少人员签字。

② 采购进货查验管理相关不符合项。原材料查验记录，缺少审核人员签名。食品原料无法提供合格证明文件、生产商的许可证。索证报告的检验项目不齐全。食品添加剂索证索票已过期。采购记录中缺少生产企业名称。未制定具体的进货验收标准。部分过保质期食品没有及时清理。

③ 检验及留样管理相关不符合项。检验记录不真实，涉嫌编造检验记录。产品出厂检验项目不齐全。检验方法标准更新不及时。未能提供相关平行样检验原始记录。未对产品进行留样备查。

（5）试制样品检验报告要求　试制样品可以由申请人自行检验，或者委托有资质的食品检验机构检验。试制样品检验报告的具体要求按审查细则的有关规定执行。每个执行标准对应一份或一份以上的检验报告。"一份以上"指：执行同一个标准的产品，生产工艺不同需分别提供检验报告，同时要兼顾产品审查细则中的抽样要求；执行同一个标准，但标准中有不同分类，不同分类之间有理化、质量安全指标差异的，则分别提供检验报告。检验报告应为近期有效的，检验项目包括产品执行标准中引用的各类食品安全国家标准、行业标准、地方标准、企业标准等。检验报告可以是自行检验的报告、委托有资质检验机构检验或监督抽检报告，能反映出全项合格即可。

对于出厂检验指标，如果审查细则没有明确规定，则需要结合审查细则和产品的执行标准共同确定。有些特殊情况，如婴幼儿配方乳粉，需要依据食品安全国家标准进行全项检验。

对于审查细则有规定，而现行的食品安全国家标准中没有规定的指标，则应以新颁布的标准法规为准，并结合当地监管人员意见综合评价得出。例如，2006 版的《其他水产加工品生产许可证审查细则》中风味鱼制品的出厂检验指标包含水分和盐分，但是在《食品安全国家标准 动物性水产制品》（GB 10136—2015）中并未规定需要检测水分和盐分指标，故企业结合当地市场监管局的意见以及标准和审查细则版本的先后顺序，在制定出厂检验项目时可以不包含这两项指标，在制定企业内部产品标准时可将其作为内控指标来进行管控。

四、食品生产许可证书管理

依据《食品生产许可管理办法》第二十八条至三十一条的规定，食品生产许可证分为正本、副本。正本、副本具有同等法律效力。食品生产许可证应当载明：生产者名称、社会信用代码、法定代表人（负责人）、住所、生产地址、食品类别、许可证编号、有效期、发证机关、发证日期和二维码。副本还应当载明食品明细。生产保健食品、特殊医学用途配方食品、婴幼儿配方食品的，还应当载明产品或者产品配方的注册号或者备案登记号；接受委托生产保健食品的，还应当载明委托企业名称及住所等相关信息。

食品生产许可证编号由SC（"生产"的汉语拼音字母缩写）和14位阿拉伯数字组成。数字从左至右依次为：3位食品类别编码、2位省（自治区、直辖市）代码、2位市（地）代码、2位县（区）代码、4位顺序码、1位校验码。

食品生产者应当妥善保管食品生产许可证，不得伪造、涂改、倒卖、出租、出借、转让。

食品生产者应当在生产场所的显著位置悬挂或者摆放食品生产许可证正本。

国家市场监督管理总局官网可以查询到获证企业信息，具体操作可以扫描二维码查看。

五、法律责任及案例

《食品生产许可管理办法》第四十九条至五十三条分别针对未取得许可、申请时隐瞒/造假、不当手段取得许可、证书使用不当、证书未及时变更或撤销等违法情形应承担的法律责任作出规定，包括警告、罚款、撤销许可

食品生产许可
信息查询

等。第五十四条对违法违规企业的主要责任人应承担的法律责任作出规定。第五十五条对未按规定进行生产许可的监管部门应承担的法律责任作出规定。

> **【案例3-1】原告诉称企业生产未取得特殊膳食食品生产许可证的大豆蛋白质粉，法院判处驳回全部诉求。**
>
> 王某购买了大豆蛋白质粉，涉案产品包装上印有"3岁及以上儿童、青少年可以食用"的字样，以涉案食品并没有取得"特殊膳食食品生产许可"为由，起诉至法院要求10倍赔偿。法院判决认为，由产品标签可知涉案产品并非专供婴幼儿食用；其次，本案中涉案产品生产类别编号为3103，与婴幼儿辅助食品类别编号3001、3002、3003不同，可知两类产品属于不同的生产类别。故涉案产品并不符合《婴幼儿辅助食品生产许可审查细则》中对于婴幼儿辅助食品的定义，不属于特殊膳食食品。故原告以涉案产品适用于3岁以上儿童为由，主张涉案产品未取得"婴幼儿辅助食品"所需的"特殊膳食食品生产许可"，要求退货并退还购物款同时增加赔偿的诉请，缺乏事实和法律依据，法院不予支持。

第二节　食品经营许可管理

食品经营许可是国家实施市场准入、规范食品经营活动的一项重要制度，作为食品安全工作的重要一环，不仅在于规避食品安全风险，也在于为后续监管工作提供基本信息。

为营造更优营商环境，国务院在全国推进"证照分离"改革，在推进食品经营许可改革工作方面，要求在保障食品安全的前提下，进一步优化食品经营许可条件、简化许可流程、缩短许可时限，加快推行电子化审批，不断完善许可工作体系，持续提升食品经营许可工作便利化、智能化水平。

一、食品经营许可的演变史

我国对食品经营许可的管理，可以追溯到 1995 年。1995 年发布实施的《中华人民共和国食品卫生法》，要求食品生产经营企业和食品摊贩，必须先取得卫生行政部门发放的卫生许可证后，方可向工商行政管理部门申请登记。未取得卫生许可证的，不得从事食品生产经营活动。

2009 年《中华人民共和国食品安全法》实施，《中华人民共和国食品卫生法》同时废止，卫生许可证也不再需要，取而代之的是三证：从事食品生产、食品流通、餐饮服务，应当依法取得食品生产许可、食品流通许可、餐饮服务许可。其中餐饮服务许可证由原食品药品监督管理部门颁发，取代沿用已久的食品卫生许可证；食品流通许可证由原工商部门颁发，对食品经营者必须坚持先证后照，未取得前置审批文件，不得办理注册登记手续。例如超市、商场等要取得食品流通许可证才能申请营业执照。

2015 年《食品经营许可管理办法》开始施行，将食品流通许可证、餐饮服务许可证合并为食品经营许可证，在中华人民共和国境内，从事食品销售和餐饮服务活动，应当依法取得食品经营许可。

2017 年《食品经营许可管理办法》修订明确，市场监督管理部门制作的食品经营许可电子证书与印制的食品经营许可证书具有同等法律效力。

2021 年《中华人民共和国食品安全法》再次进行修订，明确仅销售预包装食品的，报所在地县级以上地方人民政府食品安全监督管理部门备案即可，不再需要取得食品经营许可。同年 12 月，国家市场监督管理总局发布关于仅销售预包装食品备案有关事项的公告，就仅销售预包装食品备案有关事项作出了详细规定。

二、食品经营许可的管理机构与权限范围

依据《食品经营许可管理办法》的规定，国家市场监督管理总局负责监督指导全国食品经营许可管理工作。县级以上地方市场监督管理部门负责本行政区域内的食品经营许可管理工作。省、自治区、直辖市市场监督管理部门可以根据食品类别和食品安全风险状况，确定市、县级市场监督管理部门的食品经营许可管理权限。

国家市场监督管理总局负责制定食品经营许可审查通则。县级以上地方市场监督管理部门实施食品经营许可审查，应当遵守食品经营许可审查通则。

食品经营主体业态分为食品销售经营者、餐饮服务经营者、单位食堂。食品经营者申请通过网络经营、建立中央厨房或者从事集体用餐配送的，应当在主体业态后以括号标注。食品经营项目分为散装食品销售（含冷藏冷冻食品、不含冷藏冷冻食品）、特殊食品销售（保健食品、特殊医学用途配方食品、婴幼儿配方乳粉、其他婴幼儿配方食品）、其他类食品销售；热食类食品制售、冷食类食品制售、生食类食品制售、糕点类食品制售、自制饮品制售、其他类食品制售等。

列入其他类食品销售和其他类食品制售的具体品种应当报国家市场监督管理总局批准后

执行，并明确标注。具有热、冷、生、固态、液态等多种情形，难以明确归类的食品，可以按照食品安全风险等级最高的情形进行归类。

三、食品经营许可申请与审查

1. 食品经营许可申请条件与办理流程

依据《食品经营许可管理办法》的规定，食品经营许可证属于后置审批，申请食品经营许可，应当先行取得营业执照等合法主体资格。食品经营许可实行一地一证原则，即食品经营者在一个经营场所从事食品经营活动，应当取得一个食品经营许可证。无实体门店经营的互联网食品经营者不得申请所有食品制售项目以及散装熟食销售。

企业法人、合伙企业、个人独资企业、个体工商户等，以营业执照载明的主体作为申请人。机关、事业单位、社会团体、民办非企业单位、企业等申办单位食堂，以机关或者事业单位法人登记证、社会团体登记证或者营业执照等载明的主体作为申请人。

（1）食品经营许可申请条件　依据《食品经营许可管理办法》的规定，食品经营许可申请人应当符合的条件主要包括环境场所、设备设施、人员制度、设备布局和工艺流程等方面，这也是食品经营许可审查的基本要求。

（2）食品经营许可办理流程　要办理食品经营许可，申请人首先需要准备和提交申报材料，并先行取得营业执照等合法主体资格，按照食品经营主体业态和经营项目分类提出申请。申请食品经营许可证有两个途径，一个是现场申请办理，另一个是网上申请办理。提交之后市场监管部门会进行材料审查，并视情况组织现场核查。如果申请材料不齐全或者不符合法定形式的，接到告知申请人需要补正的全部内容后应予以补正。材料合格的，自收到申请材料之日起即为受理。市场监管部门根据申请材料审查和现场核查等情况，对符合条件的，作出准予许可的决定；对不符合条件的，应当及时作出不予许可的书面决定并说明理由，同时告知申请人依法享有申请行政复议或者提起行政诉讼的权利。材料审查及现场核查的主要依据包括《食品经营许可管理办法》《食品经营许可审查通则（试行）》等。

食品经营许可申请获得批准后，申请人即可领取食品经营许可证。对于部分省市，可在当地市场监督管理部门网上政务服务平台下载食品经营许可证电子证书，并可根据需要打印食品经营许可证电子证书。市场监督管理部门制作的食品经营许可电子证书与印制的食品经营许可证书具有同等法律效力。

食品经营许可办理流程见图3-3。

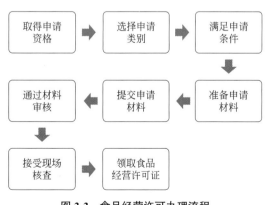

图3-3　食品经营许可办理流程

2. 食品经营许可申请材料及其审查

（1）食品经营许可申请材料

① 食品经营许可申请。申请食品经营许可，申请人应当提交营业执照或者其他主体资格证明文件复印件；与食品经营相适应的主要设备设施布局、操作流程等文件；食品安全自查、从业人员健康管理、进货查验记录、食品安全事故处置等保证食品安全的规章制度。

利用自动售货设备从事食品销售的，申请人还应当提交自动售货设备的产品合格证明、具体放置地点，经营者名称、住所、联系方式、食品经营许可证的公示方法等材料。

申请人委托他人办理食品经营许可申请的，代理人应当提交授权委托书以及代理人的身份证明文件。

② 食品经营许可证变更申请。食品经营许可证载明的许可事项发生变化的，如扩大经营范围，销售自制饮料，则需要申请变更"经营项目"。食品经营者应当在变化后 10 个工作日内，向原发证的市场监督管理部门申请变更经营许可。需要提交的申请材料包括：食品经营许可变更申请书；食品经营许可证正本、副本；与变更食品经营许可事项有关的其他材料。

经营场所发生变化的，由于整个经营条件发生了变化，故应当重新申请食品经营许可。外设仓库地址发生变化的，食品经营者应当在变化后 10 个工作日内向原发证的市场监督管理部门报告。

③ 食品经营许可证延续申请。食品经营许可证的有效期是 5 年，到期前应当及时进行延续。食品经营者应当在许可证有效期届满 30 个工作日前，向原发证的市场监督管理部门提出申请。需要提交的材料包括：食品经营许可延续申请书；食品经营许可证正本、副本；与延续食品经营许可事项有关的其他材料。

④ 食品经营许可证补办申请。食品经营许可证遗失、损坏的，应当向原发证的市场监督管理部门申请补办，并提交下列材料：食品经营许可补办申请书；食品经营许可证遗失的，申请人应当提交在县级以上地方人民政府市场监督管理部门网站或者其他县级以上主要媒体上刊登遗失公告的材料；食品经营许可证损坏的，应当提交损坏的食品经营许可证原件。

（2）食品经营许可审查要求

① 食品经营许可审查基本要求。

a. 环境场所。食品经营者应当具有与经营的食品品种、数量相适应的食品经营和贮存场所。食品经营场所和食品贮存场所不得设在易受到污染的区域，距离粪坑、污水池、暴露垃圾场（站）、旱厕等污染源 25m 以上。

无实体门店经营的互联网食品经营者应当具有与经营的食品品种、数量相适应的固定的食品经营场所，贮存场所视同食品经营场所。

b. 设备设施。食品经营者应当根据经营项目设置相应的经营设备或设施，以及相应的消毒、更衣、盥洗、采光、照明、通风、防腐、防尘、防蝇、防鼠、防虫等设备或设施。直接接触食品的设备或设施、工具、容器和包装材料等应当具有产品合格证明，应为安全、无毒、无异味、防吸收、耐腐蚀且可承受反复清洗和消毒的材料制作，易于清洁和保养。

食品经营者在实体门店经营的同时通过互联网从事食品经营的，除上述条件外，还应当向许可机关提供具有可现场登录申请人网站、网页或网店等功能的设施设备，供许可机关审查。

c. 人员要求。食品经营企业应当配备食品安全管理人员，食品安全管理人员应当经过培训和考核。取得国家或行业规定的食品安全相关资质的，可以免于考核。

d. 制度要求。食品经营企业应当具有保证食品安全的管理制度。食品安全管理制度应当包括：从业人员健康管理制度和培训管理制度、食品安全管理员制度、食品安全自检自查与报告制度、食品经营过程与控制制度、场所及设施设备清洗消毒和维修保养制度、进货查验和查验记录制度、食品贮存管理制度、废弃物处置制度、食品安全突发事件应急处置方案等。

② 预包装食品销售（含冷藏冷冻食品、不含冷藏冷冻食品）审查要求。为深入贯彻《中华人民共和国食品安全法》和国务院"证照分离"改革要求，结合自由贸易试验区试点经验做法，国家市场监督管理总局将仅销售预包装食品许可改备案工作列入中央层面设定的涉企经营许可事项改革清单，细化仅销售预包装食品备案的相关办理要求和监管要求。仅销售预包装食品的，不需取得许可，应当报所在地县级以上地方人民政府食品安全监督管理部门备案。

从事仅销售预包装食品的食品经营者在办理市场主体登记注册时，同步提交《仅销售预包装食品经营者备案信息采集表》，一并办理仅销售预包装食品备案。持有营业执照的市场主体从事仅销售预包装食品活动，应当在销售活动开展前完成备案。已经取得食品经营许可证的，在食品经营许可证有效期届满前无须办理备案。从事仅销售预包装食品活动的食品经营者应当具备与销售的食品品种、数量等相适应的经营条件。不同市场主体一般不得使用同一经营场所从事仅销售预包装食品经营活动。备案信息发生变化的，应当自发生变化之日起15个工作日内向市场监管部门提交《仅销售预包装食品经营者备案信息变更表》进行备案信息变更。终止食品经营活动的，应当自经营活动终止之日起15个工作日内，向原备案的市场监管部门办理备案注销。食品经营者主体资格依法终止的或存在其他应当注销而未注销情形的，市场监管部门可依据职权办理备案注销手续。

当然，从事仅销售预包装食品活动的食品经营者也应当严格落实食品安全主体责任，建立健全保障食品安全的规章制度，定期开展食品安全自查，保障食品安全。通过网络仅销售预包装食品的，应当在其经营活动主页面显著位置公示其食品经营者名称、经营场所地址、备案编号等相关备案信息。

销售或同时销售预包装食品以外的食品，仍应依法取得食品经营许可，不适用于办理食品经营许可备案（仅销售预包装食品）。仅销售预包装食品活动的食品经营者可以参考以下要求开展定期自查，保障落实主体责任。

食品销售场所和食品贮存场所应当环境整洁，有良好的通风、排气装置，并避免日光直接照射。地面应做到硬化，平坦防滑并易于清洁消毒，并有适当措施防止积水。食品销售场所和食品贮存场所应当与生活区分（隔）开。销售场所应布局合理，食品销售区域和非食品销售区域分开设置，生食区域和熟食区域分开，待加工食品区域与直接入口食品区域分开，经营水产品的区域与其他食品经营区域分开，防止交叉污染。

食品贮存应设专门区域，不得与有毒有害物品同库存放。贮存的食品应与墙壁、地面保持适当距离，防止虫害藏匿并利于空气流通。食品与非食品、生食与熟食应当有适当的分隔措施，固定的存放位置和标识。

申请销售有温度控制要求的食品，应配备与经营品种、数量相适应的冷藏、冷冻设备，设备应当保证食品贮存销售所需的温度等要求。

③ 散装食品销售（含冷藏冷冻食品、不含冷藏冷冻食品）许可审查要求。申请散装食品销售（含冷藏冷冻食品、不含冷藏冷冻食品）许可，除了应符合预包装食品销售审查要求外，还应符合以下要求。

散装食品应有明显的区域或隔离措施，生鲜畜禽、水产品与散装直接入口食品应有一定距离的物理隔离。直接入口的散装食品应当有防尘防蝇等设施，直接接触食品的工具、容器和包装材料等应当具有符合食品安全标准的产品合格证明，直接接触食品的从业人员应当具有健康证明。申请销售散装熟食制品的，申请时还应当提交与挂钩生产单位的合作协议（合同），提交生产单位的《食品生产许可证》复印件。

④特殊食品销售审查要求。特殊食品（特殊医学用途配方食品中的特定全营养配方食品除外）的销售由食品经营许可制度改为备案制度，要求参考仅销售预包装食品的规定执行。

另外，保健食品销售、特殊医学用途配方食品销售、婴幼儿配方食品销售的，应当在经营场所划定专门的区域或柜台、货架摆放、销售；分别设立提示牌，注明"××××销售专区（或专柜）"字样，提示牌为绿底白字，字体为黑体，字体大小可根据设立的专柜或专区的空间大小而定。

⑤餐饮服务的许可审查一般要求。

a. 环境场所。餐饮服务经营场所应当选择有给排水条件的地点，应当设置相应的粗加工、切配、烹调、主食制作以及餐用具清洗消毒、备餐等加工操作条件，以及食品库房、更衣室、清洁工具存放场所等。场所内禁止设立圈养、宰杀活的禽畜类动物的区域。

食品处理区应当按照原料进入、原料处理、加工制作、成品供应的顺序合理布局，并能防止食品在存放、操作中产生交叉污染。食品处理区内应当设置相应的清洗、消毒、洗手、干手设施和用品，员工专用洗手消毒设施附近应当有洗手消毒方法标志。食品处理区应当设存放废弃物或垃圾的带盖容器。食品处理区地面应当无毒、无异味、易于清洗、防滑，并有给排水系统。墙壁应当采用无毒、无异味、不易积垢、易清洗的材料制成。门、窗应当采用易清洗、不吸水的材料制作，并能有效通风、防尘、防蝇、防鼠和防虫。天花板应当采用无毒、无异味、不吸水、表面光洁、耐腐蚀、耐温的材料涂覆或装修。食品处理区内的粗加工操作场所应当根据加工品种和规模设置食品原料清洗水池，保障动物性食品、植物性食品、水产品三类食品原料能分开清洗。

更衣场所与餐饮服务场所应当处于同一建筑内，有与经营项目和经营规模相适应的空间、更衣设施和照明。餐饮服务场所内设置厕所的，其出口附近应当设置洗手、消毒、烘干设施。食品处理区内不得设置厕所。

专间方面，要求专间内无明沟，地漏带水封。食品传递窗为开闭式，其他窗封闭。专间门采用易清洗、不吸水的坚固材质，能够自动关闭。专间内设有独立的空调设施、工具清洗消毒设施、专用冷藏设施和与专间面积相适应的空气消毒设施。专间内的废弃物容器盖子应当为非手动开启式。专间入口处应当设置独立的洗手、消毒、更衣设施。

专用操作场所方面，要求场所内无明沟，地漏带水封。设工具清洗消毒设施和专用冷藏设施。入口处设置洗手、消毒设施。

b. 设备设施。烹调场所应当配置排风和调温装置，用水应当符合《生活饮用水卫生标准》（GB 5749—2022）。

配备能正常运转的清洗、消毒、保洁设备设施。餐用具清洗消毒水池应当专用，与食品原料、清洁用具及接触非直接入口食品的工具、容器清洗水池分开，不交叉污染。专供存放消毒后餐用具的保洁设施，应当标记明显，结构密闭并易于清洁。用于盛放原料、半成品、成品的容器和使用的工具、用具，应当有明显的区分标志，存放区域分开设置。

食品和非食品（不会导致食品污染的食品容器、包装材料、工具等物品除外）库房应当分开设置。冷藏、冷冻柜（库）数量和结构应当能使原料、半成品和成品分开存放，有明显区分标识。冷冻（藏）库设有正确指示内部温度的温度计。

c. 人员要求。餐饮服务食品安全管理人员应当具备2年以上餐饮服务食品安全工作经历，并持有国家或行业规定的相关资质证明。

d. 制度要求。餐饮服务企业应当制定食品添加剂使用公示制度，建立食品安全管理制度，包括建立从业人员健康管理制度、食品安全自查制度、食品进货查验记录制度、原料控制要求、过程控制要求、食品安全事故处置方案等。

⑥ 冷食类、生食类食品制售许可审查要求。申请冷食类食品制售、生食类食品制售的，除符合食品经营许可审查基本要求和餐饮服务的许可审查一般要求外，还应当设立相应的制作专间，并符合专间的相关要求。

⑦ 糕点类食品制售许可审查要求。申请糕点类食品制售许可的，除符合食品经营许可审查基本要求和餐饮服务的许可审查一般要求外，现场制作糕点类食品应当设置专用操作场所，制作裱花类糕点还应当设立单独的裱花专间，并符合相关要求。

⑧ 自制饮品制售许可审查要求。申请自制饮品制售许可的，除符合食品经营许可审查基本要求和餐饮服务的许可审查一般要求外，应设专用操作场所，专用操作场所应当符合规定。

餐饮服务中提供自酿酒的经营者在申请许可前应当先行取得具有资质的食品安全第三方机构出具的对成品安全性的检验合格报告。在餐饮服务中自酿酒不得使用压力容器，自酿酒只限于在本门店销售。

⑨ 中央厨房审查要求。餐饮服务单位内设中央厨房的，除应当符合食品经营许可审查基本要求、餐饮服务的许可审查一般要求的有关规定外，中央厨房还应当具备下列条件。

a. 场所设置、布局、分隔和面积要求。中央厨房加工配送配制冷食类和生食类食品，食品冷却、包装应按照各类专间的规定设立分装专间。需要直接接触成品的用水，应经过加装水净化设施处理。食品加工操作和贮存场所面积应当与加工食品的品种和数量相适应。墙角、柱脚、侧面、底面的结合处有一定的弧度。场所地面应采用便于清洗的硬质材料铺设，有良好的排水系统。

b. 运输设备要求。配备与加工食品品种、数量以及贮存要求相适应的封闭式专用运输冷藏车辆，车辆内部结构平整，易清洗。

c. 食品检验和留样设施设备及人员要求。设置与加工制作的食品品种相适应的检验室。配备与检验项目相适应的检验设施和检验人员。配备留样专用容器和冷藏设施，以及留样管理人员。

⑩ 集体用餐配送单位许可审查要求。申请集体用餐配送单位许可的，除应当符合食品经营许可审查基本要求、餐饮服务的许可审查一般要求的有关规定外，还应当具备下列条件。

a. 场所设置、布局、分隔和面积要求。食品处理区面积与最大供餐人数相适应。具有餐用具清洗消毒保洁设施。按照规定设立分装专间。场所地面应采用便于清洗的硬质材料铺设，有良好的排水系统。采用冷藏方式储存的，应配备冷却设备。

b. 运输设备要求。配备封闭式专用运输车辆，以及专用密闭运输容器。运输车辆和容器内部材质和结构便于清洗和消毒。冷藏食品运输车辆应配备制冷装置，使运输时食品中心温度保持在10℃以下。加热保温食品运输车辆应使运输时食品中心温度保持在60℃以上。

c. 食品检验和留样设施设备及人员要求。有条件的食品经营者设置与加工制作的食品品种相适应的检验室。没有条件设置检验室的，可以委托有资质的检验机构代行检验。配备留样专用容器、冷藏设施以及留样管理人员。

⑪ 单位食堂许可审查要求。单位食堂的许可审查，除应当符合食品经营许可审查基本要求、餐饮服务的许可审查一般要求的有关规定外，还应当符合以下的规定：单位食堂备餐应

当设专用操作场所，专用操作场所应当符合相关规定。单位食堂应当配备留样专用容器和冷藏设施，以及留样管理人员。职业学校、普通中等学校、小学、特殊教育学校、托幼机构的食堂原则上不得申请生食类食品制售项目。

3. 食品经营许可现场核查

（1）现场核查情形　依据《食品经营许可管理办法》的规定，县级以上地方市场监督管理部门应当对申请人提交的许可申请材料进行审查。需要对申请材料的实质内容进行核实的，应当进行现场核查。食品经营许可变更不改变设施和布局的，可以不进行现场核查。

（2）现场核查的程序　现场核查应当由符合要求的核查人员进行。核查人员不得少于2人。核查人员应当出示有效证件，填写食品经营许可现场核查表，制作现场核查记录，经申请人核对无误后，由核查人员和申请人在核查表和记录上签名或者盖章。申请人拒绝签名或者盖章的，核查人员应当注明情况。

市场监督管理部门可以委托下级市场监督管理部门，对受理的食品经营许可申请进行现场核查。核查人员应当自接受现场核查任务之日起10个工作日内，完成对经营场所的现场核查。对以告知承诺方式取得许可的食品经营者，应在作出许可决定之日起30个工作日内实施监督检查，重点检查食品经营者实际情况与承诺内容是否相符、食品经营条件是否符合食品安全要求等情况。

四、食品经营许可证书管理

食品经营许可证编号由JY（"经营"的汉语拼音字母缩写）和14位阿拉伯数字组成。数字从左至右依次为：1位主体业态代码、2位省（自治区、直辖市）代码、2位市（地）代码、2位县（区）代码、6位顺序码、1位校验码。

依据《食品经营许可管理办法》第二十二条至二十六条，食品经营许可证分为正本、副本。正本、副本具有同等法律效力。目前，国家市场监督管理总局负责制定食品经营许可证正本、副本式样。省、自治区、直辖市市场监督管理部门负责本行政区域食品经营许可证的印制、发放等管理工作。

食品经营许可证应当载明：经营者名称、社会信用代码（个体经营者为身份证号码）、法定代表人（负责人）、住所、经营场所、主体业态、经营项目、许可证编号、有效期、日常监督管理机构、日常监督管理人员、投诉举报电话、发证机关、签发人、发证日期和二维码。在经营场所外设置仓库（包括自有和租赁）的，还应当在副本中载明仓库具体地址。

日常监督管理人员为负责对食品经营活动进行日常监督管理的工作人员。日常监督管理人员发生变化的，可以通过签章的方式在许可证上变更。食品经营者应当妥善保管食品经营许可证，不得伪造、涂改、倒卖、出租、出借、转让。食品经营者应当在经营场所的显著位置悬挂或者摆放食品经营许可证正本。

国家市场监督管理总局官网可以查询到获证企业信息，具体操作可以扫描二维码查看。

五、法律责任及案例

《食品经营许可管理办法》第四十五条至四十九条分别针对未取得许可、申请时隐瞒/造假、不当手段取得许可、证书使用不当、证书未及时变更或撤销等违法情形应承担的法律责任作出规定，包括警告、罚款、撤销许可

食品经营许可
信息查询

等。第五十条对违法违规企业的主要责任人应承担的法律责任作出规定。第五十一条对未按规定进行经营许可的监管部门应承担的法律责任作出规定。

> **【案例3-2】未经许可从事食品生产经营，处罚没收违法所得并罚款。**
>
> 某餐饮店于2019年1月起在某外卖平台上对外进行网上餐饮服务经营。当事人被核准的经营品种和方式为热食类。在未取得冷食类食品许可的情况下，当事人门店现场经营冷食类食品，涉嫌未经许可从事食品生产经营或食品添加剂生产活动。违反了《中华人民共和国食品安全法》第一百二十二条第一款，未取得食品生产经营许可从事食品生产经营活动。因当事人台账记录和索证索票记录不全、无法查实销售明细。监管部门对其作出没收违法所得、罚款2000元的行政处罚。

> **【案例3-3】生产经营禁止生产经营的食品案，处罚没收违法所得并罚款。**
>
> 某食品连锁经营公司经营销售的包装食品中混有异物，涉嫌生产经营腐败变质、油脂酸败、霉变生虫、污秽不洁、混有异物、掺假掺杂或者感官性状异常的食品、食品添加剂。当事人经营销售混有异物的包装食品，上述行为违反了《中华人民共和国食品安全法》第三十四条第（六）项的规定。根据《中华人民共和国食品安全法》第一百二十四条第（四）项的规定，对当事人罚款人民币伍万元整。

第三节　特殊食品的注册与备案

依据《中华人民共和国食品安全法》第七十四条，国家对保健食品、特殊医学用途配方食品和婴幼儿配方食品等特殊食品实行严格监督管理。保健食品、特殊医学用途配方食品和婴幼儿配方食品都属于特殊食品。我国对于特殊食品的管理主要包括注册和备案等方式。

一、特殊食品的概念与分类

1. 保健食品

依据《食品安全国家标准 保健食品》（GB 16740），保健食品是指声称并具有特定保健功能或者以补充维生素、矿物质为目的的食品，即适用于特定人群食用，具有调节机体功能，不以治疗疾病为目的，并且对人体不产生任何急性、亚急性或慢性危害的食品。

目前我国保健食品主要分为两类，一类是声称补充维生素、矿物质等营养物质的营养素补充剂，一类是具有特定保健功能的食品。

（1）营养素补充剂　营养素补充剂是指以补充维生素、矿物质而不以提供能量为目的的产品。其作用是补充膳食供给的不足，预防营养缺乏和降低发生某些慢性退行性疾病的危险性。《允许保健食品声称的保健功能目录 营养素补充剂（2020年版）》对补充维生素、矿物质功能进行了明确，允许保健食品声称补充钙、镁、铁、锌和维生素等功能。

（2）功能性保健食品　目前，我国明确了保健食品的27种保健功能及相对应的适宜人群、不适宜人群。27种保健功能在《保健食品申报与审评补充规定（试行）》（国食药监注〔2005〕202号）中进行了规定，具体包括增强免疫力、对辐射危害有辅助保护功能等。

2. 特殊医学用途配方食品

依据《食品安全国家标准 特殊医学用途配方食品通则》（GB 29922），特殊医学用途配方食品，是指为满足进食受限、消化吸收障碍、代谢紊乱或者特定疾病状态人群对营养素或者膳食的特殊需要，专门加工配制而成的配方食品，包括适用于 0 ～ 12 月龄的特殊医学用途婴儿配方食品和适用于 1 岁以上人群的特殊医学用途配方食品。

适用于 0 ～ 12 月龄的特殊医学用途婴儿配方食品包括无乳糖配方食品或者低乳糖配方食品、乳蛋白部分水解配方食品、乳蛋白深度水解配方食品或者氨基酸配方食品、早产或者低出生体重婴儿配方食品、氨基酸代谢障碍配方食品和母乳营养补充剂等。

适用于 1 岁以上人群的特殊医学用途配方食品，包括全营养配方食品、特定全营养配方食品、非全营养配方食品。

全营养配方食品，是指可以作为单一营养来源满足目标人群营养需求的特殊医学用途配方食品。

特定全营养配方食品，是指可以作为单一营养来源满足目标人群在特定疾病或者医学状况下营养需求的特殊医学用途配方食品。常见特定全营养配方食品有：糖尿病全营养配方食品，呼吸系统疾病全营养配方食品，肾病全营养配方食品，肿瘤全营养配方食品，肝病全营养配方食品，肌肉衰减综合征全营养配方食品，创伤、感染、手术及其他应激状态全营养配方食品，炎性肠病全营养配方食品，食物蛋白过敏全营养配方食品，难治性癫痫全营养配方食品，胃肠道吸收障碍、胰腺炎全营养配方食品，脂肪酸代谢异常全营养配方食品，肥胖、减脂手术全营养配方食品。

非全营养配方食品，是指可以满足目标人群部分营养需求的特殊医学用途配方食品，不适用于作为单一营养来源。常见非全营养配方食品有：营养素组件（蛋白质组件、脂肪组件、碳水化合物组件）、电解质配方、增稠组件、流质配方和氨基酸代谢障碍配方。

为进一步规范特殊医学用途配方食品的产品通用名称，便于消费者识记，避免产生误导，国家市场监督管理总局于 2019 年发布了《关于调整特殊医学用途配方食品产品通用名称的公告》，对特殊医学用途配方食品的产品通用名称进行了调整。调整前后的通用名见表 3-1。

表 3-1　特殊医学用途配方食品通用名称调整

调整前通用名称	调整后通用名称
特殊医学用途婴儿配方食品无乳糖配方	特殊医学用途婴儿无乳糖配方食品
特殊医学用途婴儿配方食品低乳糖配方	特殊医学用途婴儿低乳糖配方食品
特殊医学用途婴儿配方食品乳蛋白部分水解配方	特殊医学用途婴儿乳蛋白部分水解配方食品
特殊医学用途婴儿配方食品乳蛋白深度水解配方	特殊医学用途婴儿乳蛋白深度水解配方食品
特殊医学用途婴儿配方食品氨基酸配方	特殊医学用途婴儿氨基酸配方食品
特殊医学用途婴儿配方食品早产 / 低出生体重儿配方	特殊医学用途早产 / 低出生体重婴儿配方食品
特殊医学用途婴儿配方食品母乳营养补充剂	特殊医学用途婴儿营养补充剂
特殊医学用途婴儿配方食品氨基酸代谢障碍配方	特殊医学用途婴儿氨基酸代谢障碍配方食品
特殊医学用途配方食品全营养配方	特殊医学用途全营养配方食品
特殊医学用途非全营养配方食品营养素组件	特殊医学用途营养素组件配方食品
特殊医学用途非全营养配方食品电解质配方	特殊医学用途电解质配方食品
特殊医学用途非全营养配方食品增稠组件	特殊医学用途增稠组件配方食品
特殊医学用途非全营养配方食品流质配方	特殊医学用途流质配方食品
特殊医学用途非全营养配方食品氨基酸代谢障碍配方	特殊医学用途氨基酸代谢障碍配方食品
特殊医学用途配方食品 ×× 病特定全营养配方	特殊医学用途 ×× 病全营养配方食品

3. 婴幼儿配方食品

依据《婴幼儿配方乳粉生产许可审查细则（2013 版）》，婴幼儿配方乳粉是指使用牛乳或者羊乳及其加工制品（乳清粉、乳清蛋白粉、脱脂乳粉、全脂乳粉等）和植物油为主要原料，加入适量的维生素、矿物质和其他辅料，按照法律法规及标准所要求的条件，加工制作供婴幼儿（0—36月龄）食用的婴儿配方乳粉（0—6月龄，1段）、较大婴儿配方乳粉（6—12月龄，2段）和幼儿配方乳粉（12—36月龄，3段）。

根据《婴幼儿配方乳粉产品配方注册管理办法》，需要注册的婴幼儿配方乳粉是指符合相关法律法规和食品安全国家标准要求，以乳类及乳蛋白制品为主要原料，加入适量的维生素、矿物质和（或）其他成分，仅用物理方法生产加工制成的粉状产品，适用于正常婴幼儿食用。

综合以上定义来看，婴幼儿配方乳粉按原料的动物来源可以分为两大类：牛乳粉和羊乳粉；按照年龄划分为1段、2段和3段，涵盖了0—36个月龄的婴幼儿。

二、保健食品备案与注册

1. 保健食品注册备案制度

国家对保健食品准入市场管理模式为注册制与备案制相结合的双轨制。

（1）保健食品备案　指保健食品生产企业依照法定程序、条件和要求，将表明产品安全性、保健功能和质量可控性的材料提交市场监督管理部门进行存档、公开、备查的过程。保健食品备案范围包括使用的原料已经列入保健食品原料目录的保健食品以及首次进口的属于补充维生素、矿物质等营养物质的保健食品。其中首次进口的属于补充维生素、矿物质等营养物质的保健食品，其营养物质应当是列入保健食品原料目录的物质。

（2）保健食品注册　指市场监督管理部门根据注册申请人申请，依照法定程序、条件和要求，对申请注册的保健食品的安全性、保健功能和质量可控性等相关申请材料进行系统评价和审评，并决定是否准予其注册的审批过程。保健食品注册范围包括使用保健食品原料目录以外原料（以下简称目录外原料）的保健食品以及首次进口的保健食品（属于补充维生素、矿物质等营养物质的保健食品除外）。其中首次进口的保健食品，是指非同一国家、同一企业、同一配方申请中国境内上市销售的保健食品。根据注册的类型，保健食品注册又分为新产品注册、延续注册、变更注册以及转让技术注册。

2. 保健食品注册备案材料与流程

（1）保健食品备案材料　国产保健食品和进口保健食品的备案材料有所不同。国产保健食品备案材料项目及要求如下。

① 保健食品备案登记表，以及备案人对提交材料真实性负责的法律责任承诺书。备案人通过保健食品备案管理信息系统完善备案人信息、产品信息后，备案登记表和法律责任承诺书将自动生成。备案人应当按照要求打印、盖章后上传。

② 备案人主体登记证明文件。备案人应当提供营业执照、统一社会信用代码/组织机构代码等符合法律规定的法人组织证明文件扫描件，以及载有保健食品类别的生产许可证明文件扫描件。

如为注册转备案的情况，原注册人还应当提供保健食品注册证明文件扫描件。原注册人没有载有保健食品类别的生产许可证明文件的，可免于提供。

③ 产品配方材料。包括原料和辅料的名称和用量。原料应当符合《保健食品原料目录》的规定，辅料应符合保健食品备案产品可用辅料相关要求。原料、辅料用量是指生产1000个最小制剂单位的用量。

使用经预处理原辅料的，预处理原辅料所用原料应当符合《保健食品原料目录》的规定，所用辅料应符合保健食品备案产品可用辅料相关要求。备案信息填报时，应当分别列出预处理原辅料所使用的原料、辅料名称和用量，并明确标注该预处理原料的信息。如果预处理原辅料所用原料和辅料与备案产品中其他原辅料相同，则该原辅料不重复列出，其使用量应为累积用量，且不得超过可用辅料范围及允许的最大使用量。

如使用辅酶 Q_{10}、褪黑素、破壁灵芝孢子粉、螺旋藻、鱼油原料进行产品备案，则辅料应符合辅酶 Q_{10} 等五种保健食品原料备案产品剂型及技术要求中的相关规定。

原注册人申请产品备案时，如果原辅料不符合《保健食品原料目录》或相关技术要求的，备案人应调整产品配方和相关技术要求至符合要求，并予以说明，但不能增加原料种类。

④ 产品生产工艺材料。提供生产工艺流程简图及说明，工艺流程图应包括主要工序、关键工艺控制点等。工艺流程图、工艺说明应当与产品技术要求中生产工艺描述内容相符。

使用预处理原辅料的，应在工艺流程简图及说明中进行标注。

不得通过提取、合成等工艺改变《保健食品原料目录》内原料的化学结构、成分等。剂型选择应合理。备案产品剂型应根据产品的适宜人群等综合确定，避免因剂型选择不合理引发食用安全隐患。

⑤ 安全性和保健功能评价材料。提供经中试及以上规模的工艺生产的三批产品功效成分或标志性成分、卫生学、稳定性等检验报告（原注册人申请备案的，如未调整产品配方和产品技术要求，可以提供原申报时提交的检验报告，并予以说明）。

备案人应确保检验用样品的来源清晰、可溯源。国产备案产品应为经中试及以上生产规模工艺生产的样品。备案人具备自检能力的可以对产品进行自检；备案人不具备检验能力的，应当委托具有合法资质的检验机构进行检验。

提供产品原料、辅料合理使用的说明，以及产品标签说明书、产品技术要求制定符合相关法规的说明。

⑥ 直接接触产品的包装材料的种类、名称及标准。应提供直接接触产品的包装材料的种类、名称、标准号等使用依据。

⑦ 产品标签、说明书样稿。产品标签应该符合相关法律、法规等有关规定，涉及说明书内容的，应当与说明书有关内容保持一致。

产品说明书内容包括：产品名称、原料、辅料、功效成分或标志性成分含量、适宜人群、不适宜人群、保健功能、食用量及食用方法、规格、贮藏方法、保质期、注意事项。

保健食品的标签、说明书主要内容不得涉及疾病预防、治疗功能，并声明"本品不能代替药物"。

⑧ 产品技术要求材料。备案人应确保产品技术要求内容完整，与检验报告检测结果相符，并符合现行法规、技术规范和食品安全国家标准的规定。

内容包括：产品名称；原料；辅料；生产工艺；直接接触产品包装材料的种类、名称及标准；感官要求；鉴别；理化指标；微生物指标；功效成分或标志性成分指标；装量或重量差异指标（净含量及允许负偏差指标）；原辅料质量要求。

⑨ 具有合法资质的检验机构出具的符合产品技术要求的全项目检验报告。检验机构按照备案人拟定的产品技术要求规定的项目、方法等进行检测，出具三批产品技术要求全项目检验报告。检验报告包括检测结果是否符合现行法规、规范性文件、强制性国家标准和产品技术要求等的结论。保健食品备案检验申请表、备案检验受理通知书与检验报告中的产品名称、检测指标等内容应保持一致。检验机构出具检验报告后，不得变更。对于具有合法资质的检验机构未认证的感官要求、功效成分或标志性成分指标，检验机构应以文字说明其检测

依据。

该项检验报告与"（5）安全性和保健功能评价材料"的检验报告为同一检验机构出具的，则应为不同的三个批次产品的检验报告；为不同检验机构出具的，可以采用三批相同批次的样品。

⑩ 产品名称相关检索材料。备案人应从国家市场监督管理总局网站数据库中检索并打印，提供产品名称（包括商标名、通用名和属性名）与已批准注册或备案的保健食品名称不重名的检索材料。

⑪ 其他表明产品安全性和保健功能的材料。

⑫ 对于进口保健食品备案，除应按国产产品提交相关材料外，还应提交下列材料。

a. 备案人主体登记证明文件。产品生产国（地区）政府主管部门或者法律服务机构出具的备案人为上市保健食品境外生产厂商的资质证明文件。应载明出具文件机构名称、生产厂商名称地址、产品名称和出具文件的日期等。

b. 备案产品上市销售一年以上证明文件。产品生产国（地区）政府主管部门或者法律服务机构出具的保健食品类似产品上市销售一年以上的证明文件，或者产品境外销售以及人群食用情况的安全性报告。

上市销售一年以上的证明文件，应为在产品生产国（地区）作为保健食品类似产品销售一年以上的证明文件，应载明文件出具机构的名称、备案人名称地址、生产企业名称地址、产品名称和出具文件的日期，应明确标明该产品符合产品生产国（地区）法律和相关技术法规、标准，允许在该国（地区）生产销售。同时提供产品功能作用、食用人群等与申请备案产品声称相对应，保证食用安全的相关材料。

产品出口国（地区）实施批准的，还应当出具出口国（地区）主管部门准许上市销售的证明文件。

c. 产品生产国（地区）或者国际组织与备案保健食品相关的技术法规或者标准原文。境外生产厂商保证向我国出口的保健食品符合我国有关法律、行政法规的规定和食品安全国家标准的要求的说明，以及保证生产质量管理体系有效运行的自查报告。

申请材料涉及提交产品生产企业质量管理体系文件的，应当提交产品生产国（地区）政府主管部门或者政府主管部门指定的承担法律责任的有关部门出具的、符合良好生产质量管理规范的证明文件，应载明出具文件机构名称、产品名称、生产企业名称和出具文件的日期。

d. 检验用样品。备案人应确保检验用样品的来源清晰、可溯源，进口备案产品应为产品生产国（地区）上市销售的产品。

e. 产品在产品生产国（地区）上市的包装、标签说明书实样。应提供与产品生产国（地区）上市销售的产品一致的标签说明书实样及照片，以及经境内公证机构公证、与原文内容一致的中文译本。

f. 由境外备案人常驻中国代表机构办理备案事务的，应当提交《外国企业常驻中国代表机构登记证》扫描件。境外备案人委托境内的代理机构办理备案事项的，应当提交经过公证的委托书原件以及受委托的代理机构营业执照扫描件。委托书应载明备案人、被委托单位名称、产品名称、委托事项及委托书出具日期。

g. 提供生产和销售证明文件、质量管理体系或良好生产规范的证明文件、委托加工协议等证明文件，可以同时列明多个产品。这些产品同时备案时，允许一个产品使用原件，其他产品使用复印件，并书面说明原件所在的备案产品名称；这些产品不同时备案时，一个产品使用原件，其他产品需使用经公证后的复印件，并书面说明原件所在的备案产品名称。

此外，进口保健食品备案材料应符合下列要求。

a. 备案材料应使用中文，外文材料附后。外文证明性文件、外文标签说明书等中文译本应当由中国境内公证机构进行公证，与原文内容一致。

b. 境外机构出具的证明文件、委托书（协议）等应为原件，应使用产品生产国（地区）的官方文字，备案人盖章或法人代表（或其授权人）签字，需经所在国（地区）的公证机构公证和中国驻所在国使领馆确认。证明文件、委托书（协议）等载明有效期的，应在有效期内使用。

（2）保健食品备案流程　保健食品备案流程如下：获取备案系统登录账号→产品备案信息填报、提交→发放备案号、存档和公开。

① 获取备案系统登录账号。国产保健食品备案人应向所在地省、自治区、直辖市市场监督管理部门提出获取备案管理信息系统登录账号的申请。申请登录账号的具体方式由各省、自治区、直辖市市场监督管理部门自行发布。

进口保健食品备案人携带产品生产国（地区）政府主管部门或法律服务机构出具的备案人为上市保健食品境外生产厂商的资质证明文件和联系人授权委托书等，向国家市场监督管理总局行政受理服务部门现场提出获取备案管理信息系统登录账号的申请，由受理部门审核通过后向备案人发放登录账号。

原注册人产品转备案的，应当向总局技术审评机构提出申请。总局技术审评机构对转备案申请相关信息进行审核，符合要求的，将产品相关电子注册信息转送备案管理部门，同时书面告知申请人可向备案管理部门提交备案申请。

② 产品备案信息填报、提交。国产及进口保健食品的备案人获得备案管理信息系统登录账号后，从网址进入系统，认真阅读并按照相关要求逐项填写备案人及申请备案产品相关信息，逐项打印系统自动生成的附带条形码、校验码的备案申请表、产品配方、标签说明书、产品技术要求等，连同其他备案材料，逐页在文字处加盖备案人公章（检验机构出具的检验报告、公证文书、证明文件除外）。备案人将所有备案纸质材料清晰扫描成彩色电子版（PDF 格式）上传至保健食品备案管理信息系统，确认后提交。

进口保健食品的备案人若无印章，可以法人代表签字或签名章代替。且进口保健食品的备案人还需向国家市场监督管理总局行政受理服务部门提交全套备案材料原件 1 份。

原注册人已注册（或申请注册）产品转备案的，进入保健食品备案管理信息系统后，可依据《保健食品原料目录》及相关备案管理要求，修改和完善原注册产品相关信息，并注明修改的内容和理由。

③ 发放备案号、存档和公开。备案材料符合要求的，备案管理部门当场备案，发放备案号，并按照相关格式要求制作备案凭证；不符合要求的，应当一次告知备案人补正相关材料。

备案人应当保留一份完整的备案材料存档备查。

备案管理部门对原注册产品发放备案号后，应当书面告知总局技术审评机构注销原注册证书和批准文号，或终止原注册申请。

（3）保健食品注册材料

① 证明性文件。保健食品注册申请表以及申请人对申请材料真实性负责的法律责任承诺书；注册申请人主体登记证明文件复印件。

②产品研发报告。

a. 安全性论证报告。内容包括：原料和辅料的使用依据；产品配方配伍及用量的安全性科学依据；对安全性评价试验材料的分析评价；对配方以及适宜人群、不适宜人群、食用方法和食用量、注意事项等的综述。

　　b. 保健功能论证报告。内容包括：配方主要原料具有功能作用的科学依据，其余原料的配伍必要性；产品配方配伍及用量具有保健功能的科学依据；对产品保健功能评价试验材料、人群食用评价材料等的分析评价；对配方以及适宜人群、不适宜人群、食用方法和食用量等的综述。

　　c. 生产工艺研究报告。内容包括：剂型选择和规格确定的依据；辅料及用量选择的依据；影响产品安全性、保健功能等的主要生产工艺和关键工艺参数的研究报告；中试以上生产规模的工艺验证报告及样品自检报告；无适用的国家标准、地方标准、行业标准的原料，应提供详细的制备工艺、工艺说明及工艺合理性依据；产品及原料工艺过程中使用的全部加工助剂的名称、标准号及标准文本；对产品生产工艺材料、配方中辅料、标签说明书的剂型、规格、适宜人群、不适宜人群项以及产品技术要求的生产工艺、直接接触产品的包装材料、原辅料质量要求项中的工艺内容等的综述。

　　d. 产品技术要求研究报告。内容包括：鉴别方法的研究材料；各项理化指标及其检测方法的确定依据；功效成分或标志性成分指标及指标值的确定依据及其检测方法的研究验证材料；装量差异或重量差异（净含量及允许负偏差）指标的确定依据；全部原辅料质量要求的确定依据；产品稳定性试验条件、检测项目及检测方法等，以及注册申请人对稳定性试验结果进行的系统分析和评价；产品技术要求文本。

　　③ 产品配方材料。内容包括：产品配方表；原辅料的质量标准、生产工艺、质量检验合格证明；提取物、水解物类原料或辅料还应提供使用依据、使用部位的说明等；动植物原料应注明种属来源和使用部位；动物原料应提供检验检疫合格证明；法规对动植物种属有明确规定的，还应提供权威机构出具的品种鉴定报告；根据组方原理，对原料炮制有明确要求的，应注明原料的炮制规格，如生、盐制、蜜制、煅等；对原料纯度有明确要求的，应提供原料的纯度自检报告。

　　④ 生产工艺材料。生产工艺流程简图及说明，关键工艺控制点及参数说明。

　　⑤ 安全性和保健功能评价试验材料。食品检验机构的资质证明文件；具有法定资质的食品检验机构出具的安全性评价试验材料；具有法定资质的食品检验机构出具的保健功能评价试验材料；具有法定资质的食品检验机构出具的人群食用评价材料（涉及人体试食试验的）；三批样品的功效成分或标志性成分、卫生学、稳定性试验报告（委托检验的，被委托单位应为具有法定资质的食品检验机构）；权威机构出具的菌种鉴定报告、具有法定资质的食品检验机构出具的菌种毒力试验报告等；具有法定资质的食品检验机构出具的涉及产品的兴奋剂、违禁药物成分等检测报告。

　　⑥ 直接接触保健食品的包装材料的种类、名称和标准。内容包括：直接接触保健食品的包装材料的种类、名称、标准号、标准全文、使用依据。

　　⑦ 产品标签说明书样稿。内容包括：原料、辅料、功效成分或标志性成分含量、适宜人群、不适宜人群、保健功能、食用量及食用方法、规格、贮藏方法、保质期、注意事项。

　　⑧ 产品名称中的通用名与注册的药品名称不重名的检索材料、产品名称与批准注册的保健食品名称不重名的检索材料。内容包括：产品名称中的通用名与注册的药品名称不重名的检索材料、产品名称与批准注册的保健食品名称不重名的检索材料，应从国家市场监督管理总局网站数据库中检索后打印；以原料或原料简称以外的表明产品特性的文字，作为产品通用名的，应提供命名说明；使用注册商标的，应提供商标注册证明文件。

⑨ 三个最小销售包装样品。要求包括：包装应完整、无破损且距保质期届满不少于 3 个月；标签主要内容应与注册申请材料中标签说明书内容一致，并标注样品的生产日期、生产单位；进口产品应与生产国（地区）上市销售产品一致。

⑩ 其他与产品注册审评相关的材料。内容包括：样品生产企业质量管理体系符合保健食品生产许可要求的证明文件复印件；样品为委托加工的，应提供委托加工协议原件；载明来源、作者、年代、卷、期、页码等的科学文献全文复印件。

⑪ 属于补充维生素、矿物质等营养物质的国产产品注册申请材料。内容包括：补充的维生素、矿物质等营养物质，具有明确的中国居民膳食营养素推荐摄入量（RNI）或适宜摄入量（AI）；产品使用的原料质量标准应有适用的食品安全国家标准或卫生行政部门认可的适用标准；仅有《中华人民共和国药典》或中国药品标准的，原料应属已列入《食品安全国家标准 食品营养强化剂使用标准》（GB 14880）或卫生行政部门公告的营养强化剂；应按新产品注册申请要求，以及保健食品原料目录的纳入要求等有关规定，提交注册申请材料；其中，安全性评价试验材料和保健功能评价试验材料可以免于提供。

（4）保健食品注册的种类

① 国产新产品注册申请。国产新产品注册申请是指申请人拟在中国境内生产销售保健食品的注册申请。

申请人的条件是：国产保健食品注册申请人应当是在中国境内登记的法人或者其他组织。

② 进口新产品注册申请。进口新产品注册申请是指已在中国境外生产销售一年以上的保健食品拟在中国境内上市销售的注册申请。

注册申请人为上市保健食品的境外生产厂商，除按国产产品提交相关材料外，还需要提供：申请人为上市保健食品境外生产厂商的资质证明文件；保健食品上市销售一年以上证明文件，或者产品境外销售以及人群食用情况的安全性报告；产品生产国（地区）或者国际组织与保健食品相关的技术法规或者标准；产品在生产国（地区）上市的包装、标签、说明书实样。

由境外注册申请人常驻中国代表机构办理注册事务的，需要提交《外国企业常驻中国代表机构登记证》及其复印件；境外注册申请人委托境内的代理机构办理注册事项的，需要提交经过公证的委托书原件以及受委托的代理机构营业执照复印件。

③ 变更注册申请。变更注册申请是指申请人提出变更《保健食品注册证书》及其附件所载明内容的申请。变更申请的申请人必须是《保健食品注册证书》持有者。

产品配方原料及其用量等内容不得变更。但现行规定、强制性标准等发生改变，导致注册证书及其附件内容不再符合要求的除外。

变更注册申请的类别包括国产保健食品变更注册和进口保健食品变更注册。

变更注册申请的内容包括：改变注册人自身名称（注册人名称变更的，应当由变更后的注册申请人申请变更）、地址的变更；公司吸收合并或新设合并的变更；公司分立成立全资子公司的变更；产品名称的变更；增加保健功能项目的变更；改变产品规格、贮存方法、保质期、辅料、生产工艺以及产品技术要求其他内容的变更；更改适宜人群范围，不适宜人群范围，注意事项或食用方法、食用量等。

变更注册申请事项需要依据充分合理，不导致产品安全性、保健功能、质量可控性发生实质性改变。

④ 转让技术注册申请。转让技术注册申请是指《保健食品注册证书》的持有者，将产品

生产销售权和生产技术全权转让给受让方，并与其共同申请为受让方核发新的《保健食品注册证书》的行为。

转让技术注册申请包括国产保健食品转让技术注册、进口保健食品在境外转让技术注册、进口保健食品向境内转让技术注册。

转让技术注册申请要求转让方必须是《保健食品注册证书》的持有者。转让合同须经过公证，在境外转让技术注册的还需经过中国驻所在国（受让方所在国）使领馆确认。

保健食品注册人转让技术的，受让方应当在转让方的指导下重新提出产品注册申请。产品技术要求等应当与原申请材料一致。

⑤ 延续注册申请。保健食品延续注册，是指国家市场监督管理部门根据申请人的申请，按照法定程序、条件和要求，对《保健食品注册证书》有效期届满申请延续的审批过程。

延续注册申请包括国产保健食品延续注册、进口保健食品延续注册。

延续注册申请要求如下：申请延续注册的保健食品其安全性、保健功能和质量可控性要符合相关要求，且注册证书有效期内进行过生产销售。保健食品注册人应当在《保健食品注册证书》有效期届满6个月前申请延续。准予延续注册的，颁发新的《保健食品注册证书》（仍沿用原注册号），同时收回原保健食品原注册证书。

（5）保健食品注册流程　保健食品注册流程包括注册受理、技术审评、行政审查、证书制作及信息公开。

① 材料审查。对申请事项属于保健食品注册范围并已完成保健食品注册申请系统填报的，受理机构收到申请材料后，应向注册申请人出具《申请材料签收单》，并在5个工作日内按照注册申请表注明的申请材料清单，逐项对申请材料的完整性和一致性进行审查。

② 技术审评。受理机构收到申请材料后，材料移交给审评中心，审评中心从审评专家库中随机抽取审评专家，组建专家审查组对申请材料进行审评。对保健食品安全性审评、保健功能审评、生产工艺审评、产品技术要求审评、现场核查和复核检验、综合技术审评结论及建议等内容展开工作。

③ 行政审查。国家市场监督管理总局自签收审评中心提交的综合审评结论和建议后20个工作日内，对审评程序和结论的合法性、规范性以及完整性进行审查，并作出准予注册或者不予注册的决定。

④ 证书制作。国家市场监督管理总局作出准予注册或者不予注册的决定后，自作出决定之日起3个工作日内，将审批材料移交受理机构。

受理机构应在10个工作日内，向注册申请人发出保健食品注册证书或不予注册决定。延续注册、变更注册或转让技术注册申请获得批准后，受理机构应同时收回原注册证书。

准予转让技术的，应给予新的注册号，颁发新的保健食品注册证书，同时注销原保健食品原注册证书。

准予延续注册、变更注册或证书补发的，仍沿用原注册号，颁发新的保健食品注册证书。准予延续注册、变更注册的，应同时收回原保健食品原注册证书。

转让技术、变更注册或补发的注册证书有效期，应与原注册证书有效期一致。

⑤ 信息公开。受理机构向注册申请人发出保健食品注册证书或不予注册决定后，审评中心应通过信息系统将相关产品注册电子信息提交国家市场监督管理总局信息中心。

除涉及国家秘密、商业秘密外，国家市场监督管理总局信息中心应按要求及时公开产品注册证书及附件，注销或不予延续信息等产品注册相关信息。

3. 保健食品原料管理

（1）保健食品可用原料　我国对保健食品的原料和辅料实施严格管理，对保健食品可用原料实行目录管理制度，保健食品原料目录应当包括原料名称、用量及其对应的功效；列入保健食品原料目录的原料只能用于保健食品生产，不得用于其他食品生产，另有规定的除外。2016 年 12 月 27 日，原食药总局发布了《保健食品原料目录（一）》，对营养素补充剂允许应用的原料名称、每日用量和功效作出了规定。2020 年 12 月 1 号，国家市场监督管理总局又发布了《保健食品原料目录 营养素补充剂（2020 年版）》，自 2021 年 3 月 1 日起施行。

为规范原料的使用和安全性评价，2002 年卫生部发布《关于进一步规范保健食品原料管理的通知》，规定了既是食品又是药品的物品名单（87 个）、可用于保健食品的物品名单（114 个）和保健食品禁用物品名单（59 个）。针对保健食品可用菌种，国家食品药品监督管理局还发布了《可用于保健食品的真菌菌种名单》及《可用于保健食品的益生菌菌种名单》。

针对新食品原料，我国也多次发布公告，按照公告批准的使用范围和使用量，明确适用范围包括各类食品或保健食品的，可以在保健食品中正常使用。例如《卫生部关于批准低聚半乳糖等新资源食品的公告》《关于批准番茄籽油等 9 种新食品原料的公告》等。

此外，我国还发布了相关公告禁止使用野生甘草、麻黄草、苁蓉和雪莲及其产品、国家一级和二级保护野生动植物及其产品等作为保健食品成分。

（2）保健食品备案产品可用辅料　关于备案保健食品可用辅料，国家市场监督管理总局于 2019 年发布《保健食品备案产品可用辅料及其使用规定（2019 年版）》，规定了保健食品备案产品可用辅料名单及最大使用量。2021 年 2 月 20 日，国家市场监督管理总局更新辅料名单，发布了《保健食品备案产品可用辅料及其使用规定（2021 年版）》和《保健食品备案产品剂型及技术要求（2021 年版）》，自 2021 年 6 月 1 日起实施。其中明确规定以往发布的版本，与 2021 版公告不符的，以 2021 版为准。2021 年 2 月 1 日，国家市场监督管理总局发布关于《辅酶 Q_{10} 等五种保健食品原料备案产品剂型及技术要求》的公告，自 2021 年 6 月 1 日起实施，并发布配套解读，对辅酶 Q_{10}、鱼油、破壁灵芝孢子粉、螺旋藻和褪黑素五种保健食品原辅料的使用、备案产品技术指标、备案产品的范围等进行规定。

此外，国家对备案保健食品中使用包衣预混剂和包埋、微囊化原料制备工艺中使用辅料的要求进行了规定。

（3）食品添加剂　保健食品中食品添加剂的使用应符合《食品安全国家标准 食品添加剂使用标准》（GB 2760）以及《关于备案保健食品中允许使用食品用香精的有关通知》等有关规定。在具体实施中，具有普通食品形态的保健食品可按照 GB 2760 中相应类属食品的规定使用食品添加剂，例如饮料类保健食品中使用食品添加剂可以参照饮料类的规定执行。胶囊、片剂、丸剂、膏剂等非普通食品形态的保健食品按照相关规定执行。

4. 保健食品功能与评价

保健食品允许声称的功能主要依据《保健食品原料目录与保健功能目录管理办法》（国家市场监督管理总局令第 13 号）进行管理，允许声称的保健功能主要有 27 种，包括增强免疫力、对辐射危害有辅助保护功能、改善睡眠、增加骨密度、缓解体力疲劳、对化学性肝损伤有辅助保护功能、提高缺氧耐受力、缓解视疲劳、祛痤疮、祛黄褐斑、改善皮肤水分、改善皮肤油分、辅助降血脂、辅助降血糖、辅助降血压、对胃黏膜有辅助保护功能、抗氧化、辅助改善记忆、促进排铅、清咽、促进泌乳、减肥、改善生长发育、改善营养性贫血、调节肠道菌群、促进消化、通便。

《保健食品原料目录与保健功能目录管理办法》规范了保健食品原料目录和允许保健食品声称的保健功能目录的管理工作。

2018 年，国家食品药品监督管理总局发布《总局关于规范保健食品功能声称标识的公告》（2018 年第 23 号），对保健食品功能声称标识有关事项进行了规定，要求"未经人群食用评价的保健食品，其标签说明书载明的保健功能声称前增加'本品经动物实验评价'的字样"。

三、婴幼儿配方乳粉产品配方注册

1. 婴幼儿配方乳粉产品配方注册管理制度

《中华人民共和国食品安全法》第七十四条规定对婴幼儿配方食品等特殊食品实行严格监督管理，第八十一条规定婴幼儿配方乳粉的产品配方应当经国务院食品安全监督管理部门注册，注册时，应当提交配方研发报告和其他表明配方科学性、安全性的材料。

为贯彻落实《中华人民共和国食品安全法》，进一步严格婴幼儿配方乳粉监管，原国家食品药品监督管理总局制定发布《婴幼儿配方乳粉产品配方注册管理办法》，对婴幼儿配方乳粉生产企业的研发能力、生产能力、检验能力提出要求，督促企业科学研制产品配方，保障婴幼儿配方乳粉质量安全和均衡营养需求，对与产品配方有关的声称作出详细规定，禁止利用婴幼儿配方乳粉的配方进行夸大宣传和声称，误导消费者。

《中华人民共和国食品安全法》《婴幼儿配方乳粉产品配方注册管理办法》《婴幼儿配方乳粉生产企业监督检查规定》以及《婴幼儿配方乳粉生产许可审查细则》等相关规章制度一起，构成严格、统一、规范的乳制品监管制度体系。

婴幼儿配方乳粉产品配方注册，是指国家市场监督管理总局依据规定的程序和要求，对申请注册的婴幼儿配方乳粉产品配方进行审评，并决定是否准予注册的活动。依据注册类型的不同，婴幼儿配方乳粉产品配方注册可以分为新配方注册、变更注册和延续注册。

2. 婴幼儿配方乳粉产品配方注册材料与流程

（1）婴幼儿配方乳粉产品配方注册材料

① 申请材料的一般要求。

a. 申请人通过国家市场监督管理总局特殊食品安全监督管理司或国家市场监督管理总局食品审评中心网站进入婴幼儿配方乳粉产品配方注册申请系统，按规定格式和内容填写并打印注册申请书。

b. 申请人应当在注册申请书后附上相关申请材料，按照注册申请书中列明的"所附材料"顺序排列。整套申请材料应有详细材料目录，目录作为申请材料首页。

c. 整套申请材料应当装订成册，每项材料应有封页，封页上注明产品名称、申请人名称，右上角注明该项材料名称。各项材料之间应当使用明显的区分标志，并标明各项材料名称或该项材料所在目录中的序号。

d. 申请材料使用 A4 规格纸张打印（中文用宋体且不得小于四号字，英文不得小于 12 号字），内容应完整、清楚，不得涂改。

e. 除注册申请书和检验机构出具的检验报告外，申请材料应逐页或骑缝加盖申请人公章或印章，境外申请人无公章或印章的，应加盖驻中国代表机构或境内代理机构公章或印章，公章或印章应加盖在文字处。加盖的公章或印章应符合国家有关用章规定，并具法律效力。

f. 申请材料中填写的申请人名称、地址、法定代表人等内容应当与申请人主体资质证明文件中相关信息一致，申请材料中同一内容（如申请人名称、地址、产品名称等）的填写应前后一致。加盖的公章或印章应与申请人名称一致（驻中国代表机构或境内代理机构除外）。

g. 申请人主体资质证明材料、原辅料的质量安全标准、产品配方、生产工艺、检验报告、标签和说明书样稿及有关证明文件等申请材料中的外文，均应译为规范的中文；外文参考文献（技术文件）中的摘要、关键词及与配方科学性、安全性有关部分的内容应译为规范的中文（外国人名、地址除外）。申请人应当确保译本的真实性、准确性与一致性。

h. 申请人提交补正材料，应按《婴幼儿配方乳粉产品配方审评意见通知书》的要求和内容，将有关项目修改后的完整材料逐项顺序提交，并附《婴幼儿配方乳粉产品配方审评意见通知书》原件或复印件。

i. 申请人应当同时提交申请材料的原件1份、复印件5份和电子版本；审评过程中需要申请人补正材料的，应提供补正材料原件1份、复印件4份和电子版本。复印件和电子版本由原件制作，其内容应当与原件一致，并保持完整、清晰。申请人对申请材料的真实性、完整性、合法性负责，并承担相应的法律责任。

j. 各项申请材料应逐页或骑缝加盖公章或印章后，扫描成电子版上传至婴幼儿配方乳粉产品配方注册申请系统。

② 产品配方首次注册的申请材料要求。产品配方首次注册需提交的申请材料包括：婴幼儿配方乳粉产品配方注册申请书；申请人主体资质证明文件；原辅料的质量安全标准；产品配方；产品配方研发论证报告；生产工艺说明；产品检验报告；研发能力、生产能力、检验能力的证明材料；标签和说明书样稿及其声称的说明、证明材料。

各项材料的具体要求见原国家食品药品监督管理总局于2017年发布的《婴幼儿配方乳粉产品配方注册申请材料项目与要求（试行）》，以及国家市场监督管理总局食品审评中心发布的《婴幼儿配方乳粉产品配方注册常见问题与解答》。

依据《市场监管总局关于婴幼儿配方乳粉产品配方注册有关事宜的公告》（2021年第10号），已获注册的产品配方按2021版婴幼儿配方食品相关食品安全国家标准申请注册（含变更）的，需提供以下材料：婴幼儿配方乳粉产品配方注册申请书（或变更注册申请书）；配方调整的相关研发论证材料；产品配方；生产工艺说明（注册证书载明工艺发生变化时需提交）；产品检验报告；产品稳定性研究材料；标签样稿。

其中，稳定性研究应结合食品原料（含食品添加剂）的理化性质、产品配方、工艺条件及包装材料等合理设计试验，以保证产品质量安全。具体可参考《婴幼儿配方乳粉产品稳定性研究指南（试行）》。

③ 产品配方变更注册申请材料项目与要求。

a. 产品配方变更注册申请材料项目，包括：婴幼儿配方乳粉产品配方变更注册申请书；婴幼儿配方乳粉产品配方注册证书及附件复印件；与变更事项有关的证明材料。

b. 产品配方变更注册申请材料要求。

变更注册申请书：

——变更事项应为产品配方注册证书及附件载明的事项。

——变更注册的申请人应当是婴幼儿配方乳粉产品配方注册证书的持有者；企业名称变更的，应当由变更后的申请人提出申请。

与变更事项有关的证明材料：

——境外申请人委托办理变更事项的，参照产品配方注册提交委托相关证明材料。

——申请人合法有效的主体资质证明文件复印件（如营业执照、组织机构代码和境外申请人注册资质等）。

变更事项的具体名称、理由及依据：

——申请商品名称变更的，拟变更的商品名应符合相关命名规定。

——申请企业名称、生产地址名称和法定代表人变更的，应当提交当地政府主管部门出具的相关变更证明材料。

——申请产品配方变更的，列表标注拟变更和变更后内容。提交变更的必要性、安全性、科学性论证报告。对于影响产品配方科学性、安全性的变更，应当根据实际需要按照首次申请注册要求提交变更注册申请材料。

④ 产品配方延续注册申请材料项目与要求。包括：

婴幼儿配方乳粉产品配方延续注册申请书；

申请人主体资质证明文件复印件；

企业研发能力、生产能力、检验能力情况；

生产企业质量管理体系自查报告；

产品营养、安全方面的跟踪评价情况：包括五年内产品生产（或进口）、销售、监管部门抽检和企业检验情况总结以及对产品不合格情况的说明，产品配方上市后人群食用及跟踪评价情况的分析报告，食品原料、食品添加剂等可能含有的危害物质的研究和控制说明；

申请人所在地省、自治区、直辖市市场监督管理部门延续注册意见书；

婴幼儿配方乳粉产品配方注册证书及附件复印件。

（2）婴幼儿配方乳粉产品配方注册流程

① 申请与受理。申请人将资料提交后，受理机构对于申请材料不齐全或者不符合法定形式的，应当当场或者在 5 个工作日内一次告知申请人需要补正的全部内容，逾期不告知的，自收到申请材料之日起即为受理；受理后 3 个工作日内将申请材料送交审评机构。

② 技术审评。受理机构将申请资料递交审评机构后，审评机构应当自收到受理材料之日起 60 个工作日内根据现场核查报告、抽样检验报告以及专家论证形成的专家意见完成技术审评工作，并作出审查结论。

其中现场核查是从核查机构接到审评机构通知之日算起，20 个工作日内完成；抽样检验是从检验机构接受委托之日算起，30 个工作日内完成；境外现场核查和抽样检验的时限要根据境外生产企业的实际情况来确定。

③ 行政审批。审评机构认为申请材料真实，产品科学、安全，生产工艺合理、可行和质量可控，技术要求和检验方法科学、合理的，应当提出予以注册的建议。国家市场监督管理总局会在 20 个工作日内对婴幼儿配方乳粉产品配方注册申请作出是否准予注册的决定。

如果审评机构给出不予注册的建议，申请人可自收到不予注册通知之日起 20 个工作日内向审评机构提出复审。审评机构应当自受理复审申请之日起 30 个工作日内作出复审决定。

国家市场监督管理总局作出准予注册决定的，受理机构自决定之日起 10 个工作日内颁发、送达注册证书；作出不予注册决定的，应当说明理由，受理机构自决定之日起 10 个工作日内发出不予注册决定，并告知申请人享有依法申请行政复议或者提起行政诉讼的权利。

3. 婴幼儿配方乳粉产品配方注册注意事项

（1）配方与研发方面　配方组成应按加入量递减顺序列出使用的全部食品原料和食品添加剂。属于复合配料和复配食品添加剂的，标示复合配料和复配食品添加剂的名称，其后加括号按使用量的递减顺序一一标示其全部组成成分（包括包埋壁材等）。

配方用量表中食品原料和食品添加剂用量应按制成 1000kg 婴幼儿配方乳粉的量填写，应当列出使用的全部食品原料和食品添加剂的名称、用量和作用；标签配料表中标示的配料均应在配方用量表中填报；对于复合配料、复配食品添加剂和食品添加剂制剂，应提供复合配料、复配食品添加剂、食品添加剂制剂的用量及其各组成成分的用量，复合配料、复配食品添加剂、食品添加剂制剂的用量与其各组成成分的用量总和需一致。

标签上标注的配料表应按《婴幼儿配方乳粉产品配方注册管理办法》《食品安全国家标准 预包装食品标签通则》《食品安全国家标准 食品营养强化剂使用标准》以及《市场监管总局关于进一步规范婴幼儿配方乳粉产品标签标识的公告》（2021 年第 38 号）等相关规定标注。对于配方组成和配方用量表中后缀 -1，-2……加以区分的原料和食品添加剂，配料表中只标示该原料和食品添加剂的名称，不再标示 -1，-2……。

对研发能力证明材料"营养素在货架期的衰减研究"原则上按照《婴幼儿配方乳粉产品稳定性研究指南（试行）》的要求开展。

新申请企业的研发能力证明材料至少应包括产品营养素设计值和标签值的确定依据、原料相关营养数据研究、营养素在生产过程中和货架期衰减研究、营养素设计值和标签值检测偏差范围研究，以及配方组成选择依据和用量设计值、配方验证纠偏过程与结果、产品企业内控标准的确定，不应缺项。

（2）质量与工艺方面　按照申请注册产品配方进行三批次商业化试生产的产品，其每一批次的产品检验报告不可以委托不同的检验机构检验。

检验机构出具的产品检验报告至少包括所有有国标方法的检验项目，报告中的所有项目应由同一检验机构出具。

检验报告格式上的要求也适用于国外生产企业。

产品检验报告所用的检测方法应符合婴幼儿配方乳粉食品安全国家标准及相关国家标准的规定。国家标准未规定的，申请人应提交检测方法文本及方法学研究与验证材料。进行方法学研究与验证的机构应与出具该项目检测结果的机构一致。

产品检验报告中的单项判定除了对国标要求进行判定，还需要对标签明示值进行判定。

（3）标签与说明书方面　标签标注内容包括应标注内容和可选择标注内容。

产品名称应使用《通用规范汉字表》中的规范汉字，使用变形 / 变体汉字的，应不得引起误解或混淆。

标注在标签样稿上的图形需核实是否存在《婴幼儿配方乳粉产品配方注册管理办法》第三十四条、《婴幼儿配方乳粉产品配方注册标签规范技术指导原则（试行）》第四条、《市场监管总局关于进一步规范婴幼儿配方乳粉产品标签标识的公告》（2021 年第 38 号）等相关规定中要求不得标注的图形，如含双螺旋结构、妇女婴儿图形等。

（4）证明性文件方面　境外申请人的主体登记证明文件是指通过中华人民共和国海关总署进口婴幼儿配方乳粉境外生产企业注册的，提交进口婴幼儿配方乳粉境外生产企业注册的证明文件复印件。无上述材料的，应提交产品生产国（地区）政府主管部门或者法律服务机构出具的注册申请人为境外生产企业的资质证明文件。

四、特殊医学用途配方食品注册

1. 特殊医学用途配方食品注册管理制度

特殊医学用途配方食品注册，是指国家市场监督管理总局根据申请，依照《特殊医学用途配方食品注册管理办法》规定的程序和要求，对特殊医学用途配方食品的产品配方、生产工艺、标签、说明书以及产品安全性、营养充足性和特殊医学用途临床效果进行审查，并决定是否准予注册的过程。

特殊医学用途配方食品的注册管理职责归国家市场监督管理总局。细分职责如下：

① 国家市场监督管理总局负责特殊医学用途配方食品的注册管理工作；

② 国家市场监督管理总局食品审评中心受理大厅为特殊医学用途配方食品注册的受理机构；

③ 国家市场监督管理总局食品审评中心负责特殊医学用途配方食品注册的评审工作。

2. 特殊医学用途配方食品注册材料与流程

（1）特殊医学用途配方食品注册材料

① 申请材料的一般要求

a. 申请人通过国家市场监督管理总局网站进入特殊医学用途配方食品注册申请系统，按规定格式和内容填写并打印国产特殊医学用途配方食品注册申请书、进口特殊医学用途配方食品注册申请书、国产特殊医学用途配方食品变更注册申请书、进口特殊医学用途配方食品变更注册申请书、国产特殊医学用途配方食品延续注册申请书、进口特殊医学用途配方食品延续注册申请书。

b. 申请人应当在注册申请书后附上相关申请材料，相关申请材料中的每项材料应当按照申请书中列明的"所附材料"顺序排列，并将申请材料首页制作为材料目录。整套申请材料应装订成册，并有详细目录。

c. 每项材料应有封页，封页上注明产品名称、申请人名称，右上角注明该项材料名称。各项材料之间应当使用明显的区分标志，并标明各项材料名称或该项材料所在目录中的序号。

d. 申请材料使用 A4 规格纸张打印（中文不得小于四号字，英文不得小于 12 号字），内容应完整、清楚，不得涂改。

e. 除注册申请书和检验机构出具的检验报告外，申请材料应逐页或骑缝加盖申请人公章或印章，公章或印章应加盖在文字处。加盖的公章或印章应符合国家有关用章规定，并具法律效力。

f. 申请材料中填写的申请人名称、地址、法定代表人等内容应当与申请人主体登记证明文件中相关信息一致，申请材料中同一内容（如申请人名称、地址、产品名称等）的填写应前后一致。加盖的公章或印章应与申请人名称一致。申请注册的进口特殊医学用途配方食品，如有英文名称，其英文名称与中文名称应当有对应关系。

g. 申请材料中的外文证明性文件、外文标签说明书，以及外文参考文献中的摘要、关键词及表明产品安全性、营养充足性和特殊医学用途临床效果的内容应译为规范的中文。

h. 申请人应当同时提交申请材料的原件、复印件和电子版本。复印件和电子版本由原件制作，并保持完整、清晰，复印件和电子版本的内容应当与原件一致。申请人对申请材料的真实性负责，并承担相应的法律责任。

② 产品注册申请材料项目及要求。特殊医学用途配方食品注册申请书；产品研发报告和产品配方设计及其依据；生产工艺材料；产品标准要求；产品标签、说明书样稿；试验样品检验报告；申请特定全营养配方食品注册，还应当提交临床试验报告；与注册申请相关的证明性文件。

各项材料撰写的具体要求见《特殊医学用途配方食品注册申请材料项目与要求（试行）（2017 修订版）》。

③ 变更注册申请材料项目及要求。

a. 一般材料项目及要求。特殊医学用途配方食品变更注册申请书；产品注册证书及其附件复印件；申请人主体登记证明文件复印件。

申请进口特殊医学用途配方食品变更注册，由境外申请人常驻中国代表机构办理注册事务的，应当提交《外国企业常驻中国代表机构登记证》复印件；境外申请人委托境内代理机构办理注册事项的，应当提交经过公证的授权委托书原件及其中文译本，以及受委托的代理机构营业执照复印件。申请人应当确保译本的真实性、准确性与一致性。

授权委托书中应载明出具单位名称、被委托单位名称、委托申请注册的产品名称、委托事项及授权委托书出具日期。授权委托书的委托方应与申请人名称一致。

变更后的产品标签、说明书，生产工艺材料等与变更事项内容相关的注册申请材料。

b. 其他材料项目及要求。申请人名称或地址名称的变更申请，还应提交当地政府主管部门或所在国家（地区）有关机构出具的该申请人名称或地址名称变更的证明性文件。

变更产品配方中作为非营养成分的食品添加剂、标签说明书载明的有关事项，生产工艺再优化等，还须提交变更的必要性、合理性、科学性和可行性资料，变更后产品配方、生产工艺、产品标准要求等未发生实质改变的证明材料。申请特定全营养配方食品和非全营养配方食品产品变更注册，按拟变更后条件生产的三批样品稳定性检验报告。

c. 涉及变更的其他要求。涉及产品配方、生产工艺等可能影响产品安全性、营养充足性和特殊医学用途临床效果事项的变更，应按新产品注册要求提出变更注册申请。

④ 延续注册申请材料项目及要求。特殊医学用途配方食品注册证书有效期届满，需要继续生产或进口的，应当在有效期届满 6 个月前向国家市场监督管理总局提出延续注册申请，并提交以下材料：

a. 特殊医学用途配方食品延续注册申请书；产品注册证书及其附件复印件；申请人主体登记证明文件复印件；特殊医学用途配方食品质量安全管理情况；特殊医学用途配方食品质量管理体系自查报告。

b. 特殊医学用途配方食品跟踪评价情况，包括五年内产品生产（或进口）、销售、抽验情况总结，对产品不合格情况的说明，以及五年内产品临床使用情况及不良反应情况总结等。

c. 产品注册证书及其附件载明事项等内容与上次注册内容相比有改变的，应当注明具体改变内容，并提供相关材料。

d. 申请特定全营养配方食品和非全营养配方食品产品延续注册，提交产品注册申请时承诺继续完成的完整的长期稳定性试验研究材料。

e. 申请进口特殊医学用途配方食品延续注册，由境外申请人常驻中国代表机构办理注册事务的，应当提交《外国企业常驻中国代表机构登记证》复印件；境外申请人委托境内代理机构办理注册事项的，应当提交经过公证的授权委托书原件及其中文译本，以及受委托的代理机构营业执照复印件。申请人应当确保译本的真实性、准确性与一致性。

f. 授权委托书中应载明出具单位名称、被委托单位名称、委托申请注册的产品名称、委托事项及授权委托书出具日期。授权委托书的委托方应与申请人名称一致。

（2）特殊医学用途配方食品注册流程　特殊医学用途配方食品注册流程包括：行政受理、技术审评、现场核查、抽样检验、行政审批。

① 行政受理。受理机构对申请人提出的特殊医学用途配方食品注册申请，应当根据下

列情况分别作出处理：

a. 申请事项依法不需要进行注册的，应当即时告知申请人不受理；

b. 申请事项依法不属于国家市场监督管理总局职权范围的，应当即时作出不予受理的决定，并告知申请人向有关行政机关申请；

c. 申请材料存在可以当场更正的错误的，应当允许申请人当场更正；

d. 申请材料不齐全或者不符合法定形式的，应当当场或者在 5 个工作日内一次告知申请人需要补正的全部内容，逾期不告知的，自收到申请材料之日起即为受理；

e. 申请事项属于国家市场监督管理总局职权范围，申请材料齐全、符合法定形式，或者申请人按照要求提交全部补正申请材料的，应当受理注册申请。

② 技术审评、现场核查、抽样检验。审评机构应当对申请材料进行审查，并根据实际需要组织对申请人进行现场核查、对试验样品进行抽样检验、对临床试验进行现场核查和对专业问题进行专家论证。

核查机构应当自接到审评机构通知之日起 20 个工作日内完成对申请人的研发能力、生产能力、检验能力等情况的现场核查，并出具核查报告。

核查机构应当通知申请人所在地省级食品安全监督管理部门参与现场核查，省级食品安全监督管理部门应当派员参与现场核查。

审评机构应当委托具有法定资质的食品检验机构进行抽样检验，检验机构应当自接受委托之日起 30 个工作日内完成抽样检验。

核查机构应当自接到审评机构通知之日起 40 个工作日内完成对临床试验的真实性、完整性、准确性等情况的现场核查，并出具核查报告。

审评机构可以从特殊医学用途配方食品注册审评专家库中选取专家，对审评过程中遇到的问题进行论证，并形成专家意见。

审评机构应当自收到受理材料之日起 60 个工作日内根据核查报告、检验报告以及专家意见完成技术审评工作，并作出审查结论。

审评过程中需要申请人补正材料的，审评机构应当一次告知需要补正的全部内容。申请人应当在 6 个月内一次补正材料。补正材料的时间不计算在审评时间内。

特殊情况下需要延长审评时间的，经审评机构负责人同意，可以延长 30 个工作日，延长决定应当及时书面告知申请人。

审评机构认为申请材料真实，产品科学、安全，生产工艺合理、可行和质量可控，技术要求和检验方法科学、合理的，应当提出予以注册的建议。

审评机构提出不予注册建议的，应当向申请人发出拟不予注册的书面通知。申请人对通知有异议的，应当自收到通知之日起 20 个工作日内向审评机构提出书面复审申请并说明复审理由。复审的内容仅限于原申请事项及申请材料。

审评机构应当自受理复审申请之日起 30 个工作日内作出复审决定。改变不予注册建议的，应当书面通知注册申请人。

现场核查、抽样检验、复审所需要的时间不计算在审评和注册决定的期限内。

对于申请进口特殊医学用途配方食品注册的，应当根据境外生产企业的实际情况，确定境外现场核查和抽样检验时限。

③ 行政审批。总局作出准予注册决定的，受理机构自决定之日起 10 个工作日内颁发、送达特殊医学用途配方食品注册证书；作出不予注册决定的，应当说明理由，受理机构自决定之日起 10 个工作日内发出特殊医学用途配方食品不予注册决定，并告知申请人享有依法

申请行政复议或者提起行政诉讼的权利。

④ 制证发证，内容略。

3. 特殊医学用途配方食品注册注意事项

（1）配方方面　同一申请人申请注册不同口味特殊医学用途配方食品，产品的食品原料、食品辅料、营养强化剂、食品添加剂、生产工艺等完全相同，仅食用香精、香料不同，按照同一产品注册申请。

特殊医学用途配方食品中使用的食品原料、食品辅料、营养强化剂、食品添加剂的种类及用量应符合相应的食品安全国家标准和（或）有关规定，且配料在产品中的使用应以医学和（或）营养学的研究结果为基础，并具有临床使用依据。不得添加标准中规定的营养素和可选择性成分以外的其他生物活性物质。

申请人应结合产品情况提供能量及产品配方组成的设计依据，产品配方中各配料选择、使用及用量的依据，营养成分种类、来源及含量的确定依据，适用人群的确定依据（包括适用人群范围及产品能够满足目标人群营养需求的依据），食用方法及食用量的确定依据，以及相关临床材料及使用情况等。提供的依据可包括符合相应食品安全国家标准及有关规定的说明，表明产品食用安全性、营养充足性和特殊医学用途临床效果的科学文献资料和试验研究资料等。所提供的资料应与产品配方特点、适用人群等相对应，可包括国内外权威的医学和营养学指南、专家共识等。

营养成分表中的能量及营养成分应标示具体数值，并提供其确定依据。标示值应综合考虑产品配方投料量、原料质量要求、生产工艺损耗、货架期衰减、检验方法、检验结果等因素，其名称、标示单位应与 GB 25596、GB 29922 一致。每 100g、每 100mL 和每 100kJ 产品中的能量及营养成分含量的数值应具有对应关系。需冲调后食用的，若标示了每 100mL 的能量和营养成分含量，应在备注中标明每 100mL 冲调液的配制方法。

配料名称应按照相应食品安全国家标准或相关规定进行规范。未使用食品安全国家标准或相关规定名称的，应提供其使用的依据及相关证明材料。

（2）标签与说明书方面　应明确产品的具体摄入途径，若产品需冲调后食用，应标示冲调用水的温度范围、冲调方法和步骤等，并提供确定依据。且应标示"食用方法和食用量应在医生或临床营养师指导下，根据适用人群的年龄、体重和医学状况等综合确定"或类似表述。

为便于医生或临床营养师指导产品使用，早产／低出生体重婴儿配方、蛋白质（氨基酸）组件、碳水化合物组件、电解质配方、母乳营养补充剂等产品应在产品标签、说明书［警示说明和注意事项］项下标示产品即食状态下的渗透压。应提供渗透压的检测报告，并标示"本产品（标准冲调液）的渗透压约为×××，供使用参考"或类似表述。

产品配方中加入量超过 2% 的配料，应按 GB 7718 要求规范标示。产品配方中加入量不超过 2% 的配料，按照蛋白质、脂肪、碳水化合物、维生素、矿物质、可选择性成分、其他成分（如叶黄素）、食品添加剂、其他配料（如可用于食品的菌种）的顺序标示，其中维生素、矿物质等按照营养成分表中的顺序排列。

配方特点／营养学特征可对产品配方特点、配料来源、配料或成分的定量标示（如乳糖含量、中链甘油三酯添加量）、营养学特征（如能量、供能比）等进行描述或说明。描述应结合产品配方、产品类别、临床研究材料、产品标准要求及检测结果等确定，并具有充分的依据。不得使用以下内容：夸大、绝对化的词语（如天然、最优）；具有功能作用的词语，明示或暗示产品具有疾病治疗、预防和保健等作用的词语；误导消费者的词语；对产品使用无指导意义的描述或说明；与产品配方特点和（或）营养学特征无关的内容等。

（3）生产工艺方面　生产工艺中包括热处理工序的，热处理工序应作为确保特殊医学用途配方食品安全的关键控制点。应提供热处理温度、时间等工艺参数的制定依据（如考虑脂肪含量、总固形物含量等产品属性因素对杀菌目标微生物耐热性的影响），并对营养素损失情况进行评价、分析。热处理工序应进行验证，以确保工艺的重现性及可靠性。

生产工艺文本应详细描述产品的商业化生产过程，包括工艺流程、工艺参数、关键控制点等，相关内容应与生产工艺研发结果、工艺验证、商业化实际生产工艺等一致。生产工艺流程图应与生产工艺文本相关内容相符，应包括主要生产工艺步骤、主要工艺参数、各环节的洁净级别及关键控制点等内容。

（4）质量安全方面　试验样品检验报告（包括稳定性试验报告）应注明样品相关信息，包括产品名称、批号、包装规格、生产日期、检验日期等，并明确检验依据及检验结论，检验结论应根据 GB 25596 或 GB 29922、产品标准要求和 GB 13432 等综合判定。

开展稳定性研究时，申请人应按照《特殊医学用途配方食品稳定性研究要求（试行）》组织开展稳定性研究试验，且应在完成加速试验后提出注册申请。申请人在获得注册证书后，应根据继续进行的稳定性研究结果，对包装、贮存条件和保质期进行进一步的确认，与原注册申请材料相关内容不相符的，应申请变更，如申请保质期变更，拟变更的保质期不应超过长期试验已完成的时间，并应提交完整的长期试验研究报告等材料。

国家市场监督管理总局官网可以查询到特殊食品注册备案信息，具体操作请扫描二维码查看。

五、法律责任及案例

特殊食品信息
查询

《中华人民共和国食品安全法》第八十二条规定，保健食品、特殊医学用途配方食品、婴幼儿配方乳粉生产企业应当按照注册或者备案的产品配方、生产工艺等技术要求组织生产。另外，《中华人民共和国食品安全法》第一百二十四条明确了对"生产经营未按规定注册的保健食品、特殊医学用途配方食品、婴幼儿配方乳粉，或者未按注册的产品配方、生产工艺等技术要求组织生产"等违法情形的处罚。

> 【案例3-4】消费者投诉某企业的阿胶膏擅自变更配方，法院驳回全部诉求
>
> 原告郑某投诉保健食品产品某品牌阿胶膏，无论在产品配方变更前还是变更后，配方始终没有水这一原料，而蔗糖在变更后也不再属于配方组成中的原料。故涉案保健食品的配方与实际注册批准的配方不一致，影响食品安全，属于不符合食品安全标准的保健食品。法院认为，涉案食品附件《某品牌阿胶膏产品说明书》载明"主要原料"，而不是"配方"，合法公开的信息并未违反上述注册批件内容，根据《中国药典》阿胶制作的相关章节内容，制作阿胶可以加水、蔗糖，原告提交的证据不足以认定涉案食品擅自变更配方的事实成立，法院对原告关于涉案食品违反食品安全标准的主张不予支持，故驳回原告的全部诉求。

? 思考题

1. 办理食品生产许可证的现场审核内容主要包括哪些方面？
2. 销售预包装食品要办理什么资质？
3. 保健食品的注册和备案分别适用于什么类型的保健食品？
4. 婴幼儿配方乳粉产品配方变更注册要提交哪些材料？

第四章
食品生产经营过程合规管理

食品生产经营过程合规决定了食品产品的安全与合规。食品生产经营者要保证其产品的合规，需要从过程管理的角度确保其生产经营过程的合规性。食品生产过程合规管理包括原辅料、半成品、食品相关产品的合规管理以及生产人员、机械设备、食品原辅料、生产工艺、生产环境方面的管理。食品经营过程合规管理包括食品销售和餐饮服务的合规管理。食品追溯制度是验证食品生产经营过程合规的重要手段，食品召回是出现不合格食品时的重要解决方法。

 知识目标

1. 掌握食品生产过程合规管理的主要标准法规要求、内容与方法。
2. 掌握食品销售和餐饮服务等食品经营过程合规管理的主要标准法规要求、内容与方法。
3. 掌握食品追溯与召回相关的标准法规要求、食品追溯制度及食品召回制度建立的原则与方法。

 技能目标

1. 能够依据标准法规识别食品生产过程的合规义务，能够通过原辅料验收、过程监视与测量、过程合规判定、记录等方式开展食品生产过程合规管理，能够发现生产过程中的不合规问题，能够进行原因分析并进行整改。
2. 能够依据标准法规对食品销售全过程、餐饮服务全过程开展合规管理，能够发现食品销售和餐饮服务过程中的不合规问题，能够进行原因分析并进行整改。
3. 能够根据标准法规要求建立食品追溯制度，并能够按照追溯制度组织开展食品追溯。
4. 能够根据标准法规的相关要求制定食品召回管理制度并定期实施召回演练，确保食品召回程序的有效性。

 职业素养与思政目标

1. 具有诚实、严谨、认真、公正、负责的职业素养。
2. 具有严谨的合规管理意识。
3. 具有系统的过程管理意识。
4. 具有严谨的追溯管理意识和对不安全食品的召回意识。
5. 具有较强的分析与解决问题的能力。

第一节　食品生产过程合规管理

食品生产环节是实施食品全程监管的重要组成部分，《中华人民共和国食品安全法》从多角度规定了食品生产企业的义务，包括人员、制度、记录、进货查验、过程控制要求等。食品生产企业需要根据该法的要求落实食品安全主体责任；食品生产过程的合规与否，将对生产的食品安全与否起着关键作用，因此，食品生产企业作为食品安全的第一责任人应当充分实施、运行其规定的要求，履行合规义务。

一、食品生产过程涉及的法律法规和标准

识别食品生产过程的合规义务，首先需识别食品生产过程涉及的法规和标准的要求。

在法律法规方面，食品生产需要满足《中华人民共和国食品安全法》《中华人民共和国食品安全法实施条例》《食品生产许可管理办法》《食品生产许可审查通则》《食品生产经营监督检查管理办法》以及各类食品审查细则等法律法规和相关文件的要求。地方性法规对某类食品的生产有特殊要求的，也应符合相关要求。

在标准方面，与食品生产密切相关的食品安全国家标准有《食品安全国家标准 食品生产通用卫生规范》（GB 14881）、《食品安全国家标准 乳制品良好生产规范》（GB 12693）、《食品加工用酶制剂企业良好生产规范》（GB/T 23531）、《食品安全国家标准 食醋生产卫生规范》（GB 8954）、《冷冻饮品生产管理要求》（GB/T 30800）、《生活饮用水卫生标准》（GB 5749）、《食品安全国家标准 食品添加剂使用标准》（GB 2760）、《瓶装饮用纯净水》（GB 17323）、《食品安全国家标准 食品接触材料及制品用添加剂使用标准》（GB 9685）系列标准等具体细分行业现行有效的产品标准、检测标准及卫生规范等。冷链食品物流过程控制还需要符合《食品安全国家标准 食品冷链物流卫生规范》（GB 31605）的要求。食品安全地方标准对某类食品的生产有特殊要求的，也应符合相关要求。

二、食品生产过程合规要求

下面从信息公示、生产资源管理、卫生管理、原辅料采购管理、生产过程管理、检验管理、贮存和运输管理、培训管理、安全管理制度管理 9 个方面来分别介绍食品生产过程合规管理要求。

1. 信息公示

食品生产企业在生产前需依据《食品生产许可管理办法》《食品生产许可审查通则》等相关规定取得食品生产许可证。食品生产企业应当在生产场所的显著位置悬挂或者摆放食品生产许可证正本。

食品生产企业在日常生产过程中，需要接受监管部门的监督检查。食品生产环节监督检查要点应当包括食品生产者资质、生产环境条件、进货查验、生产过程控制、产品检验、贮存及交付控制、不合格食品管理和食品召回、标签和说明书、食品安全自查、从业人员管理、信息记录和追溯、食品安全事故处置等情况。

检查结果对消费者有重要影响的，食品生产企业应当按照规定在食品生产场所醒目位置张贴或者公开展示监督检查结果记录表，并保持至下次监督检查。有条件的可以通过电子屏幕等信息化方式向消费者展示监督检查结果记录表。

2. 生产资源管理

食品生产企业应当配备食品安全管理人员，有专职或者兼职的食品安全专业技术人员。具有与生产的食品品种、数量相适应的食品原料处理和食品加工、包装、贮存等场所，保持该场所环境整洁，并与有毒、有害场所以及其他污染源保持规定的距离。具有与生产的食品品种、数量相适应的生产设备或者设施。有相应的消毒、更衣、盥洗、采光、照明、通风、防腐、防尘、防蝇、防鼠、防虫、洗涤以及处理废水、存放垃圾和废弃物的设备或者设施。本部分从人员、设施设备、环境三个方面介绍对食品生产企业必备资源的要求。

（1）人员 依据《中华人民共和国食品安全法》和相关法规标准，食品生产企业应当建立健全食品安全管理制度，对职工进行食品安全知识培训，加强食品检验工作，依法从事生产经营活动。食品生产企业的主要负责人应当落实企业食品安全管理制度，对本企业的食品安全工作全面负责。食品生产经营企业应当配备食品安全管理人员，加强对其培训和考核。经考核不具备食品安全管理能力的，不得上岗。食品安全监督管理部门应当对企业食品安全管理人员随机进行监督抽查考核并公布考核情况。监督抽查考核不得收取费用。生产人员要养成良好的卫生习惯，进入食品生产场所需穿着洁净的工作服，并按要求洗手、消毒；头发藏于工作帽内或使用发网约束，不得外漏，不佩戴饰物、手表，不化妆、染指甲、喷洒香水；不得携带或存放与食品生产无关的个人用品。使用卫生间、接触可能污染食品的物品、或从事与食品生产无关的其他活动后，再次从事接触食品、食品工器具、食品设备等与食品生产相关的活动前应洗手消毒。不同区域人员不应串岗。非食品加工人员不得进入食品生产场所，特殊情况下进入时应遵守和食品加工人员同样的卫生要求。应建立并执行食品加工人员健康管理制度。食品加工人员每年应进行健康检查，取得健康证明；上岗前应接受卫生培训。食品加工人员如患有痢疾、伤寒、甲型病毒性肝炎、戊型病毒性肝炎等消化道传染病，以及患有活动性肺结核、化脓性或者渗出性皮肤病等有碍食品安全的疾病，或有明显皮肤损伤未愈合的，应当调整到其他不影响食品安全的工作岗位。

依据《企业落实食品安全主体责任监督管理规定》，特殊食品生产企业、大中型食品生产企业应当配备食品安全总监，协助主要负责人做好食品安全管理工作。

《食品安全国家标准 食品生产通用卫生规范》（GB 14881）条款"13 管理制度和人员"，明确规定了各部门或个人在食品安全管理中的职责、义务和权限，做到人人有职责，事事有人负责，并进行绩效考核。

食品企业中所有人员，尤其是生产人、食品安全或质量管理小组的人员，如果其活动可能影响食品安全，那么就应具备必要的能力，以便胜任其所从事的工作。企业应考虑不同职能部门及不同的岗位，提出人员资格要求，按人员的教育、培训、技能和经历进行评定，确保其活动不会对所生产的食品造成任何不良的安全风险，确保其胜任所从事的影响食品安全的活动。人员能力包括学历、技能、经验和培训的要求。例如，依据《食品安全国家标准 罐头食品生产卫生规范》（GB 8950）标准中 12.2 条款的规定，封口操作人员、杀菌操作人员和检验人员应经过技术培训后方可上岗。当人员具备基本能力组织同时又有特定要求时，可以通过继续教育和培训来弥补或更新相关的知识；组建食品合规治理小组或食品安全小组人员时，需要考虑多专业的互补性，对于小组中人员缺乏食品安全管理体系准则知识的，就需要通过有能力人员的培训，使之具备与其预期目的相适宜的能力。对于不具备能力的人员，可以通过调换岗位等方法满足需求。

被吊销许可证的食品生产经营者及其法定代表人、直接负责的主管人员和其他直接责任人员以及因食品安全犯罪被判处有期徒刑以上刑罚的人员不得担任食品安全管理人员。

（2）设施设备　设施设备分设施、设备和设备的维护与保养三个方面来进行介绍，其中设施包含供水设施、排水设施、清洗消毒设施、废弃物存放设施、个人卫生设施、通风设施、照明设施、仓储设施等，设备包括生产设备和监控设备。

① 设施。

a. 供水设施。（应能保证水质、水压、水量及其他要求符合生产需要。）

食品加工用水的水质应符合《生活饮用水卫生标准》（GB 5749）的规定，对加工用水水质有特殊要求的食品应符合相应要求［如纯净水应符合《瓶装饮用纯净水》（GB 17323）的要求］，间接冷却水、锅炉用水等食品生产用水的水质应符合生产需要。

食品加工用水与其他不与食品接触的用水（如间接冷却水、污水或废水等）应以完全分离的管路输送，避免交叉污染。各管路系统应明确标识以便区分，即不能用同一管道输送。

自备水源及供水设施应符合有关规定。供水设施中使用的涉及饮用水卫生安全产品还应符合国家相关规定。

处理水质涉及的设备、材料包括在饮用水生产和供水过程中，与饮用水直接接触的输配水设备（管材、管件、蓄水容器、供水设备）、水处理材料（活性炭、离子交换树脂、活性氧化铝等）、化学处理剂（絮凝剂、助凝剂、消毒剂、阻垢剂）统称为"涉水产品"，涉水产品的使用应符合《涉及饮用水卫生安全产品分类目录》《新消毒产品和新涉水产品卫生行政许可管理规定》，以及《关于利用新材料、新工艺和新化学物质生产的涉及饮用水卫生产品判定依据的通告》等相关规定的要求。

b. 排水设施。（排水系统的设计和建造应保证排水畅通、便于清洁维护；应适应食品生产的需要，保证食品及生产、清洁用水不受污染。）

排水系统入口应安装带水封的地漏等装置，以防止固体废弃物进入及浊气逸出。

排水系统出口应有适当措施以降低虫害风险。

室内排水的流向应由清洁程度要求高的区域流向清洁程度要求低的区域，且应有防止逆流的设计。

污水在排放前应经适当方式处理，以符合国家污水排放的相关规定。污水排放应符合排放标准的要求。

c. 清洁消毒设施。应配备足够的食品、工器具和设备的专用清洁设施，必要时应配备适宜的消毒设施。应采取措施避免清洁、消毒工器具带来的交叉污染。

d. 废弃物存放设施。（应配备设计合理、防止渗漏、易于清洁的存放废弃物的专用设施；车间内存放废弃物的设施和容器应标志清晰。必要时应在适当地点设置废弃物临时存放设施，并依废弃物特性分类存放。）

废弃物贮存设施应加盖，防止交叉污染。

不建议使用包材或者原辅料的包装做垃圾桶用，会有被误认的风险，企业应制定相关的制度来规范此类包材的使用。

e. 个人卫生设施。（个人卫生设施包括更衣室、鞋靴设施、卫生间、洗手及消毒设施等，各类设施均有要求。）

生产场所或生产车间入口处应设置更衣室；必要时特定的作业区入口处可按需要设置更衣室。更衣室应保证工作服与个人服装及其他物品分开放置。

生产车间入口及车间内必要处，应按需设置换鞋（穿戴鞋套）设施或工作鞋靴消毒设施。

如设置工作鞋靴消毒设施，其规格尺寸应能满足消毒需要。

工作鞋靴消毒池的大小应与所在区域匹配，如人员能直接跨过工作鞋靴消毒池，那么这部分消毒管理可以认为是失效的。设施不但要有，而且要起到其应有的效果。要通过长和宽的设置来进行限制其出入，为保证消毒彻底要保证消毒水有足够的深度，为方便清理可设置排水装置。

应根据需要设置卫生间，卫生间的结构、设施与内部材质应易于保持清洁；卫生间内的适当位置应设置洗手设施。卫生间不得与食品生产、包装或贮存等区域直接连通。

应在清洁作业区入口设置洗手、干手和消毒设施；如有需要，应在作业区内适当位置加设洗手和（或）消毒设施；与消毒设施配套的水龙头其开关应为非手动式。

如为手动式的洗手消毒后再触摸水龙头，手部会被再次污染。建议企业安装脚踏式的、肘动式或者感应式的。

按压式开关是否属于非手动式的判定原则：洗手时长较长，如按压一次能否满足洗手要求则是，如需反复按压则不是。

洗手设施的水龙头数量应与同班次食品加工人员数量相匹配，必要时应设置冷热水混合器。洗手池应采用光滑、不透水、易清洁的材质制成，其设计及构造应易于清洁消毒。应在临近洗手设施的显著位置标示简明易懂的洗手方法。

洗手设施的数量设计和热水装置的安装直接关乎员工的洗手意愿。如对于罐头类食品企业来说可参照《罐头食品企业良好操作规范》（GB/T 20938）5.11部分来进行设置。

应在生产车间入口处、加工场所内及卫生间设置符合要求的足够数量的洗手、消毒及干手设施，水龙头数量可按生产现场最大班操作人员数量的 5% ~ 10% 配置，应提供适当温度的温水洗手。

根据对食品加工人员清洁程度的要求，必要时应可设置风淋室、淋浴室等设施。

干手器和风淋室不能作为日常生活用电器来进行管理，需定期清洁，防止洗手后受到二次污染。

f. 通风设施。应具有适宜的自然通风或人工通风措施；必要时应通过自然通风或机械设施有效控制生产环境的温度和湿度。通风设施应避免空气从清洁度要求低的作业区域流向清洁度要求高的作业区域。

应合理设置进气口位置，进气口与排气口和户外垃圾存放装置等污染源保持适宜的距离和角度。进、排气口应装有防止虫害侵入的网罩等设施。通风排气设施应易于清洁、维修或更换。

若生产过程需要对空气进行过滤净化处理，应加装空气过滤装置并定期清洁。

根据生产需要，必要时应安装除尘设施。

关于空气洁净度，企业可以参考对应的审查细则的相关要求。不同的食品类别清洁度要求不同，同一食品类别的产品直供和非直供的要求也略有不同，企业在建厂时应根据长期发展的规划制定最佳设计方案。

g. 照明设施。厂房内应有充足的自然采光或人工照明，光泽和亮度应能满足生产和操作需要；光源应使食品呈现真实的颜色。如需在暴露食品和原料的正上方安装照明设施，应使用安全型照明设施或采取防护措施。企业可以安装防爆LED灯，可以不安装防护罩。

在 GB 14881—1994 中规定，车间或工作地应有充足的自然采光或人工照明。车间采光系数不应低于标准Ⅳ级；检验场所工作面混合照度不应低于 540lx；加工场所工作面不应低于 220lx；其他场所一般不应低于 110lx。GB 14881—2013 不再有具体光照强度的数值要求。推荐企业安装防爆灯。目前很多企业安装了防爆的 LED 灯，可以不安装防护罩。

h. 仓储设施。（应具有与所生产产品的数量、贮存要求相适应的仓储设施。）

仓库应以无毒、坚固的材料建成；仓库地面应平整，便于通风换气。仓库的设计应能易于维护和清洁，防止虫害藏匿，并应有防止虫害侵入的装置。

原料、半成品、成品、包装材料等应依据性质的不同分设贮存场所、或分区域码放，并有明确标志，防止交叉污染。如原料、半成品码放在一起会造成交叉污染。必要时仓库应设有温度、湿度控制设施。

贮存物品应与墙壁、地面保持适当距离，以利于空气流通及物品搬运。

物料需要离地、离墙、离顶贮存，离地离墙离顶存放物料是为了防潮、防止交叉污染、便于清扫，使物料处于一个相对均匀的环境条件中。

清洁剂、消毒剂、杀虫剂、润滑剂、燃料等物质应分别安全包装，明确标识，并应与原料、半成品、成品、包装材料等分隔放置，即企业应单独设立化学品库。

另外，根据生产需要，企业应设置控制室温的设施。如排风或者空调，以方便对温湿度进行调节。

② 设备。

a. 生产设备。（应配备与生产能力相适应的生产设备，并按工艺流程有序排列，避免引起交叉污染。）

材质方面。与原料、半成品、成品接触的设备与用具，应使用无毒、无味、抗腐蚀、不易脱落的材料制作，并应易于清洁和保养。设备、工具和器具等与食品接触的表面应使用光滑、无吸收性、易于清洁保养和消毒的材料制成，在正常生产条件下不会与食品、清洁剂和消毒剂发生反应，并应保持完好无损。

设计方面。所有生产设备应从设计和结构上避免零件、金属碎屑、润滑油或其他污染因素混入食品，并应易于清洁消毒、易于检查和维护。设备应不留空隙地固定在墙壁或地板上，或在安装时与地面和墙壁间保留足够空间，以便清洁和维护。

b. 监控设备。用于监测、控制、记录的设备，如压力表、温度计、记录仪等，应定期校准、维护。食品生产企业生产线监控应当避免使用水银温度计，以免破损后造成玻璃异物污染以及汞化学污染。

③ 设备的保养和维修。

应建立设备保养和维修制度，加强设备的日常维护和保养，定期检修，及时记录。

（3）环境　环境的要求包括选址，厂区环境，厂房、车间的设计和建筑布局以及内部结构与材料等方面。

① 选址。建厂需要考虑的因素很多，企业往往会处在一种被动的环境中做出选择，但是仍要保证以食品安全为前提。

污染源的类型主要包括化学的、生物的、物理的、放射性物质及粉尘等其他扩散性污染源。

显著污染的区域：工、农、生活污染源，如煤矿、钢厂、水泥厂、炼铝厂、有色金属冶炼厂、磷肥厂等；土壤、水质、环境遭到污染的场所等；城市垃圾填埋场所、污水处理厂等。

不属于显著污染的情况是指食品工厂自带配套的污水处理设施、垃圾处理等设施及其他食品生产经营相关的可能产生污染的区域或设施。

厂区不应选择对食品有显著污染的区域。如某地对食品安全和食品宜食用性存在明显的不利影响，且无法通过采取措施加以改善，应避免在该地址建厂。

厂区不应选择有害废弃物以及粉尘、有害气体、放射性物质和其他扩散性污染源不能有效清除的地址。

厂区不宜选择易发生洪涝灾害的地区，难以避开时应设计必要的防范措施。

厂区周围不宜有虫害大量滋生的潜在场所，难以避开时应设计必要的防范措施。

② 厂区环境。应考虑环境给食品生产带来的潜在污染风险，并采取适当的措施将其降至最低水平。

厂区应合理布局，各功能区域划分明显，并有适当的分离或分隔措施，防止交叉污染。

厂区内的道路应铺设混凝土、沥青或者其他硬质材料；空地应采取必要措施，如铺设水泥、地砖或铺设草坪等方式，保持环境清洁，防止正常天气下扬尘和积水等现象的发生。道路要做到无明显积水、污秽、泥泞，有风时要做到无扬尘，所以道路铺设不要使用沙石等。

厂区绿化应与生产车间保持适当距离，植被应定期维护，以防止虫害的滋生。

针对分期建设的厂房往往有大片的空地，为保证无泥污和扬尘，一定要做好绿化。植物优先选择易清理的灌木，绿化带和车间要保持一定的距离（距离根据当地主要的虫害问题进行风险评估来确定），不要种植易产生气味和花粉的植被（尤其是针对分装物料的生产企业，会有异物混入的风险，需考虑如何在后道工序进行剔除），同时也不要种植有毒的植物。平时要对绿化植被定期进行修剪，建议控制在 10cm 左右，如过高会有虫害滋生。

厂区应有适当的排水系统。宿舍、食堂、职工娱乐设施等生活区应与生产区保持适当距离或分隔。

③ 厂房、车间的设计和布局。厂房和车间的内部设计和布局应满足食品卫生操作要求，避免食品生产中发生交叉污染。

厂房和车间的设计应根据生产工艺合理布局，预防和降低产品受污染的风险。厂房和车间应根据产品特点、生产工艺、生产特性以及生产过程对清洁程度的要求合理划分作业区，并采取有效分离或分隔。例如，通常可划分为清洁作业区、准清洁作业区和一般作业区；或清洁作业区和一般作业区等。一般作业区应与其他作业区域分隔。

清洁作业区：如灌装区、内包装间等清洁度要求最高的作业区。准清洁作业区包括加工调理场所（如配料）等清洁度要求次于清洁作业区之作业区域。一般作业区包括验收场所（如原奶收购）、原料处理场所（蔬菜水果的挑选等）、原料仓库和材料仓库等清洁度要求次于准清洁作业区的作业区域。

厂房内设置的检验室应与生产区域分隔。

厂房的面积和空间应与生产能力相适应，便于设备安置、清洁消毒、物料存储及人员操作。

车间要保证有足够的空间，以避免三个方面的问题发生：人与人——避免交叉污染、人与设备——避免安全问题、设备与设备——避免卫生死角。

生产场所的人均占地面积的规定，GB 14881 中未再作出详细的规定，但是在部分产品的审查细则仍然有这部分规定，企业具体可以参考对应的细则要求。建议设备面积 ×8= 车间面积比较合理。

不同洁净度等级的区域在设置的时候要注意防止交叉污染，如高污染的卫生间门不能正对原辅料库门、车间门；卫生间排气、排臭装置不要正对着车间门口、进风口；卫生间的排污和车间的排污系统不能共用。

④ 厂房、车间的建筑内部结构与材料。材料与涂料的共性要求：无毒、无味、易于清

洁、消毒。

内部结构易于维护、清洁或消毒，采用耐用材料。

顶棚易于清洁、消毒，与生产需求相适应。

墙壁使用无毒、无味的防渗透材料建造，光滑、不易积累污垢。

门窗闭合严密，使用不透水、坚固、不变形的材料制成。

门窗不适宜选择竹木材质，有产生异物的风险。不同洁净度之间的门是单向门，可通过加设闭门器或者弹簧开关来进行控制，以避免长时间开启。

地面使用不渗透，耐腐蚀的材料，平坦防滑、无裂缝。根据企业的特点选择合适的材料。

GB 14881 中规定：墙壁、隔断和地面交界处应结构合理、易于清洁，能有效避免污垢积存。例如，设置漫弯形交界面等，不建议做直角设计。

关于墙裙高度的问题，GB 14881 中不再对墙裙作出具体要求，设计的原则是略高于工作台面，不同的食品类别有不同的要求，如《食品安全国家标准 食醋生产卫生规范》（GB 8954）中规定墙裙高度不应低于 1.5m，灌装间应铺设到顶。

合适的环境可以有效规避食品生产加工过程中的交叉污染，降低食品安全管理和产品质量管理的难度与成本。

3. 卫生管理

与其他制造业不同的是，食品生产企业加工过程除了要关注人身安全、设备安全和生产过程效率以外，还要特别注重食品安全及卫生管理。食品企业的卫生及安全管理是防止和消除食品在生产过程中遭受污染的重要措施。

卫生管理是食品生产企业食品安全与质量的核心内容，是向消费者提供安全和高质量食品的基本保障，卫生管理从原辅料采购、进货、使用、生产加工、包装到产品贮存、运输贯穿于整个食品生产经营的全过程。

卫生管理包含六个方面：卫生管理制度、厂房及设施卫生管理、食品加工人员健康管理与卫生要求、虫害控制、废弃物处理、工作服管理。

在清洗消毒管理方面，主要涵盖生产、包装、贮存等设备及工器具、生产用管道、裸露食品接触表面等等。

在人员卫生管理方面，如不允许戴戒指、手表，不允许喷香水、涂指甲等。食品加工人员个人使用的水杯不可以直接放在生产车间操作台上等。

关于虫害控制要注意，风幕安装要由内向外吹，有 30° 倾角效果更好；门口和窗户处不适宜安装灭蝇灯，害虫具有趋光性。操作台的正上方也不适宜安装灭蝇灯。

挡鼠板要保证有 60cm 高，有 10°～15° 的倾角或者直角皆可，要保证与墙面和地面的距离少于 0.6cm，同理防盗门、应急门的缝隙也要少于 0.6cm。

纱窗的目数可以是 30 目或 40 目等，根据当地的虫害特征来进行选择即可。

结合《食品安全国家标准 食品生产通用卫生规范》（GB 14881）条款"6 卫生管理"，利用 SSOP 原理，落实具体的管理措施与方法，防止污染食品或对食品安全产生危害风险。必须要制定相应的管理制度，包括具体控制措施及纠偏措施，落实岗位责任并实施绩效考核。

4. 原辅料及包材采购管理

依据《中华人民共和国食品安全法》，所有的食品原料必须符合相应的食品安全国家标准，禁止使用非食品原料和不符合食品安全国家标准的原料生产食品。所以源头的食品安全管理尤其重要，必须要确保合格的供应商提供，落实查验相应的资质和合规证明，同时也需要按《中华人民共和国食品安全法》和 GB 14881 要求实施进货查验与检验。

食品原料必须经过验收合格后方可使用，验收不合格的原料应有相应的处理措施，至少包含不合格的原料进行分区放置和有明显的标记、不合格原料的处置等，在原料或验收的过程中应对原料进行感官的验收，如无法或很难断定时也可以根据理化、微生物等验收，指标发生异常的应立即停止使用。

食品添加剂是指能改善食品的色、香、味、形，以及为防腐和加工工艺的需要而加入食品中的化学合成或天然物质。依据《中华人民共和国食品安全法》和《食品安全国家标准 食品添加剂使用标准》（GB 2760）等标准要求，不得超范围或超量使用食品添加剂，确保食品添加剂使用安全。为进一步打击在食品生产、流通、餐饮服务中违法添加非食用物质和滥用食品添加剂的行为，保障消费者健康，我国自 2008 年以来陆续发布了多批《食品中可能违法添加的非食用物质和易滥用的食品添加剂名单》。

采购食品接触材料、清洗剂、消毒剂等食品相关产品应当查验产品的合格证明文件，实行许可管理的食品相关产品还应查验供货者的许可证。食品相关产品必须经过验收合格后方可使用。

食品包装材料的主要材质有纸、金属、塑料、陶瓷、玻璃、再生纤维以及橡胶等。直接接触食品的包装材料，可能会导致某些物质迁移到食品中，从而影响食品安全。食品企业需要按 GB 4806 系列标准及《食品安全国家标准 食品接触材料及制品用添加剂使用标准》（GB 9685）标准对相应的包装材料实施进货查验。如《食品安全国家标准 食品接触用塑料材料及制品》（GB 4806.7）、《食品安全国家标准 食品接触用纸和纸板材料及制品》（GB 4806.8）等。

依据《食品安全国家标准 食品生产通用卫生规范》（GB 14881）条款"7 食品原料、食品添加剂和食品相关产品"，食品企业需要对采购的食品原料、辅料、包装材料等相关产品实施预防式管理，确保由有资质的合格供应商提供，并查验合格供货证明，无法提供合格证明文件的需要由企业依据食品安全标准落实进货查验与检验，必须确保合格后方可使用。

企业必须设立不合格品区域，若发现验收不合格的原辅包材料，应在指定区域与合格品分开放置，做好明显标记，并及时做好退、换货等处理。

5. 生产过程管理

食品生产企业应落实食品污染的安全风险管理，并落实具体的监控计划与措施；对每个步骤或过程实施风险分析、评估、监视与测量管理，杜绝或预防可能产生的危害。

生产过程的食品安全控制包括清洗和消毒、化学污染的控制、物理污染的控制、食品加工过程的微生物监控、食品防护 5 个方面。

（1）清洗和消毒 《食品安全国家标准 食品生产通用卫生规范》（GB 14881）规定，应根据原料、产品和工艺的特点，针对生产设备和环境制定有效的清洁消毒制度，降低微生物污染的风险。

清洁消毒制度应包括以下内容：清洁消毒的区域、设备或器具名称；清洁消毒工作的职责；使用的洗涤、消毒剂；清洁消毒方法和频率；清洁消毒效果的验证及不符合的处理；清洁消毒工作及监控记录。

食品用消毒剂指直接用于消毒食品、餐饮具以及直接接触食品的工具、设备或者食品包装材料和容器的物质。食品用消毒剂供应商应办理相应的生产许可或国产涉及饮用水卫生安全产品卫生行政许可等，生产食品消毒剂应当符合《中华人民共和国传染病防治法》等法律法规、标准和技术规范的要求。消毒剂的原料应符合《食品用消毒剂原料（成分）名单（2009版）》，不得使用名单之外的原料。食品接触面所使用的消毒剂应符合《食品安全国家标准 消毒剂》（GB 14930.2）要求，符合该标准的消毒剂产品在产品或最小销售包装上有"食品接触用"标示，即通常说的食品级消毒剂。消毒剂应符合国家标准或技术规范等，如《食品安全国家标准 食用酒精》（GB 31640）。消毒剂的使用应符合技术规范，必要的情况下应做效果验证。

企业应确保实施清洁消毒制度，如实记录，及时验证消毒效果，发现问题及时纠正。制定并执行相关前提方案 PRP、操作性前提方案 OPRP 中清洗和消毒要求，对人员、设备、生产环境卫生指标进行有效控制。

使用的洗涤剂及消毒剂需符合《食品安全国家标准 洗涤剂》（GB 14930.1）及《食品安全国家标准 消毒剂》（GB 14930.2）要求。具体消毒产品及其供应商信息可在全国消毒产品网上备案信息服务平台查询。

对于新型冠状病毒肺炎（简称"新冠肺炎"）疫情期间的冷链食品生产经营过程消毒操作，《关于进一步加强新冠肺炎疫情防控消毒工作的通知》（联防联控机制综发〔2021〕94号）的附件8冷链食品生产经营过程消毒操作技术要求，适用于采用冷冻、冷藏等方式加工，产品从出厂到销售始终处于低温状态的冷链食品，用于指导新冠肺炎疫情防控常态化期间，正常运营的食品生产经营单位和个人，在生产、装卸、运输、贮存及销售等过程中对来自国内外新冠肺炎疫情高风险区冷链食品的消毒。食品生产经营相关单位和个人须严格遵守法律法规及相关食品安全国家标准要求，执行当地主管部门对新冠肺炎疫情防控规定。

（2）化学污染的控制　在控制化学污染方面，应对可能污染食品的原料带入、加工过程中使用、污染或产生的化学物质等因素进行分析，如重金属、农兽药残留、持续性有机污染物、卫生清洁用化学品和实验室化学试剂等。针对产品加工过程的特点制订化学污染控制计划和控制程序，如对清洁消毒剂等专人管理，定点放置，清晰标识，做好领用记录等。

《食品安全国家标准 食品生产通用卫生规范》（GB 14881）8.3.1 规定，应建立防止化学污染的管理制度，分析可能的污染源和污染途径，制订适当的控制计划和控制程序。应当建立食品添加剂和食品工业用加工助剂的使用制度，按照《食品安全国家标准 食品添加剂使用标准》（GB 2760）的要求使用食品添加剂。不得在食品加工中添加食品添加剂以外的非食用化学物质和其他可能危害人体健康的物质。建立清洁剂、消毒剂等化学品的使用制度。除清洁消毒必需和工艺需要外，不应在生产场所使用和存放可能污染食品的化学制剂。食品添加剂、清洁剂、消毒剂等均应采用适宜的容器妥善保存，且应明显标示、分类贮存；领用时应准确计量、做好使用记录。应当关注食品在加工过程中可能产生有害物质的情况，鼓励采取有效措施减低其风险。

食品添加剂必须经过验收合格后方可使用。采购食品添加剂应当查验供货者的许可证和产品合格证明文件。运输食品添加剂的工具和容器应保持清洁、维护良好，并能提供必要的保护，避免污染食品添加剂。食品添加剂的贮藏应有专人管理，定期检查质量和卫生情况，及时清理变质或超过保质期的食品添加剂。仓库出货顺序应遵循先进先出的原则，必要时应根据食品添加剂的特性确定出货顺序。食品添加剂进入生产区域时应有一定的缓冲区域或外包装清洁措施。在食品的生产过程中使用食品添加剂的产品质量及食品添加剂的使用范围和使用量应符合其产品执行标准和《食品安全国家标准 食品添加剂使用标准》（GB 2760）等规定的要求。

（3）物理污染的控制　物理污染可通过建立防止异物污染的管理制度，以及设置一些有效的措施避免，如采取设备维护、卫生管理、现场管理、外来人员管理、加工过程监督、筛网设置、捕集器安装、磁铁和金属检查器安装等。设施设备进行现场维修、维护及施工等工作时，应采取适当措施。

针对车间用品，建议企业采购经久耐用的或可金探的，如企业可以购买可金探的笔和创可贴等，来减少物理污染的风险。

易碎品是物理污染的重要来源。易碎品指的是玻璃、易碎塑料、陶瓷制品及由其他易碎材料制成的物品，包括门窗玻璃、灯管灯罩、检测玻璃容器、眼镜、塑料板夹、签字笔等等。针对易碎品的管控，建议企业建立易碎品管控制度，建立易碎品台账定期巡检记录来杜绝易碎品对生产过程的污染。具体的措施如涉及裸露物料区域的窗户玻璃进行贴膜，易碎品喷码编号管理，购买可金探的工具等等。

（4）食品加工过程的微生物监控　微生物监控包括环境微生物监控和加工过程微生物监控。

监控指标主要以指示微生物（如菌落总数、大肠菌群、霉菌、酵母菌或其他指示菌）为主，配合必要的致病菌。监控对象包括食品接触表面、与食品或食品接触表面邻近的接触表面、加工区域内的环境空气、加工中的原料、半成品，以及产品、半成品经过工艺杀菌后微生物容易繁殖的区域。

环境监控接触表面通常以涂抹取样为主，空气监控主要为沉降取样，检测方法应基于监控指标进行选择，参照相关项目的标准检测方法进行检测。监控结果应依据企业积累的监控指标限值进行评判环境微生物是否处于可控状态，环境微生物监控限值可基于微生物控制的效果以及对产品食品安全性的影响来确定。当卫生指示菌监控结果出现波动时，应当评估清洁、消毒措施是否失效，同时应增加监控的频次。如检测出致病菌时，应对致病菌进行溯源，找出致病菌出现的环节和部位，并采取有效的清洁、消毒措施，预防和杜绝类似情形发生，确保环境卫生和产品安全。

食品加工过程的微生物监控程序应包括：微生物监控指标、取样点、监控频率、取样和检测方法、评判原则和整改措施等，具体可参照 GB 14881 附录食品加工过程的微生物监控程序指南的要求，结合生产工艺及产品特点制定。食品加工过程的微生物监控结果应能反映食品加工过程中对微生物污染的控制水平。

为确保产品微生物符合要求，用于加工和生产用水须达到《生活饮用水卫生标准》（GB 5749），根据实际生产需要及监管要求，确定自测项目如余氯含量、pH 及微生物指标，必要时还需有官方认可的水质检测报告。

其他生物危害可通过原料带入，可通过选择合格信用良好的供应商，签订承诺书、质量保证合同，入库时进行质量验收等措施来进行控制。

（5）食品防护　食品生产企业应强化风险意识，做好风险评估，建立防护计划，加强进口食品安全保障，防止人为或非客观因素意外影响食品安全的情况发生。企业应成立食品防护小组，加强应急处置能力建设，定期开展食品防护演练，提高全员风险意识和食品防护能力。食品企业应采取有力措施，加强食品防护。

① 做好有效隔离。在场地设计时将不安全因素通过物理屏障有效隔离，并区分不同层级的敏感、重点区域，将相关人员限制在指定区域活动。

② 严格进货查验记录制度，防止其在存储、运输、交货等过程中被人为故意污染。

③ 确保用水安全。企业自备的水源应由专人负责，封闭管理，防止蓄意破坏。

④ 严格仓库管理，原辅料、包装材料及成品等物料贮藏区域、留样区等区域应实行封闭管理，严格控制人员流动，非本区域工作人员不得随意进出。贮存库要指定人员负责，实施货物和人员出入库管理，落实出库记录制度。

⑤ 严格有毒有害物质管理。严格杀虫剂、清洁剂、消毒液等化学品的管理，避免对人员、食品、设备工具造成污染。上述物品应设立专门的贮存场所，与加工区域有效隔离，指定人员负责，并实施入库、领用管理。

⑥ 严格过程管理。应对货物进出库、加工投配料过程、灌装过程等实施双人复核。企业可安装视频监控系统，对运输工具移动、人员进出等实时监控，确保监控系统持续有效工作，并妥善保存监控视频录像资料。

⑦ 严格追溯管理。依照《中华人民共和国食品安全法》的规定，建立食品安全追溯体系，建立进口销售记录管理制度，发现问题能够查找、分析问题并及时追溯和召回。

⑧ 加强人员管理。加强员工培训，提高防范意识；严管关键人员，加强对关键环节员工的监督管理，必要时，同一关键岗位至少安排两人同时操作。

根据国家认证认可监督管理委员会 2021 年 7 月 30 日发布的《认监委关于发布新版〈危害分析与关键控制点（HACCP）体系认证实施规则〉的公告》中"3.11 食品防护"条款要求：针对人为的破坏或蓄意污染等情况，企业应建立、实施和改进食品防护计划，以识别潜在威胁并优先考虑食品防护措施。食品防护计划应包括但不限于以下内容：a. 食品防护评估；b. 食品防护措施；c. 食品防护措施的监视；d. 纠正和纠正措施；e. 验证；f. 应急预案；g. 记录。具体内容参考标准《食品防护计划及其应用指南 食品生产企业》（GB/T 27320），企业可以建立《食品防护计划》，形成并保留食品防护计划演练、评审相关证据，保留日常食品防护涉及的检查、设备设施维保记录。

6. 检验管理

企业应通过自行检验或委托具备相应资质的食品检验机构对原辅料和包材及产品进行检验，建立食品出厂检验记录制度。

自行检验应具备与所检项目适应的检验室和检验能力；由具有相应资质的检验人员按规定的检验方法检验；检验仪器设备应按期检定或校准。如食品生产企业对新购买的分析天平不但需要在使用前进行一次检定，后期也需要定期进行检定。

检验室应有完善的管理制度，妥善保存各项检验的原始记录和检验报告。应建立产品留样制度，及时保留样品。

应综合考虑产品特性、工艺特点、原料控制情况等因素合理确定检验项目和检验频次以有效验证生产过程中的控制措施。净含量、感官要求以及其他容易受生产过程影响而变化的检验项目的检验频次应大于其他检验项目。

同一品种不同包装的产品，不受包装规格和包装形式影响的检验项目可以一并检验。如同样的内容物分别灌装进 A、B 两种容器中，在灌装前对内容物进行的食盐和水分的测试指标可以共用，不用在灌装后对其进行再次测试。

原辅包检验方面，依据《中华人民共和国食品安全法》《食品生产许可管理办法》和《食品安全国家标准 食品生产通用卫生规范》（GB 14881）等法律法规和食品安全标准，企业应建立食品原料、食品添加剂和食品相关产品的进货查验制度；所用食品原料、食品添加剂和食品相关产品涉及生产许可管理的，必须采购获证产品并查验供货者的产品合格证明。对无法提供合格证明的原料，要制定原料检验控制要求，应当按照食品安全标准进行检验。

半成品检验方面，依据相应类别的生产技术规范，制订检验项目、抽样计划及检验方法，对生产过程进行检验，确认其品质合格后方可进入下道工序。

成品检验方面，企业应结合相应类别的食品生产许可审查细则、执行标准、食品安全监督抽检计划、产品自身风险等综合制定检验项目、检验标准、抽样计划及检验方法，确保产品经检验合格后方可出厂。

7. 贮存和运输管理

食品在贮存和运输过程中往往由于本身和外界的环境影响发生各种变化，有属于酶引起的生理变化和生物学变化，有属于微生物污染造成的变化，还有属于外界环境温湿度影响而出现的各种物理变化等。所有这些变化可能会产生食品质量和安全方面的隐患。依据《食品安全国家标准 食品生产通用卫生规范》（GB 14881）条款"10 食品的贮存和运输"，食品企业需要对食品的贮存与运输条件及环境实施管理，防止食品在贮存与运输过程发生食品安全风险。

企业需要根据食品的特点和卫生需要选择适宜的贮存和运输条件，必要时应配备保温、冷藏、保鲜等设施。不得将食品与有毒、有害或有异味的物品一同贮存运输。应建立和执行适当的仓储制度，发现异常及时处理。贮存、运输和装卸食品的容器、工器具和设备应当安全、无害，保持清洁，降低食品污染的风险。贮存和运输过程中应避免日光直射、雨淋、显著的温湿度变化和剧烈撞击等，防止食品受到不良影响。

食品原料仓库应设专人管理，建立和执行适当的仓储制度，定期检查质量和卫生情况，及时清理变质或超过保质期的食品原料。仓库出货顺序应遵循先进先出的原则，必要时应根据不同食品原料的特性确定出货顺序。

《食品安全国家标准 食品冷链物流卫生规范》（GB 31605）规定了在食品冷链物流过程中的基本要求、交接、运输配送、贮存等方面的要求和管理准则，适用于食品出厂后到销售前需要温度控制的物流过程；强化对食品冷链物流过程中温度的控制。对温度的限值作了具体规定：需温、湿度控制的食品在物流过程中应符合其标签标示或相关标准规定的温、湿度要求；需冷冻的食品在运输、贮存过程中温度不应高于 −18℃。

8. 培训管理

根据《中华人民共和国食品安全法》等相关规定，食品生产企业应建立食品生产相关岗位的培训制度，对食品加工人员以及相关岗位的从业人员进行相应的食品安全知识培训。应通过培训促进各岗位从业人员遵守食品安全相关法律法规标准和增强各项食品安全管理制度的意识和责任，提高相应的知识水平。应根据食品生产不同岗位的实际需求，制订和实施食品安全年度培训计划并进行考核，做好培训记录。应定期审核和修订培训计划，评估培训效果，并进行常规检查，以确保培训计划的有效实施。

培训内容应包括：食品安全法律法规和标准；食品安全管理制度；食品卫生及消毒知识；食品从业人员健康知识；食品安全基础知识及控制要求、岗位操作规程、关键控制点、食品安全防护、追溯和召回制度等。

培训的形式可根据企业的情况开展集中培训、点对点培训、现场教学培训、老带新培训、岗位培训、线上培训等等。培训效果的验证可采取问答、笔试、比赛、演讲、实操演练等方法。

当食品安全相关的法律法规标准更新时，应及时开展培训。许多食品标准在发布的时候都留有一定的缓冲期，企业在这期间可以进行合规性排查，并对员工进行针对性培训，方便后期具体工作的开展。如 GB 14881—2013 于 2013 年 5 月 24 日发布，自 2014 年 6 月 1 日起实施，缓冲期约 1 年时间。

9. 食品安全管理制度及记录管理

企业应制定必要的管理文件，食品安全管理体系文件系统包括手册、作业指导书、制度、程序文件、记录等标准化的文本，是食品企业开展食品质量管理和安全保证的基础。食品企业生产过程管理必须有良好的文件系统支持。文件系统能够避免信息由口头交流所可能引起的差错，并保证批生产和质量控制全过程的记录具有可追溯性。

依据《中华人民共和国食品安全法》和《食品安全国家标准 食品生产通用卫生规范》(GB 14881)等相关法律法规和食品安全标准，食品企业需要建立明确的食品安全管理制度。管理制度在内容上至少应涵盖以下 15 个方面的生产经营活动的管理规定：采购及采购验证、产品防护、生产过程控制、检验管理、不合格品管理、消费者投诉受理、不安全食品召回、食品安全自查、食品安全事故处置、企业人员岗位设置及职责要求、从业人员培训、从业人员健康管理、企业档案管理、设备维修与保养、食品安全风险监测信息收集。

企业应确保各相关场所使用的文件均为有效版本。鼓励采用先进技术手段（如电子计算机信息系统），进行记录和文件管理。食品安全管理制度与生产规模、工艺技术水平、食品的种类特性相适应；需根据生产实际和实施经验不断完善。

同时，企业应建立记录制度，对食品生产中采购、加工、贮存、检验、销售等环节详细记录。记录内容应完整、真实，确保对产品从原料采购到产品销售的所有环节都可进行有效追溯。企业应如实记录食品原料、食品添加剂和食品包装材料等食品相关产品的名称、规格、数量、供货者名称及联系方式、进货日期等内容。应如实记录食品的加工过程（包括工艺参数、环境监测等）、产品贮存情况及产品的检验批号、检验日期、检验人员、检验方法、检验结果等内容。应如实记录出厂产品的名称、规格、数量、生产日期、生产批号、购货者名称及联系方式、检验合格单、销售日期等内容。应如实记录发生召回的食品名称、批次、规格、数量、发生召回的原因及后续整改方案等内容。食品原料、食品添加剂和食品包装材料等食品相关产品进货查验记录、食品出厂检验记录应由记录和审核人员复核签名，记录内容应完整。记录保存期限不得少于产品保质期满后六个月；没有明确保质期的，保存期限不得少于两年。

需要注意的是，文件版本的管理涉及现场具体操作，至关重要，建议企业由专人进行系统管理。

三、法律责任及案例

《中华人民共和国食品安全法》第一百二十六条明确了对"食品生产经营企业未按规定建立食品安全管理制度，或者未按规定配备或者培训、考核食品安全管理人员；食品生产经营者未定期对食品安全状况进行检查评价，或者生产经营条件发生变化，未按规定处理"等食品生产过程管理方面的违法情形的处罚。

【案例 4-1】生产执行标准已废止的产品，法院判处商家支付 10 倍赔偿

黄某购买湖南某食品有限公司生产的黄花菜，涉案食品的生产日期是 2019 年 11 月 18 日，执行标准已于 2017 年 12 月 1 日废止，法院认为上述涉案产品标注问题涉及产品质量问题，已不仅属于瑕疵问题，且被告亦未举示相反证据证实其生产和经营的涉案产品符合食品质量标准，法院认定涉案产品属于不符合食品安全标准的食品，故依照《中华人民共和国食品安全法》第二十九条、第六十七条、第一百四十八条，《最高人民法院关于审理食品药品纠纷案件适用法律若干问题的规定》第六条和《中华人民共和国民事诉讼法》第一百四十四条的规定，判决被告湖南某食品有限公司向原告黄某支付 10 倍赔偿。

【案例 4-2】涉嫌生产经营非法添加药品的食品，移送公安机关处理

某区市场监管局会同公安机关根据线索对毕某住所进行检查，现场发现用于销售的某品牌金装胶囊 1934 粒、某品牌红装胶囊 272 粒，存放有铁壳塑料薄膜封口机 2 台、某品牌胶囊包装袋 4.76 万个、防伪标志 3500 个。经快速检测，2 种胶囊"西布曲明"等项目呈阳性，涉嫌添加非食用物质。执法人员依法对原料、成品及设备采取查封、查扣行政强制措施并立案调查。经查，当事人未取得《营业执照》《食品生产许可证》，擅自从事某品牌金装胶囊、红装胶囊生产加工活动，且产品检验出"西布曲明"成分；当事人无法提供进货渠道，未履行进货查验义务，通过线上、线下渠道进行销售。

根据《关于停止生产销售使用西布曲明制剂及原料药的通知》（国食药监办〔2010〕432 号），西布曲明制剂和原料药自 2010 年 10 月 30 日起在我国停止生产、销售和使用。当事人的行为违反了《中华人民共和国食品安全法》第三十四条的规定，涉嫌构成生产销售有毒、有害食品罪。2021 年 1 月，市场监管局依法将毕某涉嫌构成生产销售有毒、有害食品罪案件移送公安机关处理。

第二节 食品经营过程合规管理

食品经营环节是实施食品全程监管的重要组成部分，《中华人民共和国食品安全法》从多角度规定了食品经营者的义务，包括人员、制度、记录、进货查验、过程控制要求等，食品经营者需要根据该法的要求落实食品安全主体责任。我国对食品的监管执行"四个最严"要求，以加大违法成本，震慑违法行为。出于自身的合规风险考量，食品经营者应当充分落实相关法规和标准对食品经营过程的合规要求。

一、食品经营过程合规义务识别

识别食品经营过程的合规义务，首先需识别食品经营过程涉及的法律法规和标准的要求。

在法律法规方面，食品经营者需要满足《中华人民共和国食品安全法》《中华人民共和国农产品质量安全法》《中华人民共和国反食品浪费法》《中华人民共和国反不正当竞争法》《中华人民共和国食品安全法实施条例》《食品经营许可审查通则（试行）》《食品召回管理办法》《食品生产经营监督检查管理办法》《中华人民共和国进出口食品安全管理办法》等法律法规的要求。餐饮服务提供者还需要遵循《餐饮服务食品安全操作规范》等法规的规定。入网食品经营者需要符合《中华人民共和国电子商务法》《网络交易监督管理办法》《网络食品安全违法行为查处办法》《网络餐饮服务食品安全监督管理办法》等法律法规的要求。

新冠肺炎疫情防控常态化期间，冷链食品还需要符合疫情防控相关的法规要求。我国正逐步实施塑料污染治理，食品经营过程中需要避免使用我国禁止、限制使用的塑料制品。

地方性法规对食品经营有特殊规定的，还应满足相关要求。

在标准方面，与食品经营密切相关的食品安全国家标准有《食品安全国家标准 食品经营过程卫生规范》（GB 31621）、《食品安全国家标准 肉和肉制品经营卫生规范》（GB 20799）、《食品安全国家标准 餐饮服务通用卫生规范》（GB 31654），冷链食品物流过程控制还需要符合《食品安全国家标准 食品冷链物流卫生规范》（GB 31605）的要求。食品安全地方标准对某类食品的经营规范有特殊要求的，也应符合相关要求。

根据《食品经营许可管理办法》的规定，食品经营主体业态主要分为食品销售经营者、餐饮服务经营者和单位食堂。食品销售经营又分为预包装食品销售、散装食品销售、特殊食品销售和其他类食品销售；实际经营过程中还会具有线上线下的销售模式。餐饮服务是指通过即时加工制作、商业销售和服务性劳动等，向消费者提供食品或食品和消费场所和设施的服务活动。由于食品经营业态和经营模式的不同，经营过程合规涉及的规定也有所不同。下面按食品销售和餐饮服务两种主要业态来分别概述其经营过程合规要求。

二、食品销售过程合规要求

1. 信息公示

食品经营者应在经营场所显著位置公示食品经营许可证正本，可以电子形式公示；通过第三方平台进行交易的，应在其经营活动主页面显著位置公示；通过自建网站交易的，在其网站首页显著位置公示，同时需要公示营业执照。由于目前国家对仅销售预包装食品的经营者实行备案管理，食品经营许可被纳入"多证合一"范畴的，可仅公示营业执照。

入网销售保健食品和特殊膳食食品的，还应根据情况公示产品注册证书或备案凭证、广告审查批准文号，并链接至市场监督管理部门网站对应的数据查询页面。自行终止从事网络经营的，应当提前30日在首页显著位置持续公示有关信息。

利用自动售货设备从事销售活动的，应当按照相关规定和许可申请材料中标明的方式，在自动售货设备的醒目位置公示食品经营许可证等信息。公示内容应当清晰可辨。

监督检查结果对消费者有重要影响的，食品经营者应在食品经营场所醒目位置张贴或者公开展示监督检查结果记录表，并保持至下次监督检查，可以电子形式公示。

食品经营者收到监督抽检不合格检验结论后，应当按照国家市场监督管理总局的规定，在被抽检经营场所显著位置公示相关不合格产品信息。

2. 食品采购

采购食品应依据国家相关规定查验供货者的许可证和食品合格证明文件，并建立合格供应商档案。实行统一配送经营方式的食品经营企业，可以由企业总部统一查验供货者的许可证和食品合格证明文件，进行食品进货查验记录。

采购散装食品所使用的容器和包装材料应符合国家相关法律法规及标准的要求；采购散装熟食制品的，还应当查验挂钩生产单位签订合作协议（合同）。

采购鲜肉、冷却肉、冻肉、食用副产品时应查验供货者的《动物防疫条件合格证》等资质证件；鲜肉、冷却肉、冻肉、食用副产品应有动物检疫合格证明和动物检疫标志。

采购进口食品，还应当查看海关出具的入境货物检验检疫证明，应做到每一批次货证相符。新冠肺炎疫情期间，进口冷链食品还应具有新冠病毒核酸检测报告和预防性消毒证明。

3. 食品运输

（1）基本要求　运输食品应使用专用运输工具，并具备防雨、防尘设施。根据食品安全相关要求，运输工具应具备相应的冷藏、冷冻设施或预防机械性损伤的保护性设施等，并保持正常运行。运输工具和装卸食品的容器、工具和设备应保持清洁和定期消毒。当食品冷链物流关系到公共卫生事件时，应增加对运输工具的厢体内外部、运输车辆驾驶室等的清洁消毒频次，并做好记录。

食品运输工具不得运输有毒、有害物质，防止食品污染。运输过程操作应轻拿轻放，避免食品受到机械性损伤。同一运输工具运输不同食品时，应做好分装、分离或分隔，防止交叉污染。

（2）冷链食品运输　运输工具应具备相应的冷藏、冷冻设施，保障食品在运输过程中应符合保证食品安全所需的温度等特殊要求。应严格控制冷藏、冷冻食品装卸货时间，装卸货期间食品温度升高幅度不超过 3℃。冷链食品装货前应对运输工具进行检查，根据食品的运输温度对厢体进行预冷，并应在运输开始前达到食品运输需要的温度；运输过程中的温度应实时连续监控，记录时间间隔不宜超过 10min，且应真实准确；需冷冻的食品在运输过程中温度不应高于 -18℃；需冷藏的食品在运输过程中温度应为 0 ～ 10℃。

（3）肉及肉制品运输要求　鲜肉及新鲜食用副产品装运前应冷却到室温，在常温条件下运输时间不应超过 2h；冷却肉及冷藏食用副产品装运前应将产品中心温度降低至 0 ～ 4℃，运输过程中箱体内温度应保持在 0 ～ 4℃；运输鲜片肉时应有吊挂设施，采用吊挂方式运输的，产品间应保持适当距离，产品不能接触运输工具的底部；头、蹄（爪）、内脏等应使用不渗水的容器装运，未经密封包装的胃、肠与心、肝、肺、肾不应盛装在同一容器内，鲜肉、冷却肉、冻肉、食用副产品应采取适当的分隔措施，不能使用运送活体畜禽的运输工具运输肉和肉制品；装卸肉应严禁脚踏和产品落地。

（4）散装食品运输要求　散装食品应采用符合国家相关法律法规及标准的食品容器或包装材料进行密封包装后运输，防止运输过程中受到污染。

（5）委托运输　委托运输食品的，应当选择具有合法资质的运输服务提供者，查验其资质情况、食品安全保障能力，并留存相关证明文件。食品经营者委托贮存、运输食品的，应当对受托方的食品安全保障能力进行审核，并监督受托方按照保证食品安全的要求贮存、运输食品。

4. 食品验收

（1）基本要求　应依据国家相关法律法规及标准，对食品进行符合性验证和感官抽查（包括包装、食品标签、保质期、感官性状等），对有温度控制要求的食品应进行运输温度和食品的温度测定；应尽可能缩短冷冻（藏）食品的验收时间，减少其温度变化。

新冠肺炎疫情等特殊时期，冷链食品进口商或货主应当配合相关部门对食品及其包装进行采样检测，食品经营者应当主动向供应商索取相关食品安全和防疫检测信息。

（2）文件查验和记录　食品经营者应查验食品合格证明文件，并留存相关证明；验收鲜肉、冷却肉、冻肉、食用副产品时，应检查动物检疫合格证明、动物检疫标志等，采购猪肉的，还应查验肉品品质检验合格证以及非洲猪瘟病毒检测报告。食品相关文件应属实且与食品有直接对应关系；具有特殊验收要求的食品，需按照相关规定执行。

如实记录食品的名称、规格、数量、生产日期、保质期、进货日期以及供货者的名称、地址及联系方式等信息；记录、票据等文件应真实，保存期限不得少于食品保质期满后 6 个月；没有明确保质期的，保存期限不得少于 2 年。

食品验收合格后方可入库；不符合验收标准的食品不得接收，应单独存放，做好标记并尽快处理。

5. 食品贮存

（1）场所和设施要求　贮存场所应保持完好、环境整洁，与有毒、有害污染源有效分隔，距离粪坑、污水池、暴露垃圾场（站）、旱厕等污染源25m以上。贮存场所地面应做到硬化、平坦、防滑并易于清洁、消毒，并有适当的措施防止积水。应有良好的通风、排气装置，保持空气清新无异味，避免日光直接照射。

对温度、湿度有特殊要求的食品，应确保贮存设备、设施满足相应的食品安全要求，冷藏库或冷冻库外部具备便于监测和控制的设备仪器，并定期校准、维护，确保准确有效。温度传感器或温度记录仪应放置在最能反映食品温度或者平均温度的位置，建筑面积大于100m^{2}的冷库，温度传感器或温度记录仪数量不少于2个。

贮存设备、工具、容器等应保持卫生清洁，并采取有效措施（如纱帘、纱网、防鼠板、防蝇灯、风幕等）防止鼠类昆虫等侵入。

（2）贮存管理　不同品种、规格、批次的产品应分别堆垛，防止串味和交叉污染。需冷冻的食品储存环境温度应不高于−18℃，需冷藏的食品贮存环境温度应为0～10℃；对于有湿度要求的食品，还应满足相应的湿度贮存要求。储存的食品应与库房墙壁和地面间距不少于10cm，防止虫害藏匿并利于空气流通。

生食与熟食等容易交叉污染的食品应采取适当的分隔措施，固定存放位置并明确标识。贮存散装食品时，应在贮存位置标明食品的名称、生产日期、保质期、生产者名称及联系方式等内容。

应遵循先进先出的原则，定期检查库存食品，及时处理变质或超过保质期的食品。应记录食品进库、出库时间和贮存温度及其变化。

若发现有鼠类昆虫等痕迹时，应追查来源，消除隐患。采用物理、化学或生物制剂进行虫害消杀处理时，不应影响食品安全，不应污染食品接触表面、设备、工具、容器及包装材料；不慎污染时，应及时彻底清洁，消除污染。清洁剂、消毒剂、杀虫剂等物质应分别包装，明确标识，并与食品及包装材料分隔放置。

当食品冷链物流关系到公共卫生事件时，应加强对货物转运存放区域、冷库机房的清洁消毒频次，并作好记录。具体清洁消毒措施可参考国家有关部门发布的冷链食品生产经营过程新冠肺炎病毒防控消毒技术指南。

6. 食品销售

（1）场所和设施要求　应具有与经营食品品种、规模相适应的销售场所。销售场所应布局合理，食品经营区域与非食品经营区域分开设置，生食区域与熟食区域分开，待加工食品区域与直接入口食品区域分开，经营水产品的区域应与其他食品经营区域分开，防止交叉污染。

应具有与经营食品品种、规模相适应的销售设施和设备。与食品表面接触的设备、工具和容器，应使用安全、无毒、无异味、防吸收、耐腐蚀且可承受反复清洗和消毒的材料制作，易于清洁和保养。

销售场所的建筑设施、温度湿度控制、虫害控制的要求参照"食品贮存"的相关规定。应配备设计合理、防止渗漏、易于清洁的废弃物存放专用设施，必要时应在适当地点设置废弃物临时存放设施，废弃物存放设施和容器应标识清晰并及时处理。

如需在裸露食品的正上方安装照明设施，应使用安全型照明设施或采取防护措施。

（2）销售过程管理

① 易腐食品销售。肉、蛋、奶、速冻食品等容易腐败变质的食品应建立相应的温度控

制等食品安全控制措施并确保落实执行。鲜肉、冷却肉、冻肉、食用副产品与肉制品应分区或分柜销售；冷却肉、冷藏食用副产品以及需冷藏销售的肉制品应在 0～4℃的冷藏柜内销售，冻肉、冷冻食用副产品以及需冷冻销售的肉制品应在 -15℃及其以下的温度的冷冻柜销售，并做好温度记录。对所销售的肉及肉制品应检查并核对其保质期和卫生情况，及时发现问题；发现异常的，应停止销售。销售未经密封包装的直接入口肉制品时，应佩戴符合相关标准的口罩和一次性手套；销售未经密封包装的肉和肉制品时，为避免产品在选购过程中受到污染，应配备必要的卫生防护措施，如一次性手套等。

② 散装食品销售。销售散装食品，应在散装食品的容器、外包装上标明食品的名称、成分或者配料表、生产日期、保质期、生产经营者名称及联系方式等内容。散装食品标注的生产日期应与生产者在出厂时标注的生产日期一致。散装熟食制品还应当标明保存条件和温度；保质期不超过 72h 的，应当标注到小时，并采用 24h 制标注。散装食品应有明显的区域或隔离措施，生鲜畜禽、水产品与散装直接入口食品应有一定距离的物理隔离。直接入口的散装食品应当有防尘防蝇等设施，直接接触食品的工具、容器和包装材料等应当具有符合食品安全标准的产品合格证明，直接接触食品的从业人员应当具有健康证明。应当采取相关措施避免消费者直接接触直接入口的散装食品。

③ 销售过程中分装。在经营过程中包装或分装的食品，不得更改原有的生产日期和延长保质期。包装或分装食品的包装材料和容器应无毒、无害、无异味，应符合国家相关法律法规及标准的要求。

④ 特殊食品销售。普通食品不得与特殊食品、药品混放销售。普通食品与特殊食品之间、与药品之间应当有明显的隔离标志或保持一定距离摆放。保健食品销售、特殊医学用途配方食品销售、婴幼儿配方食品销售，应当在经营场所划定专门的区域或柜台、货架摆放、销售；应当分别设立提示牌，注明"××××销售专区（或专柜）"字样，提示牌为绿底白字，字体为黑体，字体大小可根据设立的专柜或专区的空间大小而定。特殊医学用途配方食品中特定全营养配方食品不得进行网络交易。

⑤ 临期食品销售。超市、商场等食品经营者应对临近保质期的食品分类管理，作特别标示或者集中陈列出售。对超过保质期食品及时进行清理，并采取停止经营、单独存放等措施，主动退出市场。

⑥ 特殊时期的进口冷链食品销售。新冠肺炎疫情等特殊时期，进口冷链食品应专区（专柜）赋码销售。

⑦ 禁止销售的情形。食品经营者不应当销售国家法规中明文禁止销售的食品（《中华人民共和国食品安全法》第三十四条）。当发现经营的食品不符合食品安全标准时，应立即停止经营，并有效、准确地通知相关生产经营者和消费者，并记录停止经营和通知情况。应配合相关食品生产经营者和食品安全主管部门进行相关追溯和召回工作，避免或减轻危害。针对所发现的问题，食品经营者应查找各环节记录、分析问题原因并及时改进。

⑧ 销售宣传。食品广告或宣传的内容应当真实合法，不得含有虚假或误导性内容。对在贮存、运输、食用等方面有特殊要求的食品，应在网上刊载的食品信息中予以说明和提示。网络销售保健食品还应当显著标明"本品不能代替药物"。

⑨ 促销。经营者开展促销活动，应当真实准确，清晰醒目标示活动信息，不得利用虚假商业信息、虚构交易或者评价等方式作虚假或者引人误解的商业宣传，欺骗、误导消费者。在促销活动中提供的奖品或者赠品必须符合国家有关规定。

⑩ 销售记录。从事食品批发业务的经营企业销售食品，应如实记录批发食品的名称、规格、数量、生产日期或者生产批号、保质期、销售日期以及购货者名称、地址、联系方式等内容，并保存相关票据。记录和凭证保存期限不得少于食品保质期满后 6 个月；没有明确保质期的，保存期限不得少于 2 年。通过自建网站交易食品的生产经营者应当记录、保存食品交易信息，保存时间不得少于产品保质期满后 6 个月；没有明确保质期的，保存时间不得少于 2 年。

7. 人员管理

（1）人员配备 食品经营企业应配备食品安全专业技术人员、管理人员，但不应聘用符合《中华人民共和国食品安全法》第一百三十五条规定的禁止从业情形的人员。各岗位人员应熟悉食品安全的基本原则和操作规范，并有明确职责和权限报告经营过程中出现的食品安全问题。管理人员应具有必备的知识、技能和经验，能够判断潜在的危险，采取适当的预防和纠正措施，确保有效管理。大中型食品销售企业、连锁销售企业总部应当配备食品安全总监。

（2）人员培训 食品经营企业应建立相关岗位的培训制度和培训计划，对从业人员进行相应的食品安全知识培训；经考核不具备食品安全管理能力的，不得上岗。

（3）人员卫生 食品经营人员应当保持个人卫生，经营食品时，应当将手洗净，穿戴清洁的工作衣、帽等；使用卫生间、接触可能污染食品的物品后，再次从事接触食品、食品工具、容器、食品设备、包装材料等与食品经营相关的活动前，应洗手消毒；在食品经营过程中，不应饮食、吸烟、随地吐痰、乱扔废弃物等；接触直接入口或不需清洗即可加工的散装食品时应戴口罩、手套和帽子，头发不应外露。

（4）人员健康 食品经营者应当建立并执行从业人员健康管理制度，患有国务院卫生行政部门规定的有碍食品安全疾病（见《有碍食品安全的疾病目录》）的人员，不得从事接触直接入口食品的工作。从事接触直接入口食品工作的食品生产经营人员应当每年进行健康检查，取得健康证明后方可上岗工作。新冠肺炎疫情等特殊时期，对冷链食品从业人员的健康管理和防护要求，可参考国家有关部门发布的《冷链食品生产经营新冠病毒防控技术指南》等有关文件。

8. 食品安全管理制度

食品安全管理制度应与经营规模、设备设施水平和食品的种类特性相适应，应根据经营实际和实施经验不断完善食品安全管理制度。食品安全管理制度应当包括：从业人员健康管理制度和培训管理制度、食品安全管理员制度、食品安全自检自查与报告制度、食品经营过程与控制制度、场所及设施设备清洗消毒和维修保养制度、进货查验和查验记录制度、食品贮存管理制度、废弃物处置制度、食品安全突发事件应急处置方案、食品销售记录制度等，进口商还应建立进口和销售记录制度，境外出口商或境外生产企业审核制度。

应对文件进行有效管理，确保各相关场所使用的文件均为有效版本。

三、餐饮服务过程合规要求

2022 年 2 月 22 日，《食品安全国家标准 餐饮服务通用卫生规范》（GB 31654—2021）正式实施，2018 年国家市场监督管理总局印发的《餐饮服务食品安全操作规范》也依旧是有效状态，因此餐饮服务提供者需要同时满足上述标准和法规要求。由于上述标准和法规之间存在部分不同，本部分综合考虑了两者内容进行介绍。

餐饮服务过程管理主要包括信息公示、场所与布局、设施与设备、原料控制、加工过程控制、供餐、配送、清洁维护和废弃物管理、有害生物防治、人员、食品安全管理等。

1. 术语与定义

（1）**专间**　指处理或短时间存放直接入口食品的专用加工制作间，包括冷食间、生食间、裱花间、中央厨房和集体用餐配送单位的分装或包装间等。

（2）**专用操作区**　指处理或短时间存放直接入口食品的专用加工制作区域，包括现榨果蔬汁加工制作区、果蔬拼盘加工制作区、备餐区（指暂时放置、整理、分发成品的区域）等。

（3）**特定餐饮服务提供者**　学校（含托幼机构）食堂、养老机构食堂、医疗机构食堂、中央厨房、集体用餐配送单位、连锁餐饮企业等。该类型餐饮服务提供者由于用餐人数多、用餐相对集中，因此食品安全风险较高。

（4）**易腐食品**　在常温下容易腐败变质，微生物易于繁殖或者形成有毒有害物质的食品。此类食品在贮存中需要控制温度、时间方可保证安全。

（5）**餐用具**　餐（饮）具和接触直接入口食品的容器、工具、设备。

2. 信息公示

餐饮服务提供者应将食品经营许可证、餐饮服务食品安全等级标识、日常监督检查结果记录表等公示在就餐区醒目位置，并在就餐区公布投诉举报电话。

入网餐饮服务提供者应在网上公示餐饮服务提供者的名称、地址、餐饮服务食品安全等级信息、食品经营许可证。

宜在食谱上或食品盛取区、展示区，公示食品的主要原料及其来源、加工制作中添加的食品添加剂等。入网餐饮服务提供者应在网上公示菜品名称和主要原料名称。

宜采用"明厨亮灶"方式，公开加工制作过程。

应公示从事接触直接入口食品工作从业人员的健康证明。

3. 场所与布局

（1）**选址**　餐饮服务场所应选择与经营的食品相适应的地点，保持该场所环境清洁。餐饮服务场所不应选择对食品有污染风险，以及有害废弃物、粉尘、有害气体、放射性物质和其他扩散性污染源不能有效清除的地点。餐饮服务场所周围不应有可导致虫害大量滋生的场所，难以避开时应采取必要的防范措施。应距离粪坑、污水池、暴露垃圾场（站）、旱厕等污染源25m以上。

（2）**设计和布局**　应具有与经营的食品品种、数量相适应的场所。食品处理区应设置在室内，其设计应根据食品加工、供应流程合理布局，满足食品卫生操作要求，避免食品在存放、加工和传递中发生交叉污染。应设置独立隔间、区域或者设施用于存放清洁工具（包括扫帚、拖把、抹布、刷子等，下同）。专用于清洗清洁工具的区域或者设施，其位置应不会污染食品，并与其他区域或设施能够明显区分。食品处理区使用燃煤或者木炭等易产灰固体燃料的，炉灶应为隔墙烧火的外扒灰式。饲养和宰杀畜禽等动物的区域，应位于餐饮服务场所外，并与餐饮服务场所保持适当距离。

（3）**建筑内部结构与材料**　建筑内部结构应易于维护、清洁、消毒，应采用适当的耐用材料建造。地面、墙壁、门窗、天花板的结构应能避免有害生物侵入和栖息。

天花板宜距离地面2.5m以上。餐饮服务场所天花板涂覆或装修的材料应无毒、无异味、防霉、不易脱落、易于清洁。食品烹饪、食品冷却、餐用具清洗消毒等区域天花板涂覆或装修的材料应不吸水、耐高温、耐腐蚀。食品半成品、成品和清洁的餐用具暴露区域上方的天花板应能避免灰尘散落，在结构上不利于冷凝水垂直下落，防止有害生物滋生和霉菌繁殖。

食品处理区墙壁的涂覆或铺设材料应无毒、无异味、不透水、防霉、不易脱落、易于清洁。食品处理区内需经常冲洗的场所，应铺设 1.5m 以上、浅色、不吸水、易清洗的墙裙；各类专间的墙裙应铺设到墙顶。

食品处理区的门、窗应闭合严密，采用不透水、坚固、不变形的材料制成，结构上应易于维护、清洁。应采取必要的措施，防止门窗玻璃破碎后对食品和餐用具造成污染。需经常冲洗场所的门，表面还应光滑、不易积垢。餐饮服务场所与外界直接相通的门、窗应采取有效措施（如安装空气幕、防蝇帘、防虫纱窗、防鼠板等），防止有害生物侵入。与外界直接相通和专间的门能自动关闭。专间设置的食品传递窗应专用，可开闭。

食品处理区地面的铺设材料应无毒、无异味、不透水、耐腐蚀，结构应有利于排污和清洗的需要。食品处理区地面应平坦防滑，易于清洁、消毒，有利于防止积水。清洁操作区不得设置明沟，地漏应能防止废弃物流入及浊气逸出。

4. 设施与设备

（1）供水设施 应能保证水质、水压、水量及其他要求符合食品加工需要。食品加工用水的水质应符合 GB 5749 的规定。加工制作现榨果蔬汁、食用冰等直接入口食品的用水，应为预包装饮用水、使用经过水净化设备或设施处理后的直饮水、煮沸冷却后的生活饮用水，其他对加工用水水质有特殊需要的，应符合相应规定。

食品加工用水与其他不与食品接触的用水（如间接冷却水、污水、废水、消防用水等）的管道系统应完全分离，防止非食品加工用水逆流至食品加工用水管道。供水设施中使用的涉及饮用水卫生安全产品应符合相关规定。

（2）排水设施 排水设施的设计和建造应保证排水畅通，便于清洁、维护；应能保证食品加工用水不受污染。需经常冲洗的场所地面和排水沟应有一定的排水坡度。排水沟应设有可拆卸的盖板，排水沟内不应设置其他管路。专间、专用操作区不应设置明沟；如设置地漏，应带有水封等装置，防止废弃物进入及浊气逸出。排水管道与外界相通的出口应有适当措施，以防止有害生物侵入。

（3）餐用具清洗、消毒和存放设施设备 餐用具清洗、消毒、保洁设施与设备的容量和数量应能满足需要。餐用具清洗设施、设备应与食品原料、清洁工具的清洗设施、设备分开并能够明显区分。采用化学消毒方法的，应设置餐用具专用消毒设施、设备。餐用具清洗、消毒、设施、设备应采用不透水、不易积垢、易于清洁的材料制成。应设置专用保洁设施存放消毒后的餐用具。保洁设施应采用不易积垢、易于清洁的材料制成，与食品、清洁工具等存放设施能够明显区分，防止餐用具受到污染。

（4）洗手设施 食品处理区应设置洗手设施。洗手设施应采用不透水、不易积垢、易于清洁的材料制成。专间、专用操作区水龙头应采用非手动式。

洗手设施附近应配备洗手用品和干手设施等。从业人员专用洗手设施附近的显著位置还应标示简明易懂的洗手方法。洗手设施的排水设施有防止逆流、有害生物侵入及臭味产生的装置。

（5）卫生间 卫生间不应设置在食品处理区内，出入口不应与食品处理区直接连通，不宜直对就餐区。卫生间应设置独立的排风装置，排风口不应直对食品处理区或就餐区。卫生间的结构、设施与内部材质应易于清洁。卫生间与外界直接相通的门能自动关闭。应设置冲水式便池。卫生间出口应设置洗手设施，洗手设施应采用不透水、不易积垢、易于清洁的材料制成；洗手设施附近应配备洗手用品和干手设施等。排污管道应与食品处理区排水管道分开设置，并设有防臭气水封。排污口应位于餐饮服务场所外。

（6）**更衣区**　应与食品处理区处于同一建筑物内，宜位于食品处理区入口处。更衣设施的数量应当满足需要。

（7）**照明设施**　食品处理区应有充足的自然采光或者人工照明，工作面的光照强度不得低于220lx，其他场所的光照强度不宜低于110lx，光源不得改变食品的感官颜色。食品处理区内在裸露食品正上方安装照明设施的，应使用安全型照明设施或者采取防护措施，避免照明灯爆裂后污染食品。冷冻（藏）库应使用防爆灯。

（8）**通风排烟设施**　产生油烟的设备、工序上方应设置机械排风及油烟过滤装置，过滤器应便于清洁、更换。产生大量蒸汽的设备、工序上方应设置机械排风排汽装置，并做好凝结水的引泄。与外界直接相通的排气口外应加装易于清洁的防虫筛网。专间应设立独立的空调设施。应定期清洁消毒空调及通风设施。

（9）**贮存设施**　根据食品原料、半成品、成品的贮存要求，设置相应的食品库房或者贮存场所以及贮存设施，必要时设置冷冻、冷藏设施。同一库房内贮存原料、半成品、成品、包装材料的，应分设存放区域并显著标示，分离或分隔存放，防止交叉污染。库房应设通风、防潮设施，保持干燥。库房设计应使贮存物品与墙壁、地面保持10cm以上距离。冷冻、冷藏柜（库）应设有可正确显示内部温度的测温装置。清洁剂、消毒剂、杀虫剂、醇基燃料等物质的贮存设施应有醒目标识，并应与食品、食品添加剂、包装材料等分开存放或者分隔放置。应设专柜（位）贮存食品添加剂，标注"食品添加剂"字样，并与食品、食品相关产品等分开存放。

（10）**废弃物存放设施**　应设置专用废弃物存放设施。废弃物存放设施与食品容器应有明显的区分标识。废弃物存放设施应有盖，能够防止污水渗漏、不良气味溢出和虫害滋生，并易于清洁。

（11）**食品容器、工具和设备**　根据加工食品的需要，配备相应的容器、工具和设备等。不应将食品容器、工具和设备用于与食品盛放、加工等无关的用途。设备的摆放位置应便于操作、清洁、维护和减少交叉污染。固定安装的设备应安装牢固，与地面、墙壁无缝隙，或者保留足够的清洁、维护空间。与食品接触的容器、工具和设备部件，应使用无毒、无味、耐腐蚀、不易脱落的材料制成，并应易于清洁和保养。有相应食品安全国家标准的，应符合相关标准的要求。与食品接触的容器、工具和设备与食品接触的表面应光滑，设计和结构上应避免零件、金属碎屑或者其他污染因素混入食品，并应易于检查和维护。用于盛放和加工原料、半成品、成品的容器、工具和设备应能明显区分，分开放置和使用，避免交叉污染。

5. 原料控制

原料控制分为采购、运输、验收与贮存，基本控制要求可参见本节食品销售部分采购、运输、验收和贮存的相关要求。

特定餐饮服务提供者应建立供货者评价和退出机制，应自行或委托第三方机构定期对供货者食品安全状况进行现场评价。不得采购亚硝酸盐（包括亚硝酸钠、亚硝酸钾）等法规明令禁止餐饮经营的物品。冷冻贮存食品前，宜分割食品，避免使用时反复解冻、冷冻。

6. 加工过程控制

（1）**基本要求**　不应加工法律、法规禁止生产经营的食品（《中华人民共和国食品安法》第三十四条）。加工过程不应有法律法规禁止的行为。加工前应对待加工食品进行感官检查，发现有腐败变质、混有异物或者其他感官性状异常等情形的，不应使用。不应在餐饮服务场所内饲养、暂养和宰杀畜禽。

应采取并不限于下列措施，避免食品在加工过程中受到污染：用于食品原料、半成品、成品的容器和工具分开放置和使用；不在食品处理区内从事可能污染食品的活动；不在食品处理区外从事食品加工、餐用具清洗消毒活动；接触食品的容器和工具不应直接放置在地面上或者接触不洁物。

（2）初加工 冷冻（藏）易腐食品从冷柜（库）中取出或者解冻后，应及时加工使用。应缩短解冻后的高危易腐食品原料在常温下的存放时间，食品原料的表面温度不宜超过8℃。

食品原料加工前应洗净。盛放或加工制作不同类型食品原料的工具和容器应分开使用。未经事先清洁的禽蛋使用前应清洁外壳，必要时消毒。经过初加工的食品应当做好防护，防止污染。经过初加工的易腐食品应及时使用或者冷藏、冷冻。生食蔬菜、水果和生食水产品原料应在专用区域或设施内清洗处理，必要时消毒。生食蔬菜、水果清洗消毒方法参见《食品安全国家标准 餐饮服务通用卫生规范》（GB 31654）附录A。

（3）烹饪 食品烹饪的温度和时间应能保证食品安全。需要烧熟煮透的食品，加工时食品的中心温度应达到70℃以上；加工时食品的中心温度低于70℃的，应严格控制原料质量安全或者采取其他措施（如延长烹饪时间等），确保食品安全。

应尽可能减少食品在烹饪过程中产生有害物质。食品煎炸所使用的食用油和煎炸过程的油温，应当有利于减缓食用油在煎炸过程中发生劣变。煎炸用油不符合食品安全要求的，应及时更换。盛放调味料的容器应保持清洁，使用后加盖存放。

（4）专间和专用操作区操作 中央厨房和集体用餐配送单位的冷却和分装、分切等操作应在专间内进行（在封闭的自动设备中操作的除外）。除中央厨房和集体用餐配送单位以外的餐饮服务提供者直接入口易腐食品的冷却和分装、分切等操作应按规定在专间或者专用操作区进行（在封闭的自动设备中操作和饮品的现场调配、冲泡、分装除外）。生食类食品、裱花蛋糕和冷食类食品的加工制作应在专间内进行。备餐，现榨果蔬汁和果蔬拼盘等的加工制作，仅加工制作植物性冷食类食品（不含非发酵豆制品），对预包装食品进行拆封、装盘、调味等简单加工制作后即供应的，调制供消费者直接食用的调味料的加工制作既可在专间也可在专用操作区内进行。

专间内温度不得高于25℃。每餐或每班使用专间前，应对操作台面和专间空气进行消毒，并做好消毒记录。

进入专间的从业人员和专用操作区内从业人员操作时，应按要求穿戴工作衣帽和口罩。专间和专用操作区从业人员加工食品前，应按要求清洗消毒手部，加工过程中应适时清洗消毒手部。专间和专用操作区使用的食品容器、工具、设备和清洁工具应专用。食品容器、工具使用前应清洗消毒并保持清洁。进入专间和存放在专用操作区的食品应为直接入口食品，应避免受到存放在专间和专用操作区的非食品的污染。

不应在专间或者专用操作区内从事应在其他食品处理区进行或者可能污染食品的活动。蔬菜、水果、生食的海产品等食品原料应清洗处理干净后，方可传递进专间。预包装食品和一次性餐饮具应去除外层包装并保持最小包装清洁后，方可传递进专间。加工制作生食海产品，应在专间外剔除海产品的非食用部分，并将其洗净后，方可传递进专间。加工制作裱花蛋糕，裱浆和经清洗消毒的新鲜水果应当天加工制作、当天使用；蛋糕坯应存放在专用冷冻或冷藏设备中。

（5）**食品添加剂使用** 使用食品添加剂的，应在技术上确有必要，并在达到预期效果的前提下尽可能降低使用量。如使用食品添加剂应符合《食品安全国家标准 食品添加剂使用标准》（GB 2760）规定。用容器盛放开封后的食品添加剂的，应在容器上标明食品添加剂名称、生产日期或批号、使用期限，并保留食品添加剂原包装。开封后的食品添加剂应避免受到污染。使用 GB 2760 规定按生产需要适量使用品种以外的食品添加剂的，应专册记录食品名称、食品数量、加工时间以及使用的食品添加剂名称、生产日期或批号、使用量、使用人等信息。使用 GB 2760 有最大使用量规定的食品添加剂，应采用称量等方式定量使用。

（6）**冷却** 烹饪后需要冷冻（藏）的易腐食品应及时冷却。应在清洁操作区内进行熟制成品的冷却，并在盛放容器上标注加工制作时间等。可采取将食品切成小块、搅拌、冷水浴等措施，或者使用专用速冷设备，使食品的中心温度在 2h 内从 60℃降至 21℃，再经 2h 或更短时间降至 8℃。

（7）**再加热** 烹饪后的易腐食品，在冷藏温度以上、60℃以下存放 2h 以上，未发生感官性状变化的，食用前应进行再加热。烹饪后的易腐食品再加热时，应当将食品的中心温度迅速加热至 70℃以上。食品感官性状发生变化的应当废弃。

（8）**食品相关产品使用** 各类工具和容器应有明显的区分标志。添加邻苯二甲酸酯类物质制成的塑料制品不得盛装、接触油脂类食品和乙醇含量高于 20% 的食品。不得重复使用一次性用品。

7. 供餐

分派菜肴、整理造型的工具使用前应清洗消毒。加工围边、盘花等的材料应符合食品安全要求，使用前应清洗，必要时消毒。烹饪后的易腐食品，烹饪完毕至食用时间需超过 2h 的，应在 60℃以上保存，或按要求冷却后进行冷藏。

供餐过程中，应采取有效防护措施，避免食品受到污染。供餐过程中，应使用清洁的托盘等工具，避免从业人员的手部直接接触食品（预包装食品除外）。用餐时，就餐区应避免受到扬尘活动的影响（如施工、打扫等）。与餐（饮）具的食品接触面或者食品接触的垫纸、垫布、餐具托、口布等物品应一客一换。撤换下的物品应清洗消毒，一次性用品应废弃。事先摆放在就餐区的餐（饮）具应当避免污染。

为避免食品浪费，餐饮服务提供者应主动对消费者进行防止食品浪费提示提醒，在醒目位置张贴或者摆放反食品浪费标志，或者由服务人员提示说明，引导消费者按需适量点餐。餐饮外卖平台应当以显著方式提示消费者适量点餐。餐饮服务经营者通过餐饮外卖平台提供服务的，应当在平台页面上向消费者提供食品分量、规格或者建议消费人数等信息。

网络销售的餐饮食品应当与实体店销售的餐饮食品质量安全保持一致。

餐饮行业还需要关注禁限塑政策，我国目前逐步禁止和限制使用塑料制品。至 2022 年年底，全国范围餐饮行业禁止使用不可降解一次性塑料吸管；地级以上城市建成区、县城建成区、景区景点餐饮堂食服务，禁止使用不可降解一次性塑料餐具；全部地级以上城市建成区和沿海地区县城建成区禁止使用不可降解塑料袋。

8. 配送

（1）**基本要求** 根据食品特点选择适宜的配送工具，必要时应配备保温、冷藏等设施。

配送工具应防雨、防尘。配送的食品应有包装，或者盛装在密闭容器中。食品包装和容器应符合食品安全相关要求，食品容器的内部结构应便于清洁。配送前应对配送工具和盛装食品的容器（一次性容器除外）进行清洁，接触直接入口食品的还应消毒，防止食品受到污染。食品配送过程的温度等条件应当符合食品安全要求。配送过程中，原料、半成品、成品、食品包装材料等应使用容器或者独立包装等进行分隔。包装应完整、清洁，防止交叉污染。不应将食品与醇基燃料等有毒、有害物品混装配送。

（2）**外卖配送** 送餐人员应当保持个人卫生。配送箱（包）应保持清洁，并定期消毒。配送过程中，直接入口食品和非直接入口食品、需低温保存的食品和热食品应分隔，防止直接入口食品污染，并保证食品温度符合食品安全要求。鼓励使用外卖包装封签，便于消费者识别配送过程外卖包装是否开启。使用一次性容器、餐饮具的，应选用符合食品安全要求的材料制成的容器、餐饮具。

（3）**信息标注** 中央厨房配送的食品，应在包装或者容器上标注中央厨房信息，以及食品名称、中央厨房加工时间、保存条件、保存期限等，必要时标注门店加工方法。集体用餐配送单位配送的食品，应在包装、容器或者配送箱上标注集体用餐配送单位信息、加工时间、食用时限和食用方法，冷藏保存的食品还应标注保存条件。

9. 清洁维护和废弃物管理

（1）**餐用具卫生** 餐用具使用后应及时清洗消毒［方法参见《食品安全国家标准 餐饮服务通用卫生规范》（GB 31654）附录 B］。鼓励采用热力等物理方法消毒餐用具。采用化学消毒的，消毒液应现用现配，并定时测量消毒液的消毒浓度。餐用具消毒设备和设施应正常运转。宜沥干、烘干清洗消毒后的餐用具。使用擦拭巾擦干的，擦拭巾应专用，并经清洗消毒后方可使用。消毒后的餐用具应符合《食品安全国家标准 消毒餐（饮）具》（GB 14934）规定。

消毒后的餐用具应存放在专用保洁设施内。保洁设施应保持清洁，防止清洗消毒后的餐用具受到污染。不应重复使用一次性餐（饮）具。

委托餐（饮）具集中消毒服务单位提供清洗消毒服务的，应当查验、留存餐（饮）具集中消毒服务单位的营业执照复印件和消毒合格证明。这些证明材料的保存期限不应少于消毒餐（饮）具使用期限到期后 6 个月。

（2）**场所、设施、设备卫生和维护** 餐饮服务场所、设施、设备应定期维护，出现问题及时维修或者更换。餐饮服务场所、设施、设备应定期清洁，必要时消毒。

（3）**废弃物管理** 餐厨废弃物应分类放置、及时清除，不应溢出废弃物存放设施。废弃物存放设施应及时清洁，必要时消毒。应索取并留存餐厨废弃物收运者的资质证明复印件（需加盖收运者公章或由收运者签字），并与其签订收运合同，明确各自的食品安全责任和义务。应建立餐厨废弃物处置台账，详细记录餐厨废弃物的处置时间、种类、数量、收运者等信息。

（4）**清洁和消毒** 使用的洗涤剂、消毒剂应分别符合《食品安全国家标准 洗涤剂》（GB 14930.1）和《食品安全国家标准 消毒剂》（GB 14930.2）等标准和要求的有关规定。应按照洗涤剂、消毒剂的使用说明进行操作。餐饮服务常用消毒剂及化学消毒注意事项参见 GB 31654 附录 C。

10. 有害生物防治

应保持餐饮服务场所建筑结构完好，环境整洁，防止虫害侵入及滋生。有害生物防治应遵循优先使用物理方法，必要时使用化学方法的原则。化学药剂应存放在专门设施内，保障食品安全和人身安全。

应根据需要配备适宜的有害生物防治设施（如灭蝇灯、防蝇帘、风幕机、粘鼠板等），防止有害生物侵入。具体措施包括：使用水封式地漏；进出通道应设有防鼠板，门的缝隙应小于6mm；排水管道出水口安装的箅子缝隙间距或网眼应小于10mm；与外界直接相通的通风口、换气窗外，应加装不小于16目的防虫筛网；防蝇胶帘覆盖整个门框，底部离地距离小于2cm，相邻胶帘条的重叠部分不少于2cm；风幕完整覆盖出入通道等。

如发现有害生物，应尽快将其杀灭。发现有害生物痕迹的，应追查来源，消除隐患。有害生物防治中应采取有效措施，避免食品或者食品容器、工具、设备等受到污染。食品容器、工具、设备不慎污染时，应彻底清洁，消除污染。

11. 人员

（1）人员健康和培训管理 基本要求参照本节食品销售关于人员相关要求。其中，餐饮服务企业应每年对其从业人员进行一次食品安全培训考核，特定餐饮服务提供者应每半年对其从业人员进行一次食品安全培训考核。餐饮安全管理人员原则上每年应接受不少于40h的餐饮服务食品安全集中培训。

（2）人员配备 中央厨房、集体用餐配送单位、连锁餐饮企业总部、网络餐饮服务第三方平台提供者应设立食品安全管理机构，配备专职食品安全管理人员；大中型餐饮服务企业、连锁餐饮企业总部应当配备食品安全总监；其他特定餐饮服务提供者应配备专职食品安全管理人员。其他餐饮服务企业应配备专职或兼职食品安全管理人员。

（3）人员卫生 从业人员工作时，应保持良好的个人卫生。从业人员工作时，应穿清洁的工作服。应根据加工品种和岗位的要求配备专用工作服，如工作衣、帽、发网等，必要时配备口罩、围裙、套袖、手套等。工作服应定期清洗更换，必要时及时更换；操作中应保持清洁。专间、专用操作区专用工作服应与其他区域工作服的外观有明显区分。

食品处理区内从业人员不应留长指甲、涂指甲油，不应化妆。工作时，佩戴的饰物不应外露；应戴清洁的工作帽，避免头发掉落污染食品。专间和专用操作区内的从业人员操作时，应佩戴清洁的口罩。口罩应遮住口鼻。

从业人员加工食品前应洗净手部。从事接触直接入口食品工作的从业人员，加工食品前还应进行手部消毒。使用卫生间、接触可能污染食品的物品或者从事与食品加工无关的其他活动后，再次从事接触食品、食品容器、工具、设备等与餐饮服务相关的活动前应重新洗手，从事接触直接入口食品工作的还应重新消毒手部。手部清洗、消毒参见GB 31654附录D。如佩戴手套，应事先对手部进行清洗消毒。手套应清洁、无破损，符合食品安全要求。

12. 食品安全管理

（1）管理制度和事故处置 餐饮服务企业、网络餐饮服务第三方平台提供者、学校（含托幼机构）食堂、养老机构食堂、医疗机构食堂应当按照法律、法规要求和本单位实际，建立并不断完善原料控制、餐用具清洗消毒、餐饮服务过程控制、从业人员健康管理、从业人员培训、食品安全自查、进货查验和记录、食品留样、场所及设施设备清洗消毒和维修保养、食品安全信息追溯、消费者投诉处理等保证食品安全的规章制度，并制定食品安全突发事件应急处置方案。连锁食品经营企业总部依法要对企业食品安全负总责，建立健全覆盖从总部到门店（包括直营、合营、加盟等，下同）的食品安全管理体系。

发生食品安全事故的单位，应对导致或者可能导致食品安全事故的食品及原料、工具、设备、设施等，立即采取封存等控制措施，按规定报告事故发生地相关部门，配合做好调查处置工作，并采取防止事态扩大的相关措施。

（2）食品安全自查　应自行或者委托第三方专业机构开展食品安全自查，及时发现并消除食品安全隐患，防止发生食品安全事故。自查发现条件不再符合食品安全要求的，应当立即采取整改措施；有发生食品安全事故潜在风险的，应当立即停止食品经营活动，并向所在地食品安全监督管理部门报告。

自查频率要求：对食品安全制度的适用性，每年至少开展一次自查。特定餐饮服务提供者对其经营过程，应每周至少开展一次自查；其他餐饮服务提供者对其经营过程，应每月至少开展一次自查。获知食品安全风险信息后，应立即开展专项自查。

（3）食品留样　学校（含托幼机构）食堂、养老机构食堂、医疗机构食堂、建筑工地食堂等集中用餐单位的食堂以及中央厨房、集体用餐配送单位、一次性集体聚餐人数超过 100 人的餐饮服务提供者，应按规定对每餐次或批次的成品进行留样。每个品种的留样量应不少于 125g。留样食品应使用清洁的专用容器和专用冷藏设施进行贮存，留样时间应不少于 48h。

在盛放留样食品的容器上应标注留样食品名称、留样时间（月、日、时），或者标注与留样记录相对应的标志。应由专人管理留样食品、记录留样情况，记录内容包括留样食品名称、留样时间（月、日、时）、留样人员等。

（4）检验　中央厨房和集体用餐配送单位应制定检验检测计划，对食品、加工环境等进行检验。自行检验的，应具备与所检项目相适应的检验室和检验能力。检验仪器设备应按期检定。应综合考虑食品品种、工艺特点、原料控制情况等因素，合理确定检验项目、指标和频次，以有效验证加工过程中的控制措施。

（5）记录和文件管理　餐饮服务企业、中央厨房、集体用餐配送单位、学校（含托幼机构）食堂、养老机构食堂、医疗机构食堂应建立记录制度，按照规定记录从业人员培训考核、进货查验、食品添加剂使用、食品安全自查、消费者投诉处置、变质或超过保质期或者回收食品处置、定期除虫灭害等情况。对食品、加工环境开展检验的，还应记录检验结果。记录内容应完整、真实。法律法规标准没有明确规定的，记录保存时间不少于 6 个月。

餐饮服务企业、中央厨房、集体用餐配送单位、学校（含托幼机构）食堂、养老机构食堂、医疗机构食堂应如实记录采购的食品、食品添加剂、食品相关产品的名称、规格、数量、生产日期或者生产批号、保质期、进货日期和供货者名称、地址、联系方式等内容，并保存相关凭证。特定餐饮服务提供者还应记录食品留样、设施设备清洗维护校验、卫生杀虫剂和杀鼠剂的使用情况。

自建网站餐饮服务提供者应当履行记录义务，如实记录网络订餐的订单信息，包括食品的名称、下单时间、送餐人员、送达时间以及收货地址，信息保存时间不得少于 6 个月。

实行统一配送方式经营的餐饮服务企业，由企业总部统一进行食品进货查验记录的，各门店也应对收货情况进行记录。进货查验记录、收货记录和相关凭证的保存期限不少于食品保质期满后 6 个月；没有明确保质期的，保存期限不应少于 2 年。

四、法律责任及案例

《中华人民共和国食品安全法》第一百二十五条明确了"生产经营无标签的预包装食品、食品添加剂或者标签、说明书不符合本法规定的食品、食品添加剂"等违法情形的处罚。《中华人民共和国食品安全法》第一百二十六条明确了"食品生产企业、餐饮服务提供者未按规定制定、实施生产经营过程控制要求"等违法情形的处罚。

【案例 4-3】某公司经营标注虚假生产日期、保质期及超过保质期的食品、未建立食品进货查验记录制度被罚

上海某公司在明知产品已超过保质期的情况下擅自将产品包装上的标签撕掉，重新加贴含有新的日期标示的标签。上述行为违反了《中华人民共和国食品安全法》第三十四条第（十）项的规定。依据《中华人民共和国食品安全法》第一百二十四条第一款第（五）项和《中华人民共和国行政处罚法》第二十三条的规定，责令改正，罚款人民币 10 万元整。

同时存在未建立进货查验记录制度，未如实记录食品名称、数量、进货日期以及供货者名称、地址、联系方式等内容，也未保存产品的采购凭证，违反了《中华人民共和国食品安全法》第五十三条第二款的规定。根据《中华人民共和国食品安全法》第一百二十六条第一款第（三）项的规定，责令改正，并警告。

【案例 4-4】履行了进货查验等法定义务，销售不符合食品安全标准的食品免予行政处罚

某店销售的蛋糕被检测出防腐剂各自用量占其最大使用比例之和项目不符合《食品安全国家标准 食品添加剂使用标准》（GB 2760）要求，检验结论为"不合格"。调查发现该店建立了食品进货查验记录制度，不知道所采购的食品不符合食品安全标准，如实记录了蛋糕的名称、规格、数量、生产日期或者生产批号、保质期、进货日期以及供货者名称、地址、联系方式等内容，并保存相关凭证。当地监管部门认定该店履行了进货查验义务，不知道所采购的食品不符合食品安全标准，并能如实说明蛋糕的进货来源，根据《中华人民共和国食品安全法》第一百三十六条的规定，依法对该店免予行政处罚。

【案例 4-5】某商行经营无中文标签的进口预包装食品被罚

市场监督管理部门对某商行现场检查发现，正在经营无中文标签的进口预包装食品，包括葡萄酒、啤酒、矿泉水等。经查，于 2019 年 5 月至 2020 年 11 月间，经营无中文标签的进口预包装食品，上述行为违反了《中华人民共和国食品安全法》第九十七条的规定。市场监督管理部门依法对其进行行政处罚：①对未按规定遵守进货查验记录制度的违法行为予以警告；②没收违法经营的食品 5 种共计 49 瓶；③处罚款 10000 元；④没收违法所得 288 元。罚没款合计 10288 元。

【案例 4-6】某餐饮企业未遵守国家有关禁止、限制使用不可降解塑料袋等一次性塑料制品规定被罚

某餐饮企业采购"聚乙烯 +PBAT"不可降解塑料的外卖袋在餐饮外卖打包服务中使用。上述行为违反了《中华人民共和国固体废物污染环境防治法》第六十九条第一款"国家依法禁止、限制生产、销售和使用不可降解塑料袋等一次性塑料制品。"的规定。鉴于企业能够积极配合调查，并已主动更换材质符合规定的外卖打包袋，根据《中华人民共和国固体废物污染环境防治法》第一百零六条第一款的规定，责令该企业整改，罚款 20000 元。

【案例 4-7】安排未取得健康证明的人员从事接触直接入口食品的工作被罚

某餐饮公司安排未取得健康证明的人员从事接触直接入口食品的工作，违反《中华人民共和国食品安全法》第四十五条第二款的要求，当地市场监管局依据《中华人民共和国食品安全法》第一百二十六条第一款第（六）项对其进行警告处罚。

【案例 4-8】某餐饮公司经营超范围使用食品添加剂的食品被罚

当事人将含有食品添加剂胭脂红的吉士粉作为复配着色剂，为菜品增色，使用、添加到熟制肉制品（菠萝咕咾肉）中，超出了《食品安全国家标准 食品添加剂使用标准》（GB

2760）规定的食品添加剂"胭脂红及其铝色淀"的允许使用范围，构成超范围使用食品添加剂的行为。市场监督管理局给予没收违法所得 0.513945 万元，罚款 2.5 万元，责令改正的处罚。

【案例 4-9】某餐厅未主动对消费者进行防止食品浪费提示提醒被罚

某餐厅未在醒目位置张贴或者摆放反食品浪费标志，也没有安排服务人员提示说明引导消费者按需适量点餐。当事人的行为违反了《中华人民共和国反食品浪费法》第七条第一款第（二）项"餐饮服务经营者应当采取下列措施，防止食品浪费：（二）主动对消费者进行防止食品浪费提示提醒，在醒目位置张贴或者摆放反食品浪费标志，或者由服务人员提示说明，引导消费者按需适量点餐"的规定。监管部门对其作出警告的行政处罚。

第三节　食品追溯召回管理

食品生产经营者应当依照《中华人民共和国食品安全法》的规定，建立食品安全追溯体系，保证食品可追溯。食品经营者发现其经营的食品不符合食品安全标准或者有证据证明可能危害人体健康的，应当立即停止经营，食品生产者认为应当召回的，应当立即召回。

一、食品追溯的相关要求

1. 食品追溯相关法律法规

为加强对食品追溯的管理，国家监管部门陆续发布了一系列法律法规。除《中华人民共和国食品安全法》及其实施条例、《总局关于发布食品生产经营企业建立食品安全追溯体系若干规定的公告》的规定外，针对几个特殊的产品类别，如白酒、植物油、婴幼儿配方乳粉和农产品的追溯体系建立也相继发布了相应的法规要求。

（1）《中华人民共和国食品安全法》中有关食品追溯的要求　《中华人民共和国食品安全法》第四十二条规定国家建立食品安全全程追溯制度。

第四十二条　国家建立食品安全全程追溯制度。

食品生产经营者应当依照本法的规定，建立食品安全追溯体系，保证食品可追溯。国家鼓励食品生产经营者采用信息化手段采集、留存生产经营信息，建立食品安全追溯体系。

国务院食品安全监督管理部门会同国务院农业行政等有关部门建立食品安全全程追溯协作机制。

（2）《中华人民共和国食品安全法实施条例》中有关食品追溯的要求　《中华人民共和国食品安全法》明确提出企业应建立追溯制度，在《中华人民共和国食品安全法实施条例》中对食品全程追溯的要求做了进一步细化。

第十七条　国务院食品安全监督管理部门会同国务院农业行政等有关部门明确食品安全全程追溯基本要求，指导食品生产经营者通过信息化手段建立、完善食品安全追溯体系。

食品安全监督管理等部门应当将婴幼儿配方食品等针对特定人群的食品以及其他食品安全风险较高或者销售量大的食品的追溯体系建设作为监督检查的重点。

第十八条　食品生产经营者应当建立食品安全追溯体系，依照食品安全法的规定如实记录并保存进货查验、出厂检验、食品销售等信息，保证食品可追溯。

（3）《总局关于发布食品生产经营企业建立食品安全追溯体系若干规定的公告》对追溯信息的规定 公告规定了生产企业应当记录的基本信息包括：产品信息、原辅料信息、生产信息、销售信息、设备信息、设施信息、人员信息、召回信息、销毁信息、投诉信息。销售企业应当记录的基本信息包括：进货信息、贮存信息、销售信息，并且应当记录运输、贮存、交接环节等信息。

2. 食品追溯相关标准

食品追溯相关的标准主要有：《饲料和食品链的可追溯性 体系设计与实施的通用原则和基本要求》（GB/T 22005）、《饲料和食品链的可追溯性 体系设计与实施指南》（GB/Z 25008）、《食品冷链物流追溯管理要求》（GB/T 28843）、《食品追溯 信息记录要求》（GB/T 37029）、《电子商务交易产品可追溯性通用规范》（GB/T 36061）等。其中，《食品追溯 信息记录要求》（GB/T 37029）规定了工业化生产的预包装、可销售的食品在生产、物流和销售过程中涉及的追溯信息记录要求，该标准适用于食品安全追溯。

二、食品追溯

1. 食品追溯类别

（1）按照追溯的方向 可分为正向追踪和反向溯源。正向追踪的定义是从供应链的上游至下游，跟随追溯单元运行路径的能力。反向溯源的定义是从供应链的下游至上游，识别追溯单元来源的能力。不论是正向追踪还是反向溯源，目的在于做到风险可控。

（2）按照实际有无产品召回或事件发生 可分为追溯演练和实际追溯。

企业需要建立追溯的相关文件制度，定期畅通上下游联系渠道，方便在第一时间联系到相关方，以防在实际追溯时出现各种问题。

在日常的监督检查/飞行检查、二方审计和三方认证中都会查阅到模拟追溯演练的相关信息，或者现场实施追溯演练。企业开展追溯演练的频次根据相关的规定进行即可，建议企业每年至少2次，正向反向各一次模拟演练。为有效地测试公司追溯系统的有效性，鼓励企业在工作时间以外的时间进行测试，并且在4h内能够完成追溯。

实际追溯一般发生在有产品投诉或者发生食品安全事件时。有些企业在实施追溯时往往不知道应该追溯到哪一环节，判定原则是根据产品发生问题确定追溯范围，如包装破损可只追溯到物流；如有异物需进行全过程追溯。

（3）按照追溯的方式 可分为传统追溯体系和现代追溯体系。传统追溯体系是指通过保存相关凭证和进货查验记录实现可追溯；现代追溯体系是指采用高科技手段，运用电子信息追溯系统实现可追溯，可采集和自动留存生产经营信息。

2. 食品追溯流程

追溯的过程其实就是信息记录追查的过程，一定要做到及时、全面、准确。

模拟追溯时，通过产品标签或者生产计划单来选择合适批次的成品或者原辅包材，假设其出现食品安全或者质量问题，设置追溯的起点，通过对原辅包、生产过程、成品相关记录进行追溯来找出问题成品或者原辅包材的去向并进行控制，同时找出问题发生的缘由，并针对性地制定纠正/预防措施。具体流程见图4-1。

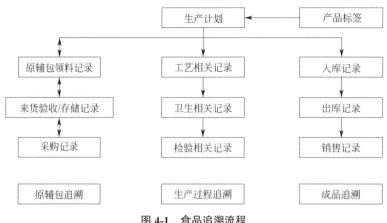

图 4-1　食品追溯流程

3. 可追溯性信息记录要求

企业应当记录的基本信息包括产品信息、原辅料信息、生产信息、销售信息等内容。

（1）产品信息　企业应当记录生产的食品相关信息，包括产品名称、执行标准及标准内容、生产日期、生产批号、配料、生产工艺、标签标示等。情况发生变化时，记录变化的时间和内容等信息。应当将使用的食品标签实物同时存档。

（2）原辅材料信息　企业应当建立食品原料、食品添加剂和食品包装材料等食品相关产品进货查验记录制度，如实记录原辅料名称、规格、数量、生产日期或生产批号、保质期、进货日期及供货者名称、地址、负责人姓名、联系方式等内容，并保存相关凭证。企业根据实际情况，原则上确保记录内容上溯原辅料前一直接来源和产品后续直接接收者，鼓励最大限度将追溯链条向上游原辅料供应及下游产品销售环节延伸。

（3）生产信息　企业应当记录生产过程质量安全控制信息。主要包括：一是原辅料入库、贮存、出库、生产使用等相关信息；二是生产过程相关信息（包括工艺参数、环境监测等）；三是成品入库、贮存、出库、销售等相关信息；四是生产过程检验相关信息，主要有产品的检验批号、检验日期、检验方法、检验结果及检验人员等内容，包括原始检验数据并保存检验报告；五是出厂产品相关信息，包括出厂产品的名称、规格、数量、生产日期、生产批号、检验合格单、销售日期、联系方式等内容。

企业要根据不同类别食品的原辅料、生产工艺和产品特点等，确定需要记录的具体信息内容，作为企业生产过程控制规范，并在生产过程中严格执行。企业对相关内容调整时，应记录调整的相关情况。

原辅料、半成品和成品贮存应符合相关法律、法规与标准等规定，需冷藏、冷冻或其他特殊条件贮存的，还应当记录贮存的相关信息。

（4）销售信息　企业应当建立食品出厂检验记录制度，查验出厂食品的检验合格证和安全状况，如实记录食品的名称、规格、数量、生产日期或生产批号、保质期、检验合格证号、销售日期及购货者名称、地址、负责人姓名、联系方式等内容，并保存相关凭证。

（5）设备信息　企业应当记录与食品生产过程相关设备的材质、采购、设计、安装、使用、监测、控制、清洗、消毒及维护等信息，并与相应的生产过程信息关联，保证设备使用情况明晰，符合相关规定。

（6）设施信息　企业应当记录与食品生产过程相关的设施信息，包括原辅材料贮存车间、预处理车间（根据工艺有无单设或不设）、生产车间、包装车间（根据工艺有无单设或不设）、成品库、检验室、供水、排水、清洁消毒、废弃物存放、通风、照明、仓储、温控等设施基本信息，相关的管理、使用、维修及变化等信息，并与相应的生产过程信息关联，保证设施使用情况明晰，符合相关规定。

（7）人员信息 企业应当记录与食品生产过程相关人员的培训、资质、上岗、编组、在班、健康等情况信息，并与相应的生产过程履职信息关联，符合相关规定。明确人员各自职责，包括质量安全管理、原辅材料采购、技术工艺、生产操作、检验、贮存等不同岗位、不同环节，切实将职责落实到具体岗位的具体人员，记录履职情况。根据不同类别食品生产企业特点，确定关键岗位，重点记录负责人的相关信息。

（8）召回信息 企业应当建立召回记录管理制度，如实记录发生召回的食品名称、批次、规格、数量、来源、发生召回原因、召回情况、后续整改方案、控制风险和危害等内容，并保存相关凭证。

（9）处置信息 企业应当建立召回食品处理工作机制，记录对召回食品进行无害化处理、销毁的时间、地点、人员、处理方式等信息，食品安全监管部门实施现场监督的，还应当记录相关监管人员基本信息，并保存相关凭证。企业可依法采取补救措施、继续销售的，应当记录采取补救措施的时间、地点、人员、处理方式等信息，并保存相关凭证。

（10）投诉信息 企业应当建立客户投诉处理机制，对客户提出的书面或口头意见、投诉，如实记录相关食品安全、处置情况等信息，并保存相关凭证。

具体关于追溯记录的形式、填写、保存期限等要求，可以参考《食品追溯 信息记录要求》（GB/T 37029）的相关规定。

4. 追溯率计算

追溯率的相关计算，主要遵循物料平衡的原则。物料平衡检查是指在食品生产监管中借助专业手段，利用科学化和数据化的检查规则，在允许的偏差范围内，比对食品生产企业的实际产量或实际用量与理论产量或用量，分析企业存在差异原因的合理性。物料平衡是生产过程中物料控制水平的重要指标（100%为理想完美状态）。在生产过程中使用物料平衡核查，可以准确地反映物料的来和去，监控生产质量的稳定性，避免物料的混淆或错用。

具体计算可以参考以下公式：

$$原料追溯率\ C=B/A\times100\%$$

式中：A，接收的原料量；B，已使用、剩余库存和已废弃的原料量。

$$成品追溯率\ F=E/D\times100\%$$

式中：D，生产的产品总量；E，剩余库存、已出库销售、破损报废的产品总量。

物料平衡在国家及各地方监管制度中都有提到，但只是一个术语概念，以前并未给出详细解释。在 2021 年 8 月上海市市场监督管理局发布的关于印发《上海市食品生产企业物料平衡检查工作指南（试行）》的通知中，对物料平衡进行了全方位的规定，内容涉及物料平衡的检查方法、检查内容、检查程序、检查报告等。

5. 追溯总结

追溯完成后对追溯全过程信息进行记录，找出问题发生原因，制定纠正/预防措施，如购买新设备、增加岗位设置、完善操作规程等等，形成完整的追溯报告，存档备查。

食品追溯是控制食品安全风险，保护企业和消费者权益的有效措施。一旦发生抽检监测不合格、食物中毒等食品安全问题，监管部门和企业可以根据追溯体系，及时查明问题食品的来源和去向，开展食品召回，发布消费警示，将食品安全危害降至最低。

三、食品召回的相关要求

1. 食品召回相关法律法规

为加强对食品召回的管理，国家陆续发布了相关规定，《中华人民共和国食品安全法》及其实施条例、《食品召回管理办法》等法律法规中都作出了相关规定。

（1）《中华人民共和国食品安全法》中有关食品召回的要求　《中华人民共和国食品安全法》对问题食品的处理作出了明确规定。

食品生产者发现其生产的食品不符合食品安全标准或者有证据证明可能危害人体健康的，应当立即停止生产，召回已经上市销售的食品，通知相关生产经营者和消费者，并记录召回和通知情况。

召回的食品应采取无害化处理、销毁等措施，防止其再次流入市场。对因标签、标志或者说明书不符合食品安全标准而被召回的食品，食品生产者在采取补救措施且能保证食品安全的情况下可以继续销售；销售时应当向消费者明示补救措施。

（2）《中华人民共和国食品安全法实施条例》中有关食品召回的要求　《中华人民共和国食品安全法实施条例》对市场退出食品的管理进行了强化。

针对实践中"未定期检查库存食品，及时清理变质或者超过保质期的食品"与"生产经营标注虚假生产日期、保质期或者超过保质期的食品"难以查证区分的问题，《中华人民共和国食品安全法实施条例》规定，食品生产经营者应当对变质、超过保质期或者回收的食品进行显著标示或者单独存放在有明确标志的场所，及时采取无害化处理、销毁等措施并如实记录。同时，针对实践中回收食品概念模糊、法律责任不清晰的问题，《中华人民共和国食品安全法实施条例》明确，食品安全法所称回收食品，是指已经售出，因违反法律、法规、食品安全标准或者超过保质期等原因，被召回或者退回的食品，不包括依照食品安全法第六十三条第三款的规定可以继续销售的食品。食品生产经营者应当对召回的食品采取无害化处理、销毁等措施，防止其再次流入市场。但是，对因标签、标志或者说明书不符合食品安全标准而被召回的食品，食品生产者在采取补救措施且能保证食品安全的情况下可以继续销售；销售时应当向消费者明示补救措施。

（3）《食品召回管理办法》中的相关规定　不安全食品是指食品安全法律法规规定禁止生产经营的食品以及其他有证据证明可能危害人体健康的食品。食品生产经营者应当依法承担食品安全第一责任人的义务，建立健全相关管理制度，收集、分析食品安全信息，依法履行不安全食品的停止生产经营、召回和处置义务。国家市场监督管理总局负责指导全国不安全食品停止生产经营、召回和处置的监督管理工作，汇总相关信息，根据食品安全风险因素完善食品安全监督管理措施。

2. 食品召回相关标准

食品召回相关的标准主要有：《食品安全国家标准　食品生产通用卫生规范》（GB 14881）、《危害分析与关键控制点（HACCP）体系　食品生产企业通用要求》（GB/T 27341）、《消费品召回　生产者指南》（GB/T 34400）等。

其中，《食品安全国家标准　食品生产通用卫生规范》（GB 14881）第 11 章对召回的要求如下：

11.1 应根据国家有关规定建立产品召回制度。

11.2 当发现生产的食品不符合食品安全标准或存在其他不适于食用的情况时，应当立即停止生产，召回已经上市销售的食品，通知相关生产经营者和消费者，并记录召回和通知情况。

11.3 对被召回的食品，应当进行无害化处理或者予以销毁，防止其再次流入市场。对因标签、标识或者说明书不符合食品安全标准而被召回的食品，应采取能保证食品安全、且便于重新销售时向消费者明示的补救措施。

11.4 应合理划分记录生产批次，采用产品批号等方式进行标识，便于产品追溯。

四、食品召回

《食品召回管理办法》主要规定了适用范围、不安全食品的定义、职责、召回分级、召回计划、召回公告等内容。在中华人民共和国境内，不安全食品的停止生产经营、召回和处置及其监督管理，适用该办法。不安全食品是指食品安全法律法规规定禁止生产经营的食品以及其他有证据证明可能危害人体健康的食品。

根据《食品召回管理办法》，食品召回从召回流程、召回分级、召回计划、召回公告、召回处置、召回记录及保存六个方面开展。

1. 食品召回流程

依据《中华人民共和国食品安全法》及《食品召回管理办法》，食品召回的流程主要包括停止生产经营、召回和处置三个环节。

食品生产经营者发现其生产经营的食品属于不安全食品的，应当立即停止生产经营，采取通知或者公告的方式告知相关生产经营者，停止生产经营，消费者停止食用，并采取必要的措施防控食品安全风险。食品生产经营者未依法停止生产经营不安全食品的，县级以上市场监督管理部门可以责令其停止生产经营不安全食品。

食品集中交易市场的开办者、食品经营柜台的出租者、食品展销会的举办者，发现食品经营者经营的食品属于不安全食品的，应当及时采取有效措施，确保相关经营者停止经营不安全食品。

网络食品交易第三方平台提供者发现网络食品经营者经营的食品属于不安全食品的，应当依法采取停止网络交易，平台服务等措施，确保网络食品经营者停止经营不安全食品。食品生产经营者生产经营的不安全食品未销售给消费者，尚处于其他生产经营者控制中的食品生产经营者，应当立即追回不安全食品，并采取必要的措施消除风险。

2. 食品召回分级

根据食品安全风险的严重和紧急程度，食品召回分为三级：一级召回、二级召回和三级召回。

（1）一级召回　食用后已经或者可能导致严重健康损害甚至死亡的，食品生产者应当在知悉食品安全风险后24h内启动召回，并向县级以上地方市场监督管理部门报告召回计划。

（2）二级召回　食用后已经或者可能导致一般健康损害。食品生产者应当在知悉食品安全风险后48h内启动召回，并向县级以上地方市场监督管理部门报告召回计划。

（3）三级召回　标签、标识存在虚假标注的，食品生产者应当在知悉食品安全风险以后，72h内启动召回，并向县级以上地方市场监督管理部门报告召回计划。标签、标识存在瑕疵，食用后不会造成健康损害的食品，食品生产者应当改正，可以自愿召回。

实施一级召回的食品生产者，应当自公告发布之日起 10 个工作日内完成召回工作。实施二级召回的食品生产者应当自公告发布之日起 20 个工作日内完成召回工作。实施三级召回的食品生产者应当自公告发布之日起 30 个工作日内完成召回工作。情况复杂的，经县级以上地方市场监督管理部门同意，食品生产者可以适当延长召回时间并公布。

3. 食品召回计划

食品生产者应该在实施召回前，按照《食品召回管理办法》要求制订食品召回计划，并提交县级以上地方市场监督管理部门评估。《食品召回管理办法》第十五条规定食品召回计划应包括的内容如下。

① 食品生产者的名称、住所、法定代表人、具体负责人、联系方式等基本情况；
② 食品名称、商标、规格、生产日期、批次、数量以及召回的区域范围；
③ 召回原因及危害后果；
④ 召回等级、流程及时限；
⑤ 召回通知或者公告的内容及发布方式；
⑥ 相关食品生产经营者的义务和责任；
⑦ 召回食品的处置措施、费用承担情况；
⑧ 召回的预期效果。

4. 食品召回公告

食品生产者应该在实施召回前发布食品召回公告。食品召回公告应包括的内容如下。
① 食品生产者的名称、住所、法定代表人、具体负责人、联系电话、电子邮箱等；
② 食品名称、商标、规格、生产日期、批次等；
③ 召回原因、等级、起止日期、区域范围；
④ 相关食品生产经营者的义务和消费者退货及赔偿的流程。

食品召回公告应根据不安全食品销售范围确定公告发布的媒体。《食品召回管理办法》第十七条规定：不安全食品在本省、自治区、直辖市销售的，食品召回公告应当在省级市场监督管理部门网站和省级主要媒体上发布。不安全食品在两个以上省、自治区、直辖市销售的，食品召回公告应当在国家市场监督管理总局网站和中央主要媒体上发布。

5. 召回处置

根据不安全食品的不安全程度，对召回的不安全食品应采取补救、无害化处理、销毁等处置措施。根据《食品召回管理办法》第二十四、二十五、二十六条规定，对违法添加非食用物质、腐败变质、病死畜禽等严重危害人体健康和生命安全的不安全食品，食品生产经营者应当立即就地销毁。对因标签、标识等不符合食品安全标准而被召回的食品，食品生产者可以在采取补救措施且能保证食品安全的情况下继续销售，销售时应当向消费者明示补救措施。对不安全食品进行无害化处理，能够实现资源循环利用的，食品生产经营者可以按照国家有关规定进行处理。

6. 召回记录及保存

《食品召回管理办法》对召回记录及保存有明确规定：

第二十八条 食品生产经营者应当如实记录停止生产经营、召回和处置不安全食品的名称、商标、规格、生产日期、批次、数量等内容。记录保存期限不得少于2年。

五、法律责任

关于食品追溯召回相关法律责任，《中华人民共和国食品安全法》有以下相关规定：

第一百二十四条　违反本法规定，有下列情形之一，尚不构成犯罪的，由县级以上人民政府食品安全监督管理部门没收违法所得和违法生产经营的食品、食品添加剂，并可以没收用于违法生产经营的工具、设备、原料等物品；违法生产经营的食品、食品添加剂货值金额不足一万元的，并处五万元以上十万元以下罚款；货值金额一万元以上的，并处货值金额十倍以上二十倍以下罚款；情节严重的，吊销许可证：

......

（九）食品生产经营者在食品安全监督管理部门责令其召回或者停止经营后，仍拒不召回或者停止经营。

《中华人民共和国食品安全法实施条例》有以下规定：

第六十九条　有下列情形之一的，依照食品安全法第一百二十六条第一款、本条例第七十五条的规定给予处罚：

......

（三）食品生产经营者未按照规定对变质、超过保质期或者回收的食品进行标示或者存放，或者未及时对上述食品采取无害化处理、销毁等措施并如实记录。

《食品召回管理办法》有以下相关规定：

第三十七条　食品生产经营者违反本办法有关不安全食品停止生产经营、召回和处置的规定，食品安全法律法规有规定的，依照相关规定处理。

第三十八条　食品生产经营者违反本办法第八条第一款、第十二条第一款、第十三条、第十四条、第二十条第一款、第二十一条、第二十三条第一款、第二十四条第一款的规定，不立即停止生产经营、不主动召回、不按规定时限启动召回、不按照召回计划召回不安全食品或者不按照规定处置不安全食品的，由市场监督管理部门给予警告，并处1万元以上3万元以下罚款。

第三十九条　食品经营者违反本办法第十九条的规定，不配合食品生产者召回不安全食品的，由市场监督管理部门给予警告，并处5000元以上3万元以下罚款。

第四十条　食品生产经营者违反本办法第十三条、第二十四条第二款、第三十二条的规定，未按规定履行相关报告义务的，由市场监督管理部门责令改正，给予警告；拒不改正的，处2000元以上2万元以下罚款。

第四十一条　食品生产经营者违反本办法第二十三条第二款的规定，市场监督管理部门责令食品生产经营者依法处置不安全食品，食品生产经营者拒绝或者拖延履行的，由市场监督管理部门给予警告，并处2万元以上3万元以下罚款。

第四十二条　食品生产经营者违反本办法第二十八条的规定，未按规定记录保存不安全食品停止生产经营、召回和处置情况的，由市场监督管理部门责令改正，给予警告；拒不改正的，处2000元以上2万元以下罚款。

第四十三条　食品生产经营者停止生产经营、召回和处置不安全食品，不免除其依法应当承担的其他法律责任。

食品生产经营者主动采取停止生产经营、召回和处置不安全食品措施，消除或者减轻危害后果的，依法从轻或者减轻处罚；违法情节轻微并及时纠正，没有造成危害后果的，不予行政处罚。

企业需严格按照法律法规和食品安全标准规定来进行生产经营，出现不安全食品等情况时，及时进行追溯召回，避免相关风险的发生。

？ 思考题

1. 食品生产需要的设施主要有哪些类别？
2. 在食品生产过程中对人员的要求有哪些？
3. 食品生产用原辅包的采购要求有哪些？
4. 食品生产企业的厂房、车间的建筑内部结构与材料的要求有哪些？
5. 采购不同类型的食品应当索取哪些合格证明文件？
6. 冷链食品经营过程中有哪些需要特别关注的点？
7. 食品销售和餐饮服务应该制定哪些食品安全管理制度？
8. 食品安全自查过程中发现不合格项目应该如何处置？
9. 简述食品追溯的分类。
10. 简述食品召回的分级。
11. 简述食品追溯相关记录的基本信息包括哪些？
12. 简述食品召回计划包含哪些内容？
13. 简述食品召回公告包含哪些内容？

第五章
进出口食品合规管理

近些年来，我国进出口食品面临贸易量大幅增加，全球食品供应链愈加复杂，全球性食品安全问题频发，非传统的食品安全问题凸显，贸易保护主义抬头，新的公共卫生安全事件的影响，导致对进出口食品的监管挑战也愈发严峻。进出口食品安全监管部门也着力把"四个最严"作为进出口食品安全工作的第一标准，严防、严管、严控进出口食品安全风险。在此背景下，如何确保进出口食品的安全合规性就显得尤为重要。从产品的准入管理、企业资质要求，到产品本身的质量、安全要求等，无一不涉及产品的合规管理，成为影响企业"走出去"和"引进来"国际贸易可持续发展的关键要素。

 知识目标

1. 掌握进出口食品监管的基本规定。
2. 掌握我国食品进出口的环节和制度，掌握各环节的主要操作要求。
3. 掌握食品进出口的准入要求。

 技能目标

1. 能够判定进出口食品准入情况。
2. 能够协助境外食品生产企业办理注册，并且能够进行进出口商备案。
3. 能够组织办理出口食品企业备案。
4. 能够识别进出口食品合规管理环节的常见问题，分析原因并提出解决方案。

 职业素养与思政目标

1. 具有爱国主义精神。
2. 具有国门卫士和食品安全卫士的责任意识。
3. 具有严谨的合规管理意识。

第一节 进出口食品安全监管概述

进出口食品安全监管，是指进出口食品安全主管部门为保证进出口食品安全，保障公众身体健康和生命安全，根据法律法规的规定，对进出口食品生产经营活动、进出口食品生产经营者和输华食品出口国家（地区）食品安全管理体系等实施的行政监督管理，并对其违法行为进行约束的过程。进出口食品安全监管不是某一个部门某一个环节的责任，需要各个部门全链条通力协作、协调一致，强化准入、准出要求，从源头到口岸监管、到事后对企业的稽查核查，每个环节都需要优化闭环，持续做好监管，实现有效履职，切实保障进出口食品安全。我国的进出口食品安全监管发展经历了几个特殊的阶段，在此过程中，不断优化监管机构设置和制度改革，以适应进出口食品安全客观形势提出的新需求。

一、进出口食品安全监管历史沿革

1949 年中华人民共和国成立，我国进出口业务量逐渐得到恢复，实行食品卫生监督制度，对于进口食品的监管主要是由各级进口食品卫生监督机构，代表国家对进口的食品、食品添加剂、食品容器、包装材料、食品用工具、机械设备等各类与食品有关的物品，以及进口食品的经营活动，进行监督并行使卫生质量裁决权，以保证食品安全。

1960 年开始，我国开始大批量地进口食品。20 世纪 60 年代初各地检验检疫机构陆续下放，实行以地方领导为主的双重领导体制，成为各级外贸和卫生主管部门的组成部分。这个时期，进口食品的抽样检验工作交给口岸所在市、地区的卫生局所属卫生防疫站负责。因在进口食品中发现了多种有害物质，食物中毒事件也时有发生，国家多次提出有关食品污染问题的报告，强调做好进口食品卫生检验和监督工作。

1965 年 2 月 8 日，国务院批复同意各口岸成立动植物检疫所。1982 年 2 月，中华人民共和国动植物检疫所正式成立。根据中共中央、国务院关于推进政府机构改革和行政体制改革的要求，1994 年 8 月更名为中华人民共和国动植物检疫局。

1998 年，经国务院批准对原有的检验检疫管理体制进行改革，将原国家进出口商品检验局、卫生部卫生检疫局和农业部动植物检疫局合并组建国家出入境检验检疫局，2001 年与原国家质量技术监督局合并，成立国家质量监督检验检疫总局。

2018 年 3 月 21 日，中共中央印发《深化党和国家机构改革方案》，将原国家质量监督检验检疫总局的出入境检验检疫管理职责和队伍划入海关总署。我国开始实现关检融合，由此开始了我国对于进出口食品监管的新时代，基本形成了以海关总署为主导，其他相关部门分段协调配合的进出口食品安全监管体系。

2018 年机构改革以来，海关总署进一步完善进出口食品安全管理体制机制，强化监管，着力防范和化解进出口食品安全风险，围绕外交外贸和经济社会发展大局，优化服务，加强食品安全国际合作，推动国际共治，全力提升进出口食品安全现代化治理能力和水平，为促进高质量发展，确保人民群众"舌尖上的安全"作出新的贡献。与此同时，进出口食品安全工作不断面临新形势、新要求和新挑战，相关管理制度需要进一步调整完善，中国政府对进出口食品安全也提出了更高的要求，促使海关总署进一步构建更加完善的、适应新时期需求的进出口食品安全监管体系。

二、进出口食品安全监管发展规划

2018 年机构改革后，海关总署成为进出口食品安全的主要监管机构。海关总署以风险管理为主线，加快建立风险信息集聚、统一分析研判和集中指挥处置的风险管理防控机制，监管范围从口岸通关环节向出入境全链条、宽领域拓展延伸，监管方式从分别作业向整体集约转变，进一步提高监管的智能化和精准度，以保护消费者的健康和利益，促进我国食品进出口贸易的发展。

海关总署设有综合业务司、风险管理司、进出口食品安全局、动植物检疫司、商品检验司、口岸监管司、统计分析司等内设机构，各司局分工协作，确保进出口食品安全。有关海关总署各重要司局职责及海关总署在进出口食品监管过程中与其他部委和机构的职责分工详见本教材第一章第三节相关内容。

1. 进出口食品相关法律法规

进出口食品安全监管的宗旨是"保障进出口食品安全，保护人类、动植物生命和健康"，这符合《中华人民共和国食品安全法》等法律、行政法规要求。此外，"保护人类、动植物生命和健康"也与世界贸易组织（WTO）相关协定等国际规则一致，体现了进出口食品安全监管法规的国际性。

进出口食品安全有关法律法规主要包括：《中华人民共和国食品安全法》及其实施条例、《中华人民共和国海关法》《中华人民共和国进出口商品检验法》及其实施条例、《中华人民共和国进出境动植物检疫法》及其实施条例、《中华人民共和国国境卫生检疫法》及其实施细则、《中华人民共和国农产品质量安全法》和《国务院关于加强食品等产品安全监督管理的特别规定》等，这些法律法规也是海关总署制定进出口食品安全相关部门规章的重要依据。

2022 年 1 月 1 日，海关总署发布的与进出口食品安全息息相关的部门规章《中华人民共和国进出口食品安全管理办法》和《中华人民共和国进口食品境外生产企业注册管理规定》正式施行，突出强调海关从守护国门安全职能出发，不仅保障传统食品安全，还关注非传统食品安全和生物安全，全面体现国家安全观的要求。

《中华人民共和国进出口食品安全管理办法》（简称《办法》）共六章七十八条，主要规定了食品进出口的流程、对食品进口的国家准入、企业注册、产品查验、标签标示等方面的监管制度，食品出口的企业备案、出口查验等方面的监管制度以及食品进出口相应的法律责任等内容。《办法》对我国进出口食品安全监管的一般要求、食品进口和食品出口管理以及相应的监督管理措施和法律责任作出规定。对于进口食品而言，《办法》进一步加强和明确了境外食品生产企业以及国内食品进口商对于进口食品安全合规的责任。对于出口食品而言，《办法》进一步加强和明确了出口食品企业的主体责任。而对于海关而言，《办法》则进一步明确了其作为进出口食品安全监管部门的监管责任。这种变化是进一步落实"简政放权"的要求，有利于国家行政资源的合理配置，最大化提升监管效能，同时，能进一步提高境外食品生产企业以及国内食品进口商的食品安全与合规意识，进一步确保进口食品的安全性。

2. 强化进出口食品安全监管

作为进出口食品安全监管主管部门，海关将落实食品安全"四个最严"要求，优化进出口食品源头治理、口岸监管和后续监管等制度设计，构建进出口食品安全现代化治理制度体系。

（1）强化监管具体要求 健全输华食品准入管理体系，优化境外生产企业注册管理，完善进境动植物源性食品检疫审批管理，从源头上保障进口食品安全。优化进出口食品监督抽检和风险监测机制，提升口岸快速反应能力，更加有效处置进出口食品安全风险事件。完善输华食品国家或地区食品安全管理体系回顾性审查机制，建立健全不合格食品信息通报制度，强化与国内相关监管部门的合作。推动出口食品安全监管制度与国内监管制度有效衔接，完善风险分级分类管理制度，全面推行出口食品直通放行。

（2）监管能力提升工程 监管能力提升主要体现在以下几个方面。

① 健全进出口食品安全制度规范。修订进出口食品安全管理办法、进口食品境外生产企业注册管理规定。优化和规范进出口食品安全多双边协议，完善签订机制。

② 优化进出口食品安全监管机制。全面实施输华食品国家食品安全监管体系评估和产品准入管理制度、进口食品境外生产企业注册制度。对大宗、重点输华食品主要来源国家或地区管理体系回顾性检查实现全覆盖。建立与共建"一带一路"国家食品安全合作机制。完善出口食品境外通报问题处置协调机制。

③ 加强进出口食品安全风险监测与预警。构建进出口食品安全数据库，开展进出口食品安全年度监督抽检和风险监测计划，优化风险预警机制，提升应急指挥和决策处置能力。

④ 构建进出口食品安全国际共治格局。有效参与联合国粮农组织（FAO）、世界贸易组织（WTO）、国际食品法典委员会（CAC）、世界动物卫生组织（WOAH）、亚太经济合作组织（APEC）等国际组织活动并发挥积极作用，深化进出口食品安全跨境检查执法协作和官方监管结果互认。

党的十八大以来，我国不断完善保障进出口食品安全的法律法规体系，初步构建了具有中国特色的进出口食品安全法规体系。当前，我国进出口食品安全法规体系呈现以《中华人民共和国食品安全法》等进出口食品安全相关法律为引领、进出口食品安全行政法规为支撑、进出口食品安全部门规章为基础、进出口食品安全部门公告为补充的特征，结构体系较为合理，为保障进出口食品安全、保障人民群众身体健康、维护我国责任大国形象发挥了重要作用。

第二节　进口食品合规管理

伴随着全球贸易的快速发展，我国的进口食品安全监管也在趋于完善，不断应对传统食品安全、非传统食品安全、生物安全等各种挑战。一方面，跟进上位法的修订情况，修订《进出口食品安全管理办法》，使其更加符合当下进口食品安全的管理需求；另一方面，不断分析现状，变革监管模式，使相关机构对进口食品的安全监管能够有效衔接，形成合力。在此基础上，进一步明确对进口食品的合格评定活动及具体内容，贯穿进口食品从准入到流程全过程的监督管理，构成进口食品合规管理的基本要素。

一、进口食品合规管理的法律义务和基本要求

食品的首要特性是安全性，食品合规是食品安全的重要方面，进口食品亦不例外。那么对于进口食品的合规管理，就需要明确进口食品的生产经营者的生产经营行为及结果需要满足哪些法律法规、国际条约、规则或标准等的要求，即进口食品生产经营者应履行的食品安全合规义务。

1. 进口食品合规管理的法律义务

《中华人民共和国食品安全法》及其实施条例、《中华人民共和国进出口食品安全管理办法》是进口食品合规管理相关法律义务的主要来源。《中华人民共和国食品安全法》第四条规定了食品安全的相关责任方及对应要求。

第四条　食品生产经营者对其生产经营食品的安全负责。

食品生产经营者应当依照法律、法规和食品安全标准从事生产经营活动，保证食品安全，诚信自律，对社会和公众负责，接受社会监督，承担社会责任。

进出口食品生产经营者是进出口食品安全的第一责任人，应当对其生产经营食品的安全负责，承担进出口食品安全主体责任，这一点在《中华人民共和国进出口食品安全管理办法》第四条有更加明确的体现。

第四条　进出口食品生产经营者对其生产经营的进出口食品安全负责。

进出口食品生产经营者应当依照中国缔结或者参加的国际条约、协定，中国法律法规和食品安全国家标准从事进出口食品生产经营活动，依法接受监督管理，保证进出口食品安全，对社会和公众负责，承担社会责任。

《中华人民共和国进出口食品安全管理办法》第七十七条进一步对进出口食品生产经营者的范围进行了详细规定。该《办法》所称进出口食品生产经营者包括：向中国境内出口食品的境外生产企业、境外出口商或者代理商、食品进口商、出口食品生产企业、出口商以及相关人员等。这里"进口食品的境外生产企业"包括向中国出口食品的境外生产、加工、贮存企业等。"进口食品的进出口商"包括向中国出口食品的境外出口商或者代理商、食品进口商。

上述进口食品的境外生产企业、境外出口商或者代理商、食品进口商需要落实相应的进口食品生产经营主体责任，依法接受中国海关的监督管理，确保进口食品安全。这样的主体责任包括并不限于《中华人民共和国食品安全法》第九十四条的规定。

第九十四条　境外出口商、境外生产企业应当保证向我国出口的食品、食品添加剂、食品相关产品符合本法以及我国其他有关法律、行政法规的规定和食品安全国家标准的要求，并对标签、说明书的内容负责。

进口商应当建立境外出口商、境外生产企业审核制度，重点审核前款规定的内容；审核不合格的，不得进口。

发现进口食品不符合我国食品安全国家标准或者有证据证明可能危害人体健康的，进口商应当立即停止进口，并依照本法第六十三条的规定召回。

在强调"源头管理"的重要性，要求境外生产企业和出口商落实其"境外食品安全第一责任人"的主体责任的同时，对境内进口商赋予了"境内食品安全第一责任人"的角色。进口食品境内进口商应重点审核境外出口商和食品生产企业制定和执行食品安全风险控制措施的情况，并保证食品符合中国法律法规和食品安全国家标准。这两方面可以说是进口食品合规管理的核心内容，进一步压实了食品进口商对境外出口商和生产企业的生产经营过程和终产品两个方面审核把控的主体责任。

2. 进口食品合规管理的基本要求

《中华人民共和国食品安全法》第九十二条规定，"进口的食品、食品添加剂、食品相关产品应当符合我国食品安全国家标准。进口的食品、食品添加剂应当经出入境检验检疫机构依照进出口商品检验相关法律、行政法规的规定检验合格"，保证进口食品符合中国食品安全国家标准是进口食品境外生产企业、出口商和国内进口商应落实的主体责任，也是国际通行要求。目前，中国对进口食品的安全监管主要基于《中华人民共和国食品安全法》《中华人民共和国进出口商品检验法》《中华人民共和国进出境动植物检疫法》等法律及相关实施条例（细则）等行政法规，以及《中华人民共和国进出口食品安全管理办法》和《中华人民共和国进口食品境外生产企业注册管理规定》等部门规章。同时还包括食品安全国家标准，主要涉及通用标准、产品标准、检验方法标准、生产规范标准等，具体可以参考本书第一章有关章节内容。

一般来讲，食品合规涵盖食品生产经营的全部过程和结果，通常包括资质合规、生产经营过程合规和产品合规。对于进口食品来说，也包括同样的内容，但准入的门槛上升到了对境外国家或地区的体系评估，涉及的责任方可能遍布全球。进口食品合规管理的基本要求就需要围绕进口食品相关生产经营者在资质合规、生产经营过程合规以及产品合规几方面进行展开。除特定情形外，进口食品有关产品合规方面的具体要求与国产食品基本一致，主要涉及产品的质量、安全和信息标识方面的具体要求，详见本书第六章、第七章相关内容。

《中华人民共和国进出口食品安全管理办法》《中华人民共和国进口食品境外生产企业注册管理规定》等对进口食品生产资质、经营资质要求进行了明确规定，对进口食品境外生产企业实施注册管理，对进口食品境外出口商和境内进口商实施备案管理。

《中华人民共和国进出口食品安全管理办法》第九条规定，"进口尚无食品安全国家标准的食品，应当符合国务院卫生行政部门公布的暂予适用的相关标准要求。"但需注意的是，《中华人民共和国食品安全法实施条例》第四十七条规定，"食品安全国家标准中通用标准已经涵盖的食品不属于食品安全法第九十三条规定的尚无食品安全国家标准的食品。"食品安全国家标准中通用标准和产品标准均未涵盖的食品在进口时，境外出口商、境外生产企业或者其委托的进口商应按照《中华人民共和国食品安全法》第九十三条的规定向国务院卫生行政部门提交相关国家（地区）标准或者国际标准，海关按照国务院卫生行政部门的要求进行检验。

二、食品进口流程与管理制度

保障进口食品安全是海关的重要职责之一。目前，我国海关已建立了符合国际惯例、覆盖"进口前、进口时、进口后"各个环节的进口食品安全全过程治理体系。另外，随着2022年1月1日《中华人民共和国进出口食品安全管理办法》《中华人民共和国进口食品境外生产企业注册管理规定》的正式实施，对境外国家或地区的食品安全体系评估，对进口食品实施准入管理正式写进部门规章。将境外生产企业需进行注册管理的品类扩展为所有品类；境内进口商需对境外出口商和境外生产企业进行审核，从而确保进口食品持续符合中国法律法规和食品安全国家标准要求。一系列的进出口管理措施充分与国际接轨，进一步加强源头管理，要求相关方落实主体责任，共同确保进口食品安全。本部分重点针对食品进口的一般流程及相应进口环节对企业及产品的资质管理要求进行详细介绍。

1. 食品进口的一般流程

我国进口食品安全管理体系分为进口前、进口中、进口后三个环节，更加强调出口方及进出口商的主体责任，让检验检疫部门"回归"监管职责。食品进口一般流程详见图5-1。

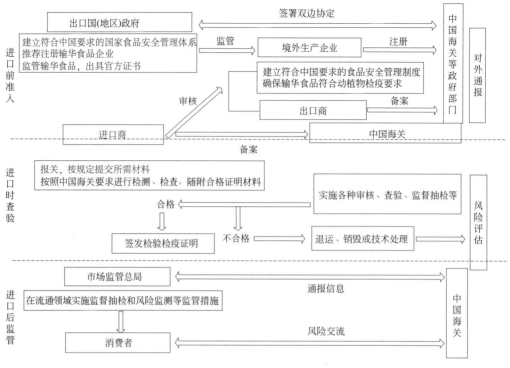

图 5-1　食品进口一般流程

第一个环节是进口前严格准入。按照国际通行做法，将监管延伸到境外源头，向出口方政府和生产企业传导和配置进口食品安全责任，是实现全程监管、从根本上保障进口食品安全的有效途径。据此，我国从设立输华食品国家（地区）食品安全管理体系审查制度、设立输华食品随附官方证书制度、设立输华食品生产企业注册管理制度、设立输华食品出口商备案管理制度和进口商备案管理制度、设立进境动植物源性食品检疫审批制度等方面施行进口前的严格准入管理。

第二个环节是进口时严格检验检疫。我国已设立输华食品口岸检验检疫管理制度，海关总署网站不定期发布未予准入的食品信息。同时设立了输华食品安全风险监测制度，持续系统地收集食品中有害因素的监测数据及相关信息，并进行分析处理，实现进口食品安全风险"早发现"。针对进口食品，我国还施行了严格的风险预警，对口岸检验检疫中发现的问题，及时发布风险警示通报，采取控制措施。设立输华食品进境检疫指定口岸管理制度，依据《中华人民共和国进出境动植物检疫法》，对于肉类、冰鲜水产品等有特殊存储要求的产品，需在具备相关检疫防疫条件的指定口岸进境。此外，还设立了进口商随附合格证明材料、输华食品检验检疫申报等制度。

第三个环节是进口后严格后续监管。通过对各相关方的责任进行合理配置，我国在后续监管方面，已建立完善进口食品追溯体系和质量安全责任追究体系。目前，我国已设立输华食品国家（地区）及生产企业食品安全管理体系回顾性检查制度；设立输华食品进口和销售记录制度，要求进口商建立进口食品的进口与销售记录，完善进口食品追溯体系，对不合格进口食品及时召回；设立输华食品进出口商和生产企业不良记录制度，加大对违规企业的处罚力度。对于发生重大食品安全事故、存在严重违法违规行为、存在重大风险隐患的进口商或代理商的法人代表或负责人，海关将进行约谈，督促其履行食品安全主体责任；对于不合格的进口食品，要求进口商或代理商根据风险实际情况对其进口全部产品或该批次产品主动召回，及时控制危害，以履行进口商的主体责任。

以下将结合海关总署在进口食品合格评定活动方面的职能介绍进口食品监管的主要内容。进口食品合格评定活动主要包括：向中国境内出口食品的境外国家（地区）食品安全管理体系评估和审查、境外生产企业注册、进出口商备案和合格保证、进境动植物检疫审批、随附合格证明检查、单证审核、现场查验、监督抽检、进口和销售记录检查以及各项的组合。这些合格评定活动也伴随着进口食品安全监管制度的实际执行。

2. 进口前资质管理

为保障我国进口食品安全，海关总署对进口动植物源性食品实施准入制度，未获得检验检疫准入资格，不能向我国出口。进口前的资质管理主要基于《中华人民共和国生物安全法》《中华人民共和国食品安全法》《中华人民共和国进出口食品安全管理办法》的相关条款。

《中华人民共和国生物安全法》：

第二十三条　国家建立首次进境或者暂停后恢复进境的动植物、动植物产品、高风险生物因子国家准入制度。

《中华人民共和国食品安全法》：

第九十六条　向我国境内出口食品的境外出口商或者代理商、进口食品的进口商应当向国家出入境检验检疫部门备案。向我国境内出口食品的境外食品生产企业应当经国家出入境检验检疫部门注册。已经注册的境外食品生产企业提供虚假材料，或者因其自身的原因致使进口食品发生重大食品安全事故的，国家出入境检验检疫部门应当撤销注册并公告。国家出入境检验检疫部门应当定期公布已经备案的境外出口商、代理商、进口商和已经注册的境外食品生产企业名单。

第一百零一条　国家出入境检验检疫部门可以对向我国境内出口食品的国家（地区）的食品安全管理体系和食品安全状况进行评估和审查，并根据评估和审查结果，确定相应检验检疫要求。

《中华人民共和国进出口食品安全管理办法》：

第十一条　海关总署可以对境外国家（地区）的食品安全管理体系和食品安全状况开展评估和审查，并根据评估和审查结果，确定相应的检验检疫要求。

（1）体系评估和回顾性审查　体系评估是指某一类（种）食品首次向中国出口前，海关总署对向中国申请出口该类食品的国家（地区）食品安全管理体系开展的评估活动。回顾性审查是指向我国境内出口食品的国家（地区）通过体系评估已获得向中国出口的资格或虽未经过体系评估但与中国已有相关产品的传统贸易，海关总署经风险评估后决定对该国家（地区）食品安全管理体系的持续有效性实施的审查活动。与中国已有贸易和已获准向中国出口的食品均属于回顾性审查的相关食品范围。

海关总署按照风险管理原则对拟向中国境内出口食品的境外国家（地区）食品安全管理体系的完整性和有效性开展评估，以此判定该国家（地区）的食品安全管理体系和食品安全状况能否达到中国所要求的水平，以及在该体系下生产的输华食品能否符合中国法律法规要求和食品安全国家标准要求。

为严格落实《中华人民共和国食品安全法》等有关规定，进一步规范对境外输华国家或地区食品安全体系评估和审查，便于国内外监管部门、经营主体和广大消费者了解相关信息，更好地服务进出口贸易健康发展，海关总署进出口食品安全局开发了"符合评估审查要求及有传统贸易的国家或地区输华食品目录信息系统"（以下简称"系统"）。目前，该系统包括：肉类（鹿产品、马产品、牛产品、禽产品、羊产品、猪产品，内脏和副产品除外）、乳制品、水产品、燕窝、肠衣、植物源性食品、蜂产品等产品信息，海关总署将根据评估和审查结果进行动态调整。为便于用户使用，系统提供了进口食品目录查询、产品名称查询、国家或地区查询等多种查询方式。

此外，企业还应关注相关的准入/禁止名单，如《获得我国检验检疫准入的新鲜水果种类及输出国家地区名录》《禁止从动物疫病流行国家地区输入的动物及其产品一览表》《中华人民共和国进境植物检疫禁止进境物名录》，以及其他一些临时性管制措施，都与进口食品的准入管理相关。

（2）境外生产企业注册 新的《中华人民共和国进口食品境外生产企业注册管理规定》实施之前，我国境外生产企业注册是按照《进口食品境外生产企业注册实施目录》对肉类、水产品、乳品和燕窝产品等实行"目录"式管理。《中华人民共和国进口食品境外生产企业注册管理规定》在 2022 年 1 月 1 日正式实施后，实施注册的产品类别扩展至《中华人民共和国食品安全法》规定的全类别食品（但不包括食品添加剂、食品相关产品）的境外生产、加工、贮存企业，充分发挥注册制度在进口食品安全治理中的源头预防作用。

按照新的注册管理规定要求，海关总署会根据对食品的原料来源、生产加工工艺、食品安全历史数据、消费人群、食用方式等因素的分析，并结合国际惯例，确定对 18 类食品的境外生产企业采用"官方推荐注册"模式，对 18 类以外其他食品的境外生产企业采用程序较简化的"企业自行申请"模式。海关可以根据某类食品风险变化情况对相关企业注册方式和申请材料进行调整。

官方推荐注册产品类别包括：肉与肉制品、肠衣、水产品、乳品、燕窝与燕窝制品、蜂产品、蛋与蛋制品、食用油脂和油料、包馅面食、食用谷物、谷物制粉工业产品和麦芽、保鲜和脱水蔬菜以及干豆、调味料、坚果与籽类、干果、未烘焙的咖啡豆与可可豆、特殊膳食食品、保健食品。企业自行或代理注册产品类别为除上述 18 类食品外的类别。

可通过中国国际贸易单一窗口门户网站访问"进口食品境外生产企业注册管理系统"。注册基于进口食品的 HS 编码分为不同的注册单元，18 类及其他类别进口食品 HS 编码范围，可在注册系统查询。HS 编码范围将根据税则编码更新情况同步调整。未在该系统查询到相应产品的 HS/CIQ 编码，意味着相应产品暂时不需要在该系统申请境外企业注册。

（3）进出口商备案和合格保证 进出口商备案是指进口食品的进口商、向中国境内出口食品的境外出口商或者代理商应当向海关备案。合格保证是输华食品进口商或其代理商履行食品安全主体责任的重要内容，是指输华食品进口商或其代理商向海关提交表明其进口的食品符合中国法律法规和食品安全国家标准等相关规定的证明材料或者书面承诺。

《中华人民共和国进出口食品安全管理办法》第十九条和第二十条对备案的要求进行了明确规定。

第十九条 向中国境内出口食品的境外出口商或者代理商（以下简称"境外出口商或者

代理商"）应当向海关总署备案。

食品进口商应当向其住所地海关备案。

境外出口商或者代理商、食品进口商办理备案时，应当对其提供资料的真实性、有效性负责。

境外出口商或者代理商、食品进口商备案名单由海关总署公布。

第二十条　境外出口商或者代理商、食品进口商备案内容发生变更的，应当在变更发生之日起60日内，向备案机关办理变更手续。

海关发现境外出口商或者代理商、食品进口商备案信息错误或者备案内容未及时变更的，可以责令其在规定期限内更正。

进口食品化妆品进出口商备案系统已与"互联网＋海关"一体化平台集成，可通过"互联网＋海关"一体化平台进行相应备案。

另外，《中华人民共和国进出口食品安全管理办法》第二十二条规定，食品进口商应当建立境外出口商、境外生产企业审核制度，重点审核其制定和执行食品安全风险控制措施情况以及保证食品符合中国法律法规和食品安全国家标准的情况。海关部门会依法对食品进口商实施审核活动的情况进行监督检查，要求食品进口商积极配合，如实提供相关情况和材料。上述审核要求是《中华人民共和国进出口食品安全管理办法》进一步落实进口食品境内进口商主体责任的具体要求。

3. 进口时查验管理

（1）进境动植物源食品检疫审批　为防止动物传染病、寄生虫病和植物危险性病虫杂草以及其他有害生物的传入，海关对《中华人民共和国进出境动植物检疫法》及其实施条例以及国家有关规定明确需要审批的进口动植物源性食品实施检疫审批。检疫审批制度是依据《中华人民共和国进出境动植物检疫法》及其实施条例设立的一项行政许可。进口商须事先向海关申请"进境动植物检疫许可证"，进口时海关实施许可核销管理。

《中华人民共和国进出口食品安全管理办法》第二十七条规定，海关依法对需要进境动植物检疫审批的进口食品实施检疫审批管理。食品进口商应当在签订贸易合同或者协议前取得进境动植物检疫许可。目前，需要办理检疫审批的进口食品主要有：肉类产品；安全卫生风险较高的两栖类、爬行类、水生哺乳类动物以及其他养殖水产品；生乳、生乳制品、巴氏杀菌乳、以巴氏杀菌乳工艺生产的调制乳；燕麦、高粱、绿豆、豌豆、鹰嘴豆等杂粮杂豆以及番茄、茄子、辣椒等蔬菜。申请单位通过"进境动植物检疫审批管理系统"（通过"互联网＋海关"一体化平台登录）向海关提交申请材料。海关受理申请后，根据法定条件和程序进行全面审查，并作出准予许可或不予许可的决定。依法作出许可决定的，签发《进境动植物检疫审批许可证》。

（2）随附合格证明检查及单证审核　随附合格证明检查及单证审核指针对风险较高或有特殊要求的进口食品，进口商在进口食品申报时，按要求提交该批产品随附的合格证明材料，海关对相关证明材料进行验核检查。合格证明材料是境外生产企业、出口商或国内进口商根据中国法律法规、国际条约、协定和海关总署相关规定提供的证明材料，如出口国（地区）主管机关出具的官方证书、产品检测报告或者自我合格声明等。

进口商根据海关规定，在进口食品申报时应提交必要的凭证、相关批准文件等材料，海关依法对以上资料的完整性、真实性及有效性进行审核。对于单证审核不符合要求的进口食品，不予受理申报。2018年8月1日起实施的《关于检验检疫单证电子化的公告》（海关总署公告 2018 年第 90 号）明确了在向海关申报办理检验检疫手续时无需提交纸质单证的类别，并规定了不同单证类别的不同电子化提交方式。

（3）现场查验和监督抽检　①现场查验。海关对进口食品是否符合食品安全法律法规和食品安全国家标准等要求实施的现场检查。《中华人民共和国进出口食品安全管理办法》第二十八条对现场查验作出了明确规定。

第二十八条　海关根据监督管理需要，对进口食品实施现场查验，现场查验包括但不限于以下内容：

（一）运输工具、存放场所是否符合安全卫生要求；

（二）集装箱号、封识号、内外包装上的标识内容、货物的实际状况是否与申报信息及随附单证相符；

（三）动植物源性食品、包装物及铺垫材料是否存在《进出境动植物检疫法实施条例》第二十二条规定的情况；

（四）内外包装是否符合食品安全国家标准，是否存在污染、破损、湿浸、渗透；

（五）内外包装的标签、标识及说明书是否符合法律、行政法规、食品安全国家标准以及海关总署规定的要求；

（六）食品感官性状是否符合该食品应有性状；

（七）冷冻冷藏食品的新鲜程度、中心温度是否符合要求、是否有病变、冷冻冷藏环境温度是否符合相关标准要求、冷链控温设备设施运作是否正常、温度记录是否符合要求，必要时可以进行蒸煮试验。

② 监督抽检。监督抽检指海关按照进口食品安全监督抽检计划和专项进口食品安全监督抽检计划，对进口食品实施抽样、检验、处置等管理行为。《中华人民共和国进出口食品安全管理办法》第三十四条对监督抽检作出了明确规定。

第三十四条　境外发生食品安全事件可能导致中国境内食品安全隐患，或者海关实施进口食品监督管理过程中发现不合格进口食品，或者发现其他食品安全问题的，海关总署和经授权的直属海关可以依据风险评估结果对相关进口食品实施提高监督抽检比例等控制措施。

海关依照前款规定对进口食品采取提高监督抽检比例等控制措施后，再次发现不合格进口食品，或者有证据显示进口食品存在重大安全隐患的，海关总署和经授权的直属海关可以要求食品进口商逐批向海关提交有资质的检验机构出具的检验报告。海关应当对食品进口商提供的检验报告进行验核。

进口食品的监督抽检比例是动态调整的，一般常规监管是全部食品按监管抽检计划实施。我国进口食品监督抽检的管理模式不断优化，以科学随机抽查掌控风险防控覆盖面，以精准布控靶向锁定风险目标，构建随机抽查与精准布控协同分工，优势互补的风险统一防控机制。科学随机抽查，通过统一的布控规则，无差别的随机抽查，具有覆盖全面、评估客观等优势。

4. 进口后监督管理

《中华人民共和国食品安全法》第九十八条规定，进口商应建立食品、食品添加剂进口和销售记录制度，如实记录食品、食品添加剂的名称、规格、数量、生产日期、生产或者进口批号、保质期、境外出口商和购货者名称、地址及联系方式、交货日期等内容，并保存相关凭证。海关部门根据需要对进口商记录和保存的进口和销售记录情况实施检查，是进口食品事后监管的重要手段。在充分评估食品安全风险的基础上，针对不同进口食品采取九种合格评定活动的不同组合，符合《中华人民共和国进出口商品检验法》和技术性贸易壁垒（technical barriers to trade，TBT）协定的规定。

第九十八条　进口商应当建立食品、食品添加剂进口和销售记录制度，如实记录食品、食品添加剂的名称、规格、数量、生产日期、生产或者进口批号、保质期、境外出口商和购货者名称、地址及联系方式、交货日期等内容，并保存相关凭证。记录和凭证保存期限应当符合本法第五十条第二款的规定。

另外，食品进口商一旦发现进口食品不符合法律、行政法规和食品安全国家标准，或者有证据表明可能危害人体健康的，应主动停止进口、销售和使用，实施自主召回，通知相关生产经营者和消费者，记录召回和通知情况，将召回、通知和处理情况向所在地海关报告。

第三节　出口食品合规管理

随着经济全球化的不断深化和国际食品贸易近年来迅速发展，出口食品贸易所带来的食品安全问题日益受到全球的广泛关注。国外国家（地区）针对进口食品制定了严格的准入制度，我国企业由于对国外食品法规标准了解不深入，出口食品频频遭受国外监管机构的通报。我国政府根据近年来中国出口食品贸易不断增长、质量安全水平持续提升的实际，对出口食品生产企业卫生控制、出口食品现场检查和监督抽检、出口食品风险预警控制措施等方面制定了制度要求。本节主要从出口食品合规管理的法律义务和基本要求、我国食品出口管理制度、国外进口合规管理三方面进行介绍。

一、出口食品合规管理的法律义务和基本要求

出口食品合规管理需要明确出口食品生产经营者的生产经营行为，需要满足的食品安全法律法规、监管政策、行业准则和标准，即出口食品生产经营者应履行的食品安全合规义务。出口食品生产经营者是出口食品安全的第一责任人，应当对其生产经营食品的安全负责，承担出口食品安全主体责任。

1. 出口食品合规管理的法律义务

《中华人民共和国食品安全法》及其实施条例、《中华人民共和国进出口食品安全管理办法》是出口食品合规管理相关法律义务的主要来源。《中华人民共和国食品安全法》第四条规定了食品安全的相关责任方及对应要求。

第四条　食品生产经营者对其生产经营食品的安全负责。
食品生产经营者应当依照法律、法规和食品安全标准从事生产经营活动，保证食品安全，诚信自律，对社会和公众负责，接受社会监督，承担社会责任。

食品生产经营者是出口食品安全的第一责任人，应当对其生产经营食品的安全负责，承担出口食品安全主体责任，这一点在《中华人民共和国进出口食品安全管理办法》第四条有

更加明确的体现。

第四条　进出口食品生产经营者对其生产经营的进出口食品安全负责。

进出口食品生产经营者应当依照中国缔结或者参加的国际条约、协定，中国法律法规和食品安全国家标准从事进出口食品生产经营活动，依法接受监督管理，保证进出口食品安全，对社会和公众负责，承担社会责任。

出口食品生产企业及相关人员需要落实相应的出口食品生产经营主体责任，依法接受中国海关的监督管理，确保出口食品安全。

2. 出口食品合规管理的基本要求

出口企业在出口食品之前，需要明确我国出口食品的管理制度和目标国家（地区）进口食品的管理制度。

我国出口食品的管理制度主要基于《中华人民共和国食品安全法》《中华人民共和国进出口商品检验法》《中华人民共和国进出境动植物检疫法》等法律及相关实施条例（细则）等行政法规，以及《中华人民共和国进出口食品安全管理办法》《海关总署关于发布〈出口食品生产企业申请境外注册管理办法〉的公告》等部门规章和公告，其中《中华人民共和国进出口食品安全管理办法》第三十八条规定，出口食品需要符合目标国家（地区）的标准，如果目标国家（地区）没有标准，合同也没有进行明确时，出口食品需要符合中国食品安全国家标准。

第三十八条　出口食品生产企业应当保证其出口食品符合进口国家（地区）的标准或者合同要求；中国缔结或者参加的国际条约、协定有特殊要求的，还应当符合国际条约、协定的要求。

进口国家（地区）暂无标准，合同也未作要求，且中国缔结或者参加的国际条约、协定无相关要求的，出口食品生产企业应当保证其出口食品符合中国食品安全国家标准。

目标国家（地区）进口食品的管理制度基于目标国家（地区）食品安全法律法规，包括进口前的管理制度、进口时的管理制度和进口后的管理制度。

二、我国出口食品管理制度

我国出口食品管理制度主要涉及原料种植养殖环节、生产加工环节、出口检验检疫环节。原料种植养殖环节主要涉及出口食品原料种植养殖场备案制度。生产加工环节涉及出口食品生产企业备案制度和出口食品生产企业安全管理责任制度。出口检验检疫环节涉及出口食品检验检疫申报制度和出口抽查检验制度。

（1）原料种植养殖场和生产企业备案制度　我国对部分出口食品原料和出口食品生产企业实施备案管理制度，对于实施备案管理的出口食品原料和出口食品生产企业，应当向所在地海关进行备案。使用备案管理的出口食品原料作为主要加工原料的出口食品，其所使用的原料应该来自备案的种植养殖场。

① 原料种植养殖场备案制度。对于需要实施备案管理的出口食品原料，出口食品企业需要建立食品原料种植养殖场备案制度。《中华人民共和国进出口食品安全管理办法》第四十条和第四十一条规定出口食品原料种植、养殖场应当向所在地海关备案。

第四十条　出口食品原料种植、养殖场应当向所在地海关备案。海关总署统一公布原料种植、养殖场备案名单，备案程序和要求由海关总署制定。

第四十一条　海关依法采取资料审查、现场检查、企业核查等方式，对备案原料种植、养殖场进行监督。

《关于公布实施备案管理出口食品原料品种目录的公告》规定了需要实施备案管理的出口食品原料品种目录，包括蔬菜（含栽培食用菌）、茶叶、大米、禽肉、禽蛋、猪肉、兔肉、蜂产品、水产品。另外该公告规定使用目录所列产品作为主要加工原料的出口食品，其原料种植、养殖场应当向所在地海关备案。

出口食品企业申请人可通过网上办理，登录"互联网＋海关"一体化平台，进入"企业管理和稽查"，或者登录"中国国际贸易单一窗口"办理。出口食品企业申请人也可通过窗口办理。

②出口食品生产企业备案制度。出口食品生产企业和出口食品原料种植、养殖场应当向海关备案。出口食品生产企业应当向所在地海关备案，备案程序和要求由海关总署制定。《实施出口食品生产企业备案的产品目录》规定了出口食品生产企业备案的产品目录。

目前，"出口食品生产企业备案"已由许可审批项目调整为备案管理，企业可按照《关于开展"证照分离"改革全覆盖试点的公告》（海关总署公告2019年第182号）附件2"出口食品生产企业备案核准"进行备案。出口食品生产企业备案核准主管司局为企业管理和稽查司。改革后，企业开展生产出口食品经营活动应持有营业执照并按要求进行备案，并取消了许可证有效期，改为长期有效。

出口食品生产企业的申请人通过中国出口食品生产企业备案管理系统向所在地主管海关提出申请并上传材料；申请人也可通过各主管海关业务现场窗口办理。主管海关对申请人提出的申请进行审核，对材料齐全、符合法定条件的，核发《出口食品生产企业备案证明》。

（2）出口食品生产企业安全管理责任制度　《中华人民共和国进出口食品安全管理办法》第四十四条对出口食品生产企业安全管理制度作出了规定。

第四十四条　出口食品生产企业应当建立完善可追溯的食品安全卫生控制体系，保证食品安全卫生控制体系有效运行，确保出口食品生产、加工、贮存过程持续符合中国相关法律法规、出口食品生产企业安全卫生要求；进口国家（地区）相关法律法规和相关国际条约、协定有特殊要求的，还应当符合相关要求。

出口食品生产企业应当建立供应商评估制度、进货查验记录制度、生产记录档案制度、出厂检验记录制度、出口食品追溯制度和不合格食品处置制度。相关记录应当真实有效，保存期限不得少于食品保质期期满后6个月；没有明确保质期的，保存期限不得少于2年。

（3）出口食品检验检疫申报制度　《中华人民共和国进出口食品安全管理办法》第四十八条、第四十九条和第五十二条规定，出口食品生产企业、出口商作为食品安全责任主体，按照规定向产地或者组货地海关提出出口申报前监管申请，产地或者组货地海关通过对出口企业监督管理、监督抽检、风险监测、综合评定和签发证书等环节实施现场检查和监督检查。

第四十八条　出口食品应当依法由产地海关实施检验检疫。海关总署根据便利对外贸易和出口食品检验检疫工作需要，可以指定其他地点实施检验检疫。

第四十九条　出口食品生产企业、出口商应当按照法律、行政法规和海关总署规定，向产地或者组货地海关提出出口申报前监管申请。产地或者组货地海关受理食品出口申报前监管申请后，依法对需要实施检验检疫的出口食品实施现场检查和监督抽检。

第五十二条　食品出口商或者其代理人出口食品时应当依法向海关如实申报。

（4）出口食品抽查检验制度　出口食品经海关现场检查和监督抽检符合要求的，由海关出具证书，准予出口。具体要求体现在《中华人民共和国进出口食品安全管理办法》第五十一条、第五十三条、第五十四条和第五十五条。

第五十一条　出口食品经海关现场检查和监督抽检符合要求的，由海关出具证书，准予出口。进口国家（地区）对证书形式和内容要求有变化的，经海关总署同意可以对证书形式和内容进行变更。

出口食品经海关现场检查和监督抽检不符合要求的，由海关书面通知出口商或者其代理人。相关出口食品可以进行技术处理的，经技术处理合格后方准出口；不能进行技术处理或者经技术处理仍不合格的，不准出口。

第五十三条　海关对出口食品在口岸实施查验，查验不合格的，不准出口。

第五十四条　出口食品因安全问题被国际组织、境外政府机构通报的，海关总署应当组织开展核查，并根据需要实施调整监督抽检比例、要求食品出口商逐批向海关提交有资质的检验机构出具的检验报告、撤回向境外官方主管机构的注册推荐等控制措施。

第五十五条　对于出口食品生产经营者来说，出口食品存在安全问题，已经或者可能对人体健康和生命安全造成损害的，应当立即采取相应措施，避免和减少损害发生，并向所在地海关报告。

三、国外进口食品合规管理

出口食品企业在建立出口食品合规管理体系时，除了考虑我国出口食品管理要求外，还需要考虑目标国家（地区）对进口食品合规管理的要求。目标国家（地区）对进口食品的管理要求包括进口前合规要求、进口时合规要求和进口后合规要求。企业通过准确识别目标国家（地区）对进口食品的管理要求，明确出口合规管理的要点，才能实现出口合规。

1. 目标国家（地区）进口前合规要求

企业要保证符合目标国家（地区）"进口前"相关合规要求，需要对相关要求进行准确地识别，如目标国家（地区）准入合规要求、企业资质合规要求、产品合规要求和加工过程合规要求等。

（1）目标国家（地区）准入合规要求　国家（地区）准入合规，需要考虑我国是否在目标国家（地区）进口准入的国家名单中。以欧盟为例，欧盟（EC）No 853/2004《供人类消费的动物源性食品具体卫生规定》规定，向欧盟出口动物源性食品的第三国需要获得欧盟的批准，我国出口食品企业拟出口鲜鸡肉到欧盟，需要首先明确我国的鲜鸡肉是否在欧盟准入清单中。

（EU）2021/405《根据欧洲议会和理事会（EU）2017/625，制定允许某些人类食用的动物和物品进入欧盟的第三国或地区清单》规定了经过批准的国家清单。该法规 Article 6 规定用于人类消费的家禽、肉鸡和野禽的鲜肉，只有来自根据（EU）2021/404《允许动物、生殖产品和动物源产品进入欧盟的第三国或地区清单》附件XⅣ授权加入欧盟并在 2011/163/EU《根据理事会指令 96/23/EC 第 29 条批准第三国提交的监控计划的决议》中列出的第三国或地区，才可批准进入欧盟。

（2）**企业资质合规要求** 企业资质合规，需要考虑我国出口食品企业是否在目标国家（地区）进行了工厂注册。以欧盟为例，某鲜鸡肉生产企业想要向欧盟出口鲜鸡肉，明确国家在准入名单后，还需要明确该企业是否需要进行工厂注册。(EC) No 853/2004《供人类消费的动物源性食品具体卫生规定》规定，向欧盟出口动物源性食品的境外生产企业需要获得欧盟的批准，欧盟批准的境外生产企业名单可以在欧盟网站进行查找。

我国出口企业需要在目标国家（地区）进行工厂注册，则需要按照相关的要求由中国海关总署进行推荐。针对我国出口食品生产企业申请境外注册，海关总署制定了《出口食品生产企业申请境外注册管理办法》，我国出口食品企业可根据该《办法》的具体要求进行申请。

（3）**产品合规** 产品合规，需要考虑企业拟出口产品是否满足目标国家（地区）制定的食品相关法律法规和标准要求，包括配方合规、产品指标合规和标签合规。

以美国为例，某企业拟向美国出口一款奶酪，产品指标合规需要明确产品相关理化指标是否符合美国食品相关的法规或标准。《联邦法规》第 21 篇第 133 章规定了奶酪和再制奶酪产品标准要求，分别对奶酪和再制奶酪产品的定义、成分要求、水分含量、脂肪含量、标签等要求进行了规定。出口食品企业需要判定向美国出口的奶酪理化指标是否符合该法规的要求。

（4）**过程合规** 部分国家（地区）对进口企业食品加工过程有相应管理要求。加工过程合规，需要考虑我国出口食品企业的食品加工过程是否符合目标国家（地区）对进口食品加工的法规和标准的要求。

以美国为例，美国《联邦食品、药品和化妆品法案》第 415 条要求向美国 FDA 注册的国内外食品设施必须符合 21 CFR Part 117《美国食品良好生产规范、危害分析和基于风险的预防控制措施》部分中基于风险的预防控制的要求，主要包括生产管理人员的资格、人员、工厂与地面、卫生操作、加工与控制等合规要求。

2. 目标国家（地区）进口时合规要求

"进口时"合规要求，需要考虑目标国家（地区）对进口食品清关所提交的文件、对进口食品查验的要求等，即进口流程过程合规。

（1）**海关入境文件** 以美国为例，在货物到达美国入境口岸之日起的 15 个日历日内，入境文件必须在港口主管指定的地点备案。其中，依据 21 CFR Part 1210《联邦进口牛奶法》，进口生乳、奶油、炼乳等乳制品前必须获得许可证。另外，美国 APHIS 规定低风险和获豁免的动物源成分和产品清单，清单要求 APHIS 认可地区的乳及乳制品需要附有兽医证明等。

（2）**海关检查** 进口食品到达目标国家（地区）入境口岸时，需要接受目标国家（地区）对进口食品的检查，如果产品成分或者标签形式达不到要求，标签声明的内容不真实或有误导性，则产品将会被扣留甚至被拒绝入境。

以美国为例，FDA 在收到海关的通知后，会对海关提交的文件进行审阅，如果 FDA 在审阅相关文件后，认为无须检查，会分别向海关和进口商发出放行通知。如果 FDA 决定要对货物进行抽检，同样会分别向海关和进口商发出抽样通知。抽样后 FDA 将样品送往所在地区实验室检验，符合法定要求，FDA 会通知海关和进口商，同意放行被抽样货物，如果检验结果表明货物可能违反有关法规，FDA 将发出扣留和听证通知，进口商必须在收到通知后在规定期限内提交辩护证据并在听证时进行作证，如果辩护证据不足以说明货物符合法定要求，FDA 会发出拒绝放行通知。

3. 目标国家（地区）进口后合规要求

欧盟 RASFF 信息检索

一些企业认为只要产品进入目标国家，就大功告成，其实不然。要保证企业出口合规，还需要考虑目标国家（地区）流通市场类似产品的监管，包括目标国家（地区）对不合格产品的通报、产品抽检制度、产品召回制度等，及时对相应出口产品的合规作出调整，为降低出口违规风险提前做好部署，即"进口后"合规。

FDA 拒绝进口信息查询

以欧盟为例，当欧盟成员国在市场上发现具有危害的食品时，会通过食品和饲料快速预警系统（RASFF），在 48h 之内向欧盟委员会发布预警通报，欧盟委员会在 24h 之内向各成员国发布预警通报，其他各成员国针对危害的食品及时制定相应的控制措施，防止危害的食品进入欧盟市场。

出口企业可关注欧盟 RASFF 系统通报情况，及时对通报信息进行研判，对拟出口产品进行提前预判。例如，欧盟 RASFF 通报的韩国出口欧盟方便面中检出环氧乙烷事件。在欧盟，环氧乙烷是禁止使用的植物保护产品，欧盟法规（EC）No 396/2005 制定了环氧乙烷在各类食品（每种食品类别下该物质的残留限量）中的农药残留限量。根据欧盟通报的方便面产品的预警信息，出口企业可识别相关风险（如环氧乙烷），并对拟出口的方便面和原料进行相应的检测和控制。

？ 思考题

1. 谁应当履行进出口食品的合规管理义务？
2. 我国进出口食品安全的主管部门是哪个？与其他部门如何协作保障进口食品安全？
3. 我国对进口食品进行合格评定的活动主要包括哪些内容？
4. 简述体系评估和回顾性审查的重要性。
5. 进口食品境外生产企业注册是针对所有食品品类吗？为什么？
6. 简述出口肉类加工产品的备案管理。
7. 简述我国出口食品管理制度。
8. 国外进口食品合规管理主要包括哪些内容？

第六章
食品产品合规管理

　　食品产品安全性、食品品质的高低直接影响消费者对食品企业的印象，也是企业品牌形象的主要决定因素。食品企业建立并实施合规管理体系的最终目的是实现其所生产的产品合规。食品产品的合规，由食品原辅料的配方合规、食品接触材料的合规所决定，并以食品产品指标合规的形式体现。

知识目标

　　1. 掌握普通食品原料、新食品原料、食药物质、食品添加剂等食品原辅料相关规定。
　　2. 掌握食品配方合规判定的方法。
　　3. 掌握产品指标的要求及合规判定方法。

技能目标

　　1. 能够判定食品配方的合规性。
　　2. 能够判定食品产品指标的合规性。

职业素养与思政目标

　　1. 具有敏锐的观察判断能力、分析和解决问题的能力。
　　2. 具有较强的质量、安全、责任和诚信意识。
　　3. 具有严谨的法律意识和食品安全责任意识。
　　4. 具有高度的社会责任感和职业敏锐度。

第一节　食品配方合规管理

食品配方合规指食品生产企业按照相关的标准法规和监管要求选择食品配料组织生产。如果不合规，企业可能会受到法律制裁、行政处罚、财产损失和声誉损失，由此造成的风险，即为配方合规风险。作为主动的应对，企业在对其所面临的配方合规风险进行识别、分析和评价的基础之上，建立并改进配方合规管理流程，从而实现对配方合规风险进行有效的管控。

如果企业在生产经营过程中没有完全做到配方合规，不但会使企业产品不能正常上市销售，影响企业正常运行，而且会扰乱市场秩序，甚至损害其他相关经济主体的利益。因此，加强企业配方合规管理，是企业正常运行的基本要求，是防范化解重大风险、保持社会稳定的重要保障。

一、食品配方合规判定依据

食品配方合规首先需要确认产品的执行标准及其应满足的相关食品安全标准。然后根据产品的执行标准对配方中用到的原料、添加剂、营养强化剂等进行合规判定。

1. 配料合规的法律依据

食品配料是指在制造或加工食品时使用的，并存在（包括以改性的形式存在）于产品中的任何物质，包括食品添加剂。配料可以存在或以改性的形式存在于食品中。"以改性形式存在"是指制作食品时使用的原辅料经加工已发生了改变。食品添加剂属于配料范畴。食品本身含有的成分或者在食品制造、生产过程中产生的副产物不属于配料。例如，配料发生美拉德反应产生的风味物质就不符合配料的定义，不属于"配料"的范畴。

《中华人民共和国食品安全法》对食品原料作出了规定，相关监管部门为规范食品原辅料管理还制定了一系列相关的具体要求。包括普通食品原料、按照传统既是食品又是中药材的物质（简称"食药物质"）、可用于食品的菌种、食品添加剂等要求。

（1）《中华人民共和国食品安全法》中对食品原料的合规要求

第五十条　食品生产者采购食品原料、食品添加剂、食品相关产品，应当查验供货者的许可证和产品合格证明；对无法提供合格证明的食品原料，应当按照食品安全标准进行检验；不得采购或者使用不符合食品安全标准的食品原料、食品添加剂、食品相关产品。

食品生产企业应当建立食品原料、食品添加剂、食品相关产品进货查验记录制度，如实记录食品原料、食品添加剂、食品相关产品的名称、规格、数量、生产日期或者生产批号、保质期、进货日期以及供货者名称、地址、联系方式等内容，并保存相关凭证。记录和凭证保存期限不得少于产品保质期满后六个月；没有明确保质期的，保存期限不得少于二年。

第八十一条　生产婴幼儿配方食品使用的生鲜乳、辅料等食品原料、食品添加剂等，应当符合法律、行政法规的规定和食品安全国家标准，保证婴幼儿生长发育所需的营养成分。

（2）《中华人民共和国食品安全法》中对食品原料的禁止性要求

第三十四条　禁止生产经营下列食品、食品添加剂、食品相关产品：

（一）用非食品原料生产的食品或者添加食品添加剂以外的化学物质和其他可能危害人体健康物质的食品，或者用回收食品作为原料生产的食品；

（二）致病性微生物，农药残留、兽药残留、生物毒素、重金属等污染物质以及其他危害人体健康的物质含量超过食品安全标准限量的食品、食品添加剂、食品相关产品；

（三）用超过保质期的食品原料、食品添加剂生产的食品、食品添加剂；

（四）超范围、超限量使用食品添加剂的食品；

（五）营养成分不符合食品安全标准的专供婴幼儿和其他特定人群的主辅食品；

（六）腐败变质、油脂酸败、霉变生虫、污秽不洁、混有异物、掺假掺杂或者感官性状异常的食品、食品添加剂；

（七）病死、毒死或者死因不明的禽、畜、兽、水产动物肉类及其制品；

（八）未按规定进行检疫或者检疫不合格的肉类，或者未经检验或者检验不合格的肉类制品；

（九）被包装材料、容器、运输工具等污染的食品、食品添加剂；

（十）标注虚假生产日期、保质期或者超过保质期的食品、食品添加剂；

（十一）无标签的预包装食品、食品添加剂；

（十二）国家为防病等特殊需要明令禁止生产经营的食品；

（十三）其他不符合法律、法规或食品安全标准的食品、食品添加剂、食品相关产品。

2. 食品原料合规性判定

食品原料具备食品的特性，符合应当有的营养要求，且无毒、无害，对人体健康不造成任何急性、亚急性、慢性或者其他潜在危害。目前我国可以用作食品原料的物质主要包括普通食品原料（包括可食用的农副产品、取得生产许可的加工食品）、新食品原料、食药物质、可用于食品的菌种等。

一般来说，已有食品标准、有传统食用习惯以及国家卫生行政部门批准作为普通食品管理的原料等可以作为普通食品原料使用。

如果使用了新食品原料，应看相关公告中是否有相应的原料允许使用的食品类别等特殊要求，并且新食品原料的名称需要与公告的标准名称保持一致。例如《国家卫生健康委关于蝉花子实体（人工培植）等15种"三新食品"的公告》（2020年 第9号）中透明质酸钠被批准为新食品原料，使用范围：乳及乳制品，饮料类，酒类，可可制品、巧克力和巧克力制品（包括代可可脂巧克力及制品）以及糖果，冷冻饮品。如果产品类别不符合公告要求，则不能使用透明质酸钠。

2019年修订的《中华人民共和国食品安全法实施条例》规定，对按照传统既是食品又是中药材的物质目录，国务院卫生行政部门会同食品安全监督管理部门应当及时更新。为加强依法履职，国家卫生健康委员会经商国家市场监督管理总局同意，制定了《按照传统既是食品又是中药材的物质目录管理规定》。《卫生部关于进一步规范保健食品原料管理的通知》（卫法监发（2002）51号）附件1中列出了既是食品又是药品的物品名单，也就是食药物质。食药物质主要是在中国传统上有食用习惯、民间广泛食用，同时又在中医临床中使用的物质。

国家卫生健康委员会、国家市场监督管理总局也会不定期公布新增的食药物质，例如，在《关于当归等6种新增按照传统既是食品又是中药材的物质公告》中，将当归、山柰、西红花、草果、姜黄、荜拨6种物质列入按照传统既是食品又是中药材的物质目录。在《关于对党参等9种物质开展按照传统既是食品又是中药材的物质管理试点工作的通知》中，公布了党参等9种在部分省市试点按照传统既是食品又是中药材的物质名单，这些物质经国家卫生健康委员会与国家市场监督管理总局核定后作为食药物质时，建议按照传统方式适量食用，孕妇、哺乳期妇女及婴幼儿等特殊人群不推荐食用。传统方式通常指仅对原材料进行粉碎、切片、压榨、炒制、水煮、酒泡等。作为食药物质时其标签、说明书、广告、宣传信息等不得含有虚假内容，不得涉及疾病预防、治疗功能。上述物质作为保健食品原料使用时，应当按保健食品有关规定管理。

3. 食品添加剂合规性判定

食品添加剂指为改善食品品质和色、香、味以及为防腐、保鲜和加工工艺的需要而加入食品中的人工合成或者天然物质，包括营养强化剂。《食品安全国家标准 食品添加剂使用标准》（GB 2760）规定，食品添加剂也包括食品用香料、胶基糖果中基础剂物质、食品工业用加工助剂。

GB 2760 规定了我国批准使用的食品添加剂的种类、名称、使用范围、使用量、食品添加剂的使用原则等。GB 14880 规定了营养强化剂的允许使用品种、使用范围、使用量、可使用的营养素化合物来源等，一旦生产单位在食品中进行营养强化，则必须符合该标准的相关要求，但是生产单位可以自愿选择是否在产品中强化相应的营养素。

食品添加剂的产品标准包括《食品安全国家标准 复配食品添加剂通则》（GB 26687）、《食品安全国家标准 食品用香精》（GB 30616）、《食品安全国家标准 食品用香料通则》（GB 29938）、《食品安全国家标准 食品添加剂 胶基及其配料》（GB 1886.359）等，国家卫生行政部门发布的部分食品添加剂新品种公告中也规定了食品添加剂新品种的质量规格要求。

食品添加剂小数据库查询

食品营养强化剂小数据库查询

产品中如果使用了食品添加剂，应判断该产品在《食品安全国家标准 食品添加剂使用标准》（GB 2760）中具体的食品类别，再判断具体使用的食品添加剂是否允许用于该食品类别中，并按照标准中规定的使用量要求使用。食品添加剂的使用还应关注是否有相关的增补公告。

（1）食品添加剂使用安全性原则 《食品安全国家标准 食品添加剂使用标准》（GB 2760）规定了食品添加剂的使用原则。

　　a. 不应对人体产生任何健康危害；
　　b. 不应掩盖食品腐败变质；
　　c. 不应掩盖食品本身或加工过程中的质量缺陷或以掺杂、掺假、伪造为目的而使用食品添加剂；
　　d. 不应降低食品本身的营养价值；
　　e. 在达到预期效果的前提下尽可能降低在食品中的使用量。

（2）食品添加剂带入原则 在下列情况下食品添加剂可以通过食品配料（含食品添加剂）带入食品中：根据《食品安全国家标准 食品添加剂使用标准》（GB 2760），食品配料中允许使用该食品添加剂；食品配料中该添加剂的用量不应超过允许的最大使用量；应在正常生产工艺条件下使用这些配料，并且食品中该添加剂的含量不应超过由配料带入的水平；由配料带入食品中的该添加剂的含量应明显低于直接将其添加到该食品中通常所需要的水平。

当某食品配料作为特定终产品的原料时，批准用于上述特定终产品的添加剂允许添加到这些食品配料中，同时该添加剂在终产品中的量应符合 GB 2760 的要求。在所述特定食品配料的标签上应明确标示该食品配料用于上述特定食品的生产。

食品配料中添加的食品添加剂，是为了在特定终产品中发挥工艺作用，而不是在食品配料中发挥工艺作用。必须满足以下几个条件：①此添加剂必须是 GB 2760 规定可以使用于该食品终产品中的品种，而且在配料中的使用量要保证在终产品中的量不超过 GB 2760 的规定。②添加了上述食品添加剂的配料仅能作为特定食品终产品的原料。③标签上必须明确标识该食品配料是用于特定食品终产品的生产。

在某食品中检出某添加剂时，要考虑是否符合 GB 2760 标准条款"3.4.2 带入原则"，一是要注意标签是否明确标识用于某种特定食品终产品生产；二是检出的量，按照配比换算到终产品中的量后，是否超过 GB 2760 规定的用量。

（3）食品添加剂使用规定　食品添加剂的使用应符合 GB 2760 附录 A 的规定，附录 A 共包括 A.1 ～ A.6 六条规定、表 A.1 ～表 A.3 三个附表。

A.1 表 A.1 规定了食品添加剂的允许使用品种、使用范围以及最大使用量或残留量。

A.2 表 A.1 列出的同一功能的食品添加剂（相同色泽着色剂、防腐剂、抗氧化剂）在混合使用时，各自用量占其最大使用量的比例之和不应超过 1。

A.3 表 A.2 可在各类食品（表 A.3 除外）中按生产需要适量使用的食品添加剂。

A.4 表 A.3 规定了表 A.2 所例外的食品类别，这些食品类别使用添加剂时应符合表 A.1 的规定。同时，这些食品类别不得使用表 A.1 规定的其上级食品类别中允许使用的食品添加剂。

A.5 表 A.1 和表 A.2 未包括对食品用香料和用作食品工业用加工助剂的食品添加剂的有关规定。

A.6 上述各表中的"功能"栏为该添加剂的主要功能，供使用时参考。

（4）食品营养强化剂的使用要求　《食品安全国家标准　食品营养强化剂使用标准》（GB 14880）标准中明确了食品营养强化剂的定义，食品营养强化剂是指为了增加食品的营养成分（价值）而加入食品中的天然或人工合成的营养素和其他营养成分。

如果使用了营养强化剂，应判断该产品在《食品安全国家标准　食品营养强化剂使用标准》（GB 14880）中具体的食品类别，再判断具体使用的营养强化剂是否允许在该食品类别中强化，同时注意所使用的营养强化剂化合物来源准确，并按照标准中规定的使用量要求使用。营养强化剂的使用还应关注是否有相关的增补公告。

GB 14880 标准中对营养强化剂的使用要求如下。

4. 营养强化剂的使用要求

4.1　营养强化剂的使用不应导致人群食用后营养素及其他营养成分摄入过量或不均衡，不应导致任何营养素及其他营养成分的代谢异常。

4.2　营养强化剂的使用不应鼓励和引导与国家营养政策相悖的食品消费模式。

4.3　添加到食品中的营养强化剂应能在特定的储存、运输和食用条件下保持质量的稳定。

4.4　添加到食品中的营养强化剂不应导致食品一般特性如色泽、滋味、气味、烹调特性等发生明显不良改变。

4.5　不应通过使用营养强化剂夸大强化食品中某一营养成分的含量或作用误导和欺骗消费者。

GB 14880 标准中对可强化食品类别的选择要求如下。

5. 可强化食品类别的选择要求

5.1　应选择目标人群普遍消费且容易获得的食品进行强化。

5.2　作为强化载体的食品消费量应相对比较稳定。

5.3　我国居民膳食指南中提倡减少食用的食品不宜作为强化的载体。

营养强化剂在食品中的使用范围、使用量应符合 GB 14880 附录 A 的要求。

允许使用的化合物来源应符合 GB 14880 附录 B 的规定。

特殊膳食用食品中营养素及其他营养成分的含量按相应的食品安全国家标准执行，允许使用的营养强化剂及化合物来源应符合 GB 14880 附录 C 和（或）相应产品标准的要求。附录 C 共两个表格，其中表 C.1 规定了允许用于特殊膳食用食品（即附录 D 中 13.0 类下的食品）的营养强化剂化合物来源名单，表 C.2 规定了可用于部分特殊膳食用食品类别的其他营养成分及使用量。

二、食品配方合规判定要点

1. 食品分类的确认

食品分类主要以"主要原料"为主要分类原则，同时结合主要工艺、产品形态、消费方式、包装形式或主要成分等特征属性，实施相应的食品分类管理。

（1）主要原料分类原则　围绕食品的定义，以"食品的可食用性"的特征，将食品从众多品类的商品中分离出来。而食品的源头主要有"动物源""植物源"及"微生物来源"。其中，动物源性的食品如"乳及乳制品、肉及肉制品、蛋及蛋制品和水产及水产制品"等；植物来源的食品如"粮食、水果、蔬菜、茶、坚果及籽类"等。所以较多的食品分类都是以"主要原料"为主要分类原则。

以下面的产品为例，配料：麦芽糖醇、可可液块、可可脂、大豆磷脂、食用香精。总可可固形物含量≥ 53%。

《食品安全国家标准 巧克力、代可可脂巧克力及其制品》（GB 9678.2）中巧克力是以可可制品（可可脂、可可块或可可液块 / 巧克力浆、可可油饼、可可粉）和（或）白砂糖为主要原料，添加或不添加乳制品、食品添加剂，经特定工艺制成的在常温下保持固体或半固体状态的食品。食品安全国家标准明确允许使用的配料，其中主要原料是可可制品（可可脂、可可块或可可液块 / 巧克力浆、可可油饼、可可粉）和（或）白砂糖加工制成的产品为巧克力产品，因此上述配料的产品类型可以为巧克力。

所以，产品分类可以通过分类术语标准中的定义判定，通过搜索关键词查询，比如"分类""术语""通则"等。查询到的标准有《食品工业基本术语》（GB/T 15091）、《水产品加工术语》（GB/T 36193）、《调味品分类》（GB/T 20903）、《糕点分类》（GB/T 30645）、《大豆食品分类》（SB/T 10687）等，在这类标准中有食品的分类、定义及适用范围。

（2）主要工艺分类原则　对于一些食品，因为"主要原料"来源广泛、无法统一或变化较大，所以在管理中，无法实施相应的"原料分类原则"，但是因为这部分食品具有较强的"主要工艺"属性特征，所以可以利用这些主要工艺特性进行相应的分类，如"速冻（冷冻）工艺、焙烤工艺、膨化工艺、高温高压杀菌的商业无菌工艺"等。以这部分主要工艺为特征属性进行分类并实施相应的食品分类管理。

（3）主要用途原则　除了"主要原料""主要工艺"外，还有一部分食品，具有相同的"用途和目的"，所以也可以依据"主要用途"属性特征进行分类。

例如：11.0 甜味料；12.0 调味品；13.0 特殊膳食用食品；14.0 饮料；16.03 胶原蛋白肠衣。

16.04 酵母及酵母类制品。以上食品分类主要是依据"主要用途"属性特征进行分类。

有时根据产品的原料及工艺不能准确地判定出产品的类别，可以综合考虑产品的食用方式，比如说"薄荷叶"，以浸泡或煮的方式来食用时属于代用茶；直接食用时一般属于香辛料。

2. 配料的可食用性判定

确定产品的执行标准后，还要对配料表中用到的原辅料的可食用性进行判定，下面介绍几种判定的方法。

（1）根据食品相关标准判定 在一些食品相关标准中，列举了该类食品可以使用的配料，这些标准可作为配料可食用性的判定依据。例如，《果蔬汁类及其饮料》（GB/T 31121）附录 B 中列出的物品可以作为果蔬汁的原料使用。但是很多时候需要将多个标准法规的规定结合起来进行判断。例如，《香辛料和调味品 名称》（GB/T 12729.1）中公布了我国常用食品调味、能产生香气和滋味的香辛料植物性产品，这些物品作为香辛料使用，具有可食用性。但是根据《国家卫生和计划生育委员会关于香辛料标准适用有关问题的批复》，列入《香辛料和调味品 名称》（GB/T 12729.1）的物质（罂粟种子除外），可继续作为香辛料和调味品使用。在《食品中可能违法添加的非食用物质和易滥用的食品添加剂品种名单（第一批）》中罂粟壳属于非法添加物。因此，罂粟不可以在食品加工中进行使用。

又如文冠果油，鉴于该产品具有长期人群食用历史，且国家粮食和物资储备局已发布标准《文冠果油》（LS/T 3265），因此按普通食品管理，可以用于食品配料。

（2）根据新食品原料的公告判定 以重瓣红玫瑰为例，"玫瑰花"与"玫瑰花（重瓣红玫瑰）"是两个不同的名称，"玫瑰花（重瓣红玫瑰）"是国家卫生部公告 2010 年第 3 号《关于批准 DHA 藻油、棉籽低聚糖等 7 种物品为新资源食品及其他相关规定的公告》上允许作为普通食品生产经营的专用名称，只有"玫瑰花（重瓣红玫瑰）"为原料时，才能作为普通食品生产经营。

（3）根据食药物质名单判定 以当归为例，根据国家卫生健康委员会发布的《关于当归等 6 种新增按照传统既是食品又是中药材的物质公告》，当归，拉丁名字 *Angelica sinensis* (Oliv.) Diels，食用部位为根部，仅作为香辛料和调味品。因此，食品中可以使用食药物质中的当归作为食品配料。

（4）根据终止审查的新食品原料名单公布情况判定 终止审查的新食品原料名单在国家卫生健康委员会监督中心网站发布，终止审查的原料分为三种情况：①经审核为普通食品或与普通食品具有实质等同的；②与已公告的新食品原料具有实质等同的，③其他终止审查的情况（例如已有国家标准的食品原料，或有传统食用习惯的产品等）。

以旱金莲为例，新食品原料终止审查目录显示，鉴于旱金莲已有多种单方和成方制剂被《中华人民共和国药典》收录，具有明确的药理活性，建议终止审查。根据上述终止审查的情况，旱金莲不可以用作食品配料。

（5）根据保健食品原料名单判定 《保健食品原料目录》中物品可作为保健食品原料使用，以褪黑素为例，根据《国家市场监督管理总局 国家卫生健康委员会 国家中医药管理局关于发布辅酶 Q_{10} 等五种保健食品原料目录的公告》，褪黑素的适宜人群为成人，是保健食品原料，不可以用于普通食品中。

（6）根据可用于食品的菌种名单、可用于婴幼儿食品的菌种名单判定 目前我国传统上用于食品生产加工的菌种允许继续使用。名单以外的菌种按照新食品原料管理。

3. 食品添加剂的使用合规性判定

《食品安全国家标准 食品添加剂使用标准》（GB 2760）中的食品分类系统用于界定食品

添加剂的使用范围，只适用于该标准。其中如某一食品添加剂应用于一个食品类别时，就允许其应用于该食品类别包含的所有下级食品类别（除非另有规定），反之下级食品允许使用的食品添加剂不能被认为可应用于其上级食品，所以在查找一个食品类别中允许使用的食品添加剂不能被认为可应用于其上级食品，在查找一个食品类别中允许使用的食品添加剂时，特别需要注意食品类别的上下级关系。

例如，对于调味面制品（辣条），国家卫生和计划生育委员会发布的《关于爱德万甜等6种食品添加剂新品种、食品添加剂环己基氨基磺酸钠（又名甜蜜素）等6种食品添加剂扩大用量和使用范围的公告》中明确将"调味面制品"归为"方便米面制品"。因此，"方便食品（调味面制品）"生产企业使用防腐剂山梨酸及其钾盐和脱氢乙酸及其钠盐属于违规添加。

食品添加剂在使用过程中要特别注意原料带入超限量使用食品添加剂的风险。例如，2018年广西某检测中心检测的由广西某生物科技有限公司生产的"山野小米椒"，检验结果显示苯甲酸及其钠盐（以苯甲酸计）项目实测值 1.14g/kg，不符合 GB 2760 指标 ≤ 1.0g/kg 要求；山梨酸及其钾盐（以山梨酸计）项目实测值 1.10g/kg，不符合 GB 2760 指标 ≤ 1.0g/kg 要求。

涉事企业在生产过程中没有添加苯甲酸钠、山梨酸钾等防腐剂，因为原料酱油中本身含有苯甲酸钠、山梨酸钾，怀疑是从原料酱油带入。根据《食品安全国家标准 食品添加剂使用标准》（GB 2760）3.4 带入原则，食品配料表中允许使用该食品添加剂的，可以通过食品配料（含食品添加剂）带入食品中，原料酱油与该山野小米椒含有苯甲酸钠、山梨酸钾的标准指标均为 ≤ 1.0g/kg。办案人员认为由于原料酱油没有进行检测，无法判定原料酱油中苯甲酸钠、山梨酸钾是否超标，但即使造成不合格的原因是由原料带入，不是当事人有意为之，根据《中华人民共和国食品安全法》第四条"食品生产经营者应对其生产经营食品的安全负责"的规定，也应进行立案查处。按照法律法规规定，生产企业在购进原料时应当履行查验义务，对出厂的产品应进行检测，合格后方可销售。

三、食品配方合规常见问题

食品配方合规管理涉及的标准法规众多，如果对标准法规理解不透彻、不准确，就有可能导致合规判定的错误。以下为食品配方合规判定中的常见问题。

1. 干红葡萄酒中是否可以添加"雪莲"

我国目前将"雪莲"作为药品，并非食药物质，不可以添加在食品中。因此干红葡萄酒不可以添加雪莲。

2. 既可作为食品添加剂和营养强化剂，又可作为其他配料使用的配料，应如何确定其作为添加剂使用还是营养强化剂使用

对于既可作为食品添加剂和营养强化剂的配料，应根据企业的实际用途来确定在食品配方中的用途。如果作为食品添加剂，应判断该产品在《食品安全国家标准 食品添加剂使用标准》（GB 2760）中具体的食品类别，再判断具体使用的食品添加剂是否允许用于该食品类别中，并按照标准及增补公告中规定的使用量要求使用。如果作为营养强化剂，应判断该产品在《食品安全国家标准 食品营养强化剂使用标准》（GB 14880）中具体的食品类别，再判断具体使用的营养强化剂是否允许在该食品类别中强化，并按照标准及增补公告中规定的使用量要求使用。

3. 如何判定食品加工助剂

《食品安全国家标准 食品添加剂使用标准》（GB 2760）规定：食品工业用加工助剂是保

证食品加工能顺利进行的各种物质，与食品本身无关，如助滤、澄清、吸附、脱膜、脱色、脱皮、提取溶剂、发酵用营养物质等。食品工业用加工助剂也属于食品添加剂的管理范畴，但是不同于一般意义上的食品添加剂，加工助剂对食品本身并不起功能作用，而只是由于工艺过程的需要，在食品加工过程中加入的各种物质，能够保证食品加工的顺利进行，如脱模剂、酶制剂等。《食品安全国家标准 食品添加剂使用标准》（GB 2760）中表 C.1 规定了可在各类食品加工过程中使用，残留量不需限定的加工助剂名单（不含酶制剂）；表 C.2 规定了需要规定功能和使用范围的加工助剂名单（不含酶制剂）；表 C.3 规定了食品加工中允许使用的酶。

例如，在鸡爪的生产过程中是否可以使用过氧化氢作为加工助剂？过氧化氢是 GB 2760 中规定的加工助剂，但是鸡爪生产加工过程加入过氧化氢，在产品中发挥漂白剂和防腐剂的功能，用于改善产品的色泽和延长产品保质期，这种情况不符合 GB 2760 中加工助剂的定义和使用原则，因此过氧化氢不能作为加工助剂用于鸡爪的加工过程。

4. 有些物质既是一般的食品添加剂，又是加工助剂，使用时如何区别？

《食品安全国家标准 食品添加剂使用标准》（GB 2760）附录 A 规定的食品添加剂主要在食品中发挥功能作用，附录 C 规定的加工助剂主要在食品生产加工过程中发挥工艺作用，不在所生产的最终食品中发挥功能作用。当一种物质既在附录 A 又在附录 C 时，应根据所发挥的功能作用，按照相应的规定使用。

5. 如何通过产品原料、工艺判定 GB 2760 食品分类

举例如下：

产品执行标准为《速冻调制食品》（SB/T 10379），产品类别为菜肴制品（熟制品），以下两个产品的生产许可分类都可以为 1102 速冻调制食品，但是在套用 GB 2760 食品分类系统时，应根据产品的原料、工艺来进行判定：

A（水煮肉片）：配料表：猪肉（≥40%）、水、豆芽、××、××、香辣酱、××、××...

B（雪菜肉丝）：配料表：腌渍雪菜（≥80%）（××、××、...）、食用盐、水、××、××、猪肉、××、...

这两个产品虽然产品类别相同又都是熟制品，但是原料不同，在使用 GB 2760 食品分类系统时要考虑产品的原料、工艺等因素来进行判定，A 产品主料为猪肉，符合 GB 2760 分类系统中 08.03 熟肉制品的定义：以鲜（冻）畜禽肉（包括内脏）为主要原料，加入盐、酱油等调味品，经熟制工艺制成的肉制品，最小分类应属于 08.03.09 其他肉制品；B 产品主料为雪菜，符合 GB 2760 分类系统中 04.02.02 加工蔬菜的定义：包括除去皮、预切和表面处理以外的所有其他加工方式的蔬菜，最小分类应属于 04.02.02.08 其他加工蔬菜。准确判定产品的分类，才能合规使用添加剂。

6. 馒头中是否可以添加甜蜜素

按照《食品生产许可分类目录》，馒头应当归为糕点中的热加工糕点。按照生产许可的分类，有人很可能认为馒头在《食品安全国家标准 食品添加剂使用标准》（GB 2760）的食品分类系统中也属于糕点，可以使用甜蜜素，限量为 1.6g/kg，这是不正确的。参考 GB 2760 实施指南对食品分类的说明，糕点（07.02）是指以粮、油、糖和（或）甜味剂、蛋等为主料，添加适量辅料，并经调制、成型、熟制等工序制成的食品。发酵面制品（06.03.02.03）是指经发酵工艺制成的面制品，如包子、馒头、花卷等，所以馒头在 GB 2760 中，并不属

于糕点类食品，应该属于发酵面制品，由此可见，馒头更符合发酵面制品的定义，且在 GB 2760 食品分类说明中明确举例说明馒头属于发酵面制品。因此馒头应该按"发酵面制品（06.03.02.03）"类别判断，不允许添加甜蜜素。在食品中添加食品添加剂的时候，一定要按照 GB 2760、GB 14880 和增补公告的规定严格执行。

四、法律责任及案例

《中华人民共和国食品安全法》第一百二十四条规定了生产经营配料不合规的食品应承担的法律责任，包括没收违法所得、没收违法产品、罚款和吊销许可证等。

【案例 6-1】生产超范围添加葡萄糖酸钙和葡萄糖酸锌的压片糖果，法院判处生产商十倍赔偿

张某在某商贸公司店铺中购买了某企业生产的某品牌多种维生素压片糖果 300 瓶，包装上标明添加葡萄糖酸钙和葡萄糖酸锌，因该企业未提交充分证据证明涉案产品中不含有钙、锌成分，且拒不申请鉴定，应承担不能举证的不利后果，法院对该企业抗辩涉案产品中不含有钙、锌的说法不予采信，该企业对该两类营养强化剂的使用不符合《食品安全国家标准 食品营养强化剂使用标准》（GB 14880）的规定，属于不符合食品安全标准的食品。即便是张某"知假买假"，也不能免除该企业作为产品生产者的赔偿责任，故依照《中华人民共和国食品安全法》第二十六条、第五十三条、第一百四十八条，《最高人民法院关于审理食品药品纠纷案件适用法律若干问题的规定》第十五条，《中华人民共和国民事诉讼法》第六十四条第一款、第一百四十四条之规定，法院判决生产商退还张某货款并支付十倍赔偿等。

【案例 6-2】生产经营超限量使用食品添加剂的产品被处没收违法所得并罚款 5 万元

某公司生产经营铝残留量（干样品，以 Al 计）项目不符合《食品安全国家标准 食品添加剂使用标准》（GB 2760）要求的马铃薯手工粉条，对消费者的健康造成一定的伤害，违反了《中华人民共和国食品安全法》第三十四条第一款第（四）项的规定，依据《中华人民共和国食品安全法》第一百二十四条第一款第（三）项的规定，当地市场监督管理局对该公司给予以下处罚：①没收违法所得人民币 5000 元；②罚款人民币 50000 元。

第二节　产品指标合规管理

产品指标合规主要是指食品等产品按照法律法规、食品安全标准和企业标准的要求进行检测以后，所测得的产品指标符合要求。企业在申请生产许可时需要提供试制样品的检测报告，在产品出厂时自行或委托第三方检测机构进行出厂检验，监督管理部门依法进行监督抽检。不论是企业自行检验、委托检验还是监管部门的监督抽检，其依据都是产品指标的合规要求。

一、食品产品指标合规的法律法规要求

食品产品指标合规是食品产品安全的基本要求。食品产品指标要求的制定是以食品安全风险评估为科学基础，食品的安全性主要通过其最终产品的各项指标对于各项标准法规的符合性来体现。

食品产品指标合规是食品企业对其产品质量安全的承诺。依据法律法规要求，食品生产企业必须针对其生产的每一批次食品提供出厂检验报告。合格的出厂检验报告表明了产品的

合规性，也表明企业履行了法定的食品出厂检验义务。

食品产品指标合规是食品安全监管的重要判断尺度。每年我国各级市场监督管理部门都制订计划进行食品安全抽样检验，通过抽检来对食品企业的生产情况和国家整体的食品安全情况进行把握。

《中华人民共和国食品安全法》及其实施条例、《食品安全抽样检验管理办法》等法律法规都从不同角度对食品检验和食品产品合规提出了要求。

《中华人民共和国食品安全法》对产品指标合规的要求如下。

第五十一条　食品生产企业应当建立食品出厂检验记录制度，查验出厂食品的检验合格证和安全状况，如实记录食品的名称、规格、数量、生产日期或者生产批号、保质期、检验合格证号、销售日期以及购货者名称、地址、联系方式等内容，并保存相关凭证。

第八十五条　食品检验由食品检验机构指定的检验人独立进行。检验人应当依照有关法律、法规的规定，并按照食品安全标准和检验规范对食品进行检验，尊重科学，恪守职业道德，保证出具的检验数据和结论客观、公正，不得出具虚假检验报告。

《中华人民共和国食品安全法实施条例》对产品指标合规的要求如下。

第七十四条　食品生产经营者生产经营的食品符合食品安全标准但不符合食品所标注的企业标准规定的食品安全指标的，由县级以上人民政府食品安全监督管理部门给予警告，并责令食品经营者停止经营该食品，责令食品生产企业改正；拒不停止经营或者改正的，没收不符合企业标准规定的食品安全指标的食品，货值金额不足1万元的，并处1万元以上5万元以下罚款，货值金额1万元以上的，并处货值金额5倍以上10倍以下罚款。

《食品安全抽样检验管理办法》对产品指标合规的要求如下。

第二十三条　食品安全监督抽检应当采用食品安全标准规定的检验项目和检验方法。没有食品安全标准的，应当采用依照法律法规制定的临时限量值、临时检验方法或者补充检验方法。

二、食品产品指标合规判定依据

食品产品指标合规判定依据的主要标准法规包括如下方面。

1. 食品标准规定的指标要求

首先是食品产品标准。食品安全国家标准中的产品标准按照产品的类别，规定了各种健康影响因素的限量要求，包括各大类食品的定义、感官、理化和微生物等要求。

其次是各类食品安全通用标准。通用标准主要规定了各类食品安全健康危害物质的限量要求，包括《食品安全国家标准 食品中真菌毒素限量》（GB 2761）、《食品安全国家标准 食品中污染物限量》（GB 2762）、《食品安全国家标准 食品中农药最大残留限量》（GB 2763）、《食品安全国家标准 食品中兽药最大残留限量》（GB 31650）、《食品安全国家标准 预包装食品中致病菌限量》（GB 29921）、《食品安全国家标准 散装即食食品中致病菌限量》（GB 31607）等。关于这些标准的具体内容已经在本书第一章有关章节进行了介绍，此处不再赘述。

食品标准规定的指标要求包括食品安全指标和质量指标两方面。

其中食品安全指标一般由食品安全标准作出规定，是对于食品产品的强制性要求，出厂的食品必须符合相应的食品安全指标要求。食品安全指标要求又包括产品标准和通用标准的规定。产品标准主要规定了产品的定义、感官要求、理化指标、微生物指标等方面的要求，例如《食品安全国家标准 灭菌乳》（GB 25190）、《食品安全国家标准 饮料》（GB 7101）、《食品安全国家标准 糕点、面包》（GB 7099）等。

质量指标主要是指对于食品中不涉及食品安全方面的指标要求。这些指标要求一般由推荐性的国家标准、行业标准、地方标准等作出规定。除了一些强制性的食品安全国家标准有要求，如果企业在其产品标签上标识了执行某个产品标准，则必须符合相应执行标准的质量指标要求。需要注意的是，有的推荐性产品标准中规定了产品的质量等级，则不同等级的产品应符合相应等级的指标要求，如《大米》（GB/T 1354）中将大米分为了一级粳米、二级粳米、三级粳米以及一级优质粳米、二级优质粳米、三级优质粳米等多个质量等级的产品。

2. 法律法规规定的指标要求

除了考虑产品标准、通用标准中规定的指标外，还需要考虑法规中规定的产品特殊指标要求。例如，《卫生部等5部门关于三聚氰胺在食品中的限量值的公告》规定了食品中三聚氰胺的限量，《卫生部办公厅关于通报食品及食品添加剂邻苯二甲酸酯类物质最大残留量的函》规定了食品中塑化剂的限量，《婴幼儿配方乳粉生产许可审查细则》（2013 版）规定生产 0—6 个月龄的婴儿配方乳粉，应使用灰分 ≤ 1.5% 的乳清粉，或者使用灰分 ≤ 5.5% 的乳清蛋白粉。不同品类的产品要求也不尽相同，这往往是食品企业在进行产品指标合规判定时容易忽略的部分。

三、食品产品指标构成

食品中的各项指标要求包括指标类型、指标名称、指标要求、标法来源、检测方法等。

（1）食品的指标类型　主要包括感官指标、理化指标和微生物指标。感官指标一般是指食品的色泽、外观、状态、气味、滋味等方面的要求。理化指标主要是指食品物理化学特征指标，例如水分、灰分、蛋白质、脂肪、维生素、矿物质的含量要求以及表征食品品质的指标，如酱油的氨基酸态氮，油脂的酸价、过氧化值等。微生物指标包括两大类，一类是指示性微生物指标，一类是致病菌指标。

（2）指标名称　指各项指标的具体名称，如铅、砷、沙门氏菌等。需要注意的是，指标名称的表述必须完整，不同的表述含义不同。例如，总砷和无机砷，总砷包括有机砷和无机砷，有机砷的毒性极低，无机砷如三氧化二砷俗称砒霜，毒性很强。如果表述不完整，就容易产生很大的风险。再比如大肠杆菌和大肠菌群，大肠菌群是细菌领域的用语，不代表某一个或某一属类细菌，而是具有某些特性的一组与粪便污染有关的细菌；大肠杆菌又称大肠埃希菌，是一种普通的原核生物，一般认为大肠菌群范围包括大肠杆菌。

（3）指标要求　指各项指标的具体要求。对于理化指标，其指标要求一般包括数值、单位和备注；对于微生物指标，一般包括采样方案和限值要求及单位等。例如，《食品安全国家标准 预包装食品中致病菌限量》（GB 29921）规定乳粉和调制乳粉中金黄色葡萄球菌的限量要求是：$n=5$，$c=2$，$m=10\mathrm{CFU/g}$（mL），$M=100\mathrm{CFU/g}$（mL）。（二级采样方案设有 n、c 和 m 值，三级采样方案设有 n、c、m 和 M 值。n 表示同一批次产品需要采集的样品件数；c 表示最多可允许超出 m 值的样品数；二级采样方案中 m 表示最高安全限量值；三级采样方案中 m 表示致病菌指标可接受水平限量值；M 表示致病菌指标的最高安全限量值。不同致病菌的检测需要遵从不同的采样方案。）

（4）标法来源　指各项指标所依据的法律法规和食品标准。

（5）检测方法　一般情况下，食品的指标要求与其检测方法存在对应关系，脱离了检测方法谈指标要求并没有意义。目前，我国食品安全标准中的检测方法主要包括理化检测方法、微生物检测方法、农药残留检测方法和兽药残留检测方法。理化相关检测方法标准如 GB 5009 系列标准。《食品卫生检验方法 理化部分 总则》（GB/T 5009.1）为 GB 5009 系列标准总则，规定了食品卫生检验方法理化部分的检验基本原则和要求。微生物方面的检测方法如 GB 4789 系列标准，《食品安全国家标准 食品卫生微生物学检验 总则》（GB 4789.1）为 GB 4789 系列标准总则，规定了食品微生物学检验基本原则和要求。

四、食品产品指标合规判定要点

1. 食品产品指标合规判定步骤

（1）确定产品分类及执行标准　在进行食品产品指标合规判定时，食品分类的确定方法和原则与食品配方合规判定时食品分类的确定依据和方法基本一致，主要是依据主要原料、主要工艺、产品形态等方面，在本章第一节已有说明。需要注意的是，同一产品在不同的标准中所属的分类可能不同，需要依据相应标准的分类原则来确定分类，进而确定其应符合的指标要求。例如，对芹菜的污染物指标进行判定时，应依据 GB 2762 的食品分类体系，将其归属为茎类蔬菜，而对其农药残留指标进行判定时，应依据 GB 2763 的食品分类体系，将其归属为叶菜类蔬菜。对乳糖的真菌毒素指标进行判定时，应依据 GB 2761 的食品分类体系，将其归属为糖类，对乳糖的污染物指标进行判定时，应依据 GB 2762 的食品分类体系，将其归属为乳及乳制品。

（2）确定产品合规指标要求　确定产品分类及产品标准后，需要依据前述食品产品指标的构成，确定产品合规指标要求，包括产品标准、通用标准、法规公告中指标。需要注意的是，食品产品指标的确定必须完整准确，尤其不要遗漏标准修改单及专门公告中的要求。例如，《花生油》（GB/T 1534）1 号修改单将压榨成品一级花生油质量指标加热试验（280℃）指标由"无析出油，油色不变"修改为"无析出油，油色不得变深"，二级花生油质量指标加热试验（280℃）指标由"允许微量析出物和油色变深"修改为"允许微量析出物和油色变深，但不得变黑"。

对于一类或一种食品的所有的指标要求通常称为一个指标体系。为了方便合规判定，可以用列表的形式来汇总形成一个完整的产品指标体系。例如，巴氏杀菌乳的指标体系见表 6-1。

表 6-1　巴氏杀菌乳指标体系

产品指标要求		标准指标	标准法规来源	生效日期	检验方法
原料要求		生乳应符合 GB 19301 的要求	GB 19645—2010	2010/12/1	GB 19301—2010
感官要求	色泽	呈乳白色或微黄色	GB 19645—2010	2010/12/1	GB 19645—2010
	气味 / 滋味	具有乳固有的香味，无异味	GB 19645—2010	2010/12/1	GB 19645—2010
	可视状态	呈均匀一致液体，无凝块、无沉淀、无正常视力可见异物	GB 19645—2010	2010/12/1	GB 19645—2010
理化指标	乳脂肪	脂肪≥ 3.1g/100g	GB 19645—2010	2010/12/1	GB 5009.6—2016
	蛋白质	牛乳：≥ 2.9g/100g 羊乳：≥ 2.8g/100g	GB 19645—2010	2010/12/1	GB 5009.5—2016
	非脂乳固体	≥ 8.1g/100g	GB 19645—2010	2010/12/1	GB 5413.39—2010
	酸度	牛乳：12 ～ 18°T 羊乳：6 ～ 13°T	GB 19645—2010	2010/12/1	GB 5009.239—2016

产品指标要求		标准指标	标准法规来源	生效日期	检验方法
污染物限量	铅	≤0.05mg/kg（以Pb计）	GB 2762—2017	2017/9/17	GB 5009.12—2017
	汞	总汞：≤0.01mg/kg（以Hg计）甲基汞：—	GB 2762—2017	2017/9/17	GB 5009.17—2014
	砷	总砷：≤0.1mg/kg（以As计）无机砷：—	GB 2762—2017	2017/9/17	GB 5009.11—2014
	锡	≤250mg/kg（以Sn计，仅适用于采用镀锡薄板容器包装的食品。）	GB 2762—2017	2017/9/17	GB 5009.16—2014
	铬	0.3mg/kg	GB 2762—2017	2017/9/17	GB 5009.123—2014
	三聚氰胺	≤2.5mg/kg	卫生部等5部门关于三聚氰胺在食品中的限量值的公告（2011年第10号）	2011/4/6	GB/T 22388—2008
微生物要求（若非指定，以CFU/g或CFU/mL表示）	大肠菌群	$n=5$，$c=2$，$m=1CFU/g（mL）$，$M=5CFU/g（mL）$	GB 19645—2010	2010/12/1	GB 4789.3—2016 平板计数法
	菌落总数	$n=5$，$c=2$，$m=50000CFU/g（mL）$，$M=100000CFU/g（mL）$	GB 19645—2010	2010/12/1	GB 4789.2—2016
	金黄色葡萄球菌	$n=5$，$c=0$，$m=0/25g（mL）$，$M=—$	GB 19645—2010	2010/12/1	GB 4789.10—2016 定性检验
	沙门氏菌	$n=5$，$c=0$，$m=0/25g（mL）$，$M=—$	GB 19645—2010	2010/12/1	GB 4789.4—2016
真菌毒素限量	黄曲霉毒素M_1	0.5μg/kg	GB 2761—2017	2017/9/17	GB 5009.24—2016

此外，食品伙伴网还建立了食品产品指标数据库，具体操作请扫描二维码查看。

（3）进行产品指标的合规判定 针对产品的检测结果，依据前述指标要求进行判定。首先，要确定指标名称、检测方法、结果单位的一致性；然后确定数值方面的符合性。

食品产品指标数据库查询

2. 各类指标要求判定方法

（1）感官指标 感官指标主要通过标准规定的感官分析方法进行判定，包括目视、鼻嗅、口尝等。近年来，随着科技发展，行业开始使用电子舌、电子鼻等设备代替人工进行食品感官品评。

（2）理化指标 理化指标的一致性确认，包括指标名称、检测方法、结果单位的一致性。关于数值判定，目前我国食品安全国家标准中的理化指标一般用≥或≤表示。这两种情况均包括限量值本身，即当检测结果等于限量值时，也视为合格。

（3）微生物指标 如前所述，食品中的微生物指标包括两大类，一类是指示性微生物指标，一类是致病菌指标。指示性微生物指标主要包括菌落总数、大肠菌群，这类指标主要反映的是食品的卫生情况；另一类是致病菌指标，主要反映食品可以导致食源性疾病的危害大小，如沙门氏菌、金黄色葡萄球菌等。

依据采样方案的不同，微生物指标分为二级采样方案和三级采样方案，在 GB 4789.1 中有具体要求。

以我国食品安全标准为例，在 GB 29921 标准中，沙门氏菌、致泻性大肠埃希菌、单核细胞增生李斯特菌、克罗诺杆菌属（阪崎肠杆菌）以及巴氏杀菌乳、调制乳、发酵乳、加糖炼乳、调制加糖炼乳中的金黄色葡萄球菌按照二级采样方案进行检测，其中各类食品中沙门氏菌和致泻性大肠埃希菌，以及巴氏杀菌乳、调制乳、发酵乳、加糖炼乳、调制加糖炼乳中的金黄色葡萄球菌的 n、c、m 值均为5、0、0。就是说要判断一批产品是否有上述致病菌，需要采集5件样品进行检测。只有5件样品都没有检出该种致病菌，才算合格。如果5件样品中有1件或更多件样品检测到该种致病菌，则判定为不合格。

五、法律责任及案例

《中华人民共和国食品安全法》第一百二十四条规定了生产经营产品指标不合规的食品应承担的法律责任，包括没收违法所得、没收违法产品、罚款和吊销许可证等。

> **【案例 6-3】某公司生产余氯（游离氯）项目不合格的包装饮用水，被吊销食品生产许可证**
> 某公司生产的某品牌包装饮用水，经抽样检验，余氯（游离氯）项目不符合《食品安全国家标准 包装饮用水》（GB 19298）要求，检验结论为不合格，违反了《中华人民共和国食品安全法》第三十四条第（二）项的规定。考虑到该公司之前也存在违法行为，县市场监督管理局依据《中华人民共和国食品安全法实施条例》第六十七条第一款第（五）项，吊销其食品生产许可证。

第三节　食品接触材料及制品合规管理

食品接触材料及制品属于食品相关产品，是指在正常使用条件下，各种已经或预期可能与食品或食品添加剂（简称"食品"）接触、或其成分可能转移到食品中的材料和制品，包括食品生产、加工、包装、运输、贮存、销售和使用过程中用于食品的包装材料、容器、工具和设备，以及可能直接或间接接触食品的油墨、黏合剂、润滑油等，不包括洗涤剂、消毒剂和公共输水设施。食品用洗涤剂和食品用消毒剂属于食品相关产品，但不属于食品接触材料及制品，公共输水设施则不属于食品相关产品的管理范畴。食品接触材料及制品不应危害人体健康，不应给食品的成分带来不可接受的改变，不应给食品的感官性能带来劣变。但食品接触材料及制品的生产过程中需要使用不同种类的有毒有害物质，如铅、镉、铬等重金属，甲醛、苯、多氯联苯等。这些有毒有害物质会在与食品接触过程中迁移至食品中。因此，食品接触材料及制品中一定量的成分会随同食品一起被消费者摄入，因而可能会造成一定的风险。为了管控风险，我国制定了一系列法律、法规和标准，形成了完善的食品接触材料及制品法律、法规和标准体系。食品接触材料及制品的生产、贮存、销售、使用等过程必须严格遵守相关法律、法规和标准，才能把安全风险降到可接受水平。

一、食品接触材料及制品的管理历史

我国对食品接触材料及制品的管理经过了半个多世纪的发展。1964年，由于使用酚醛树脂饭盒引起食物中毒，卫生部通知禁止使用酚醛树脂用于食品接触材料及制品，是我国首个关于食品接触材料及制品的法规。1965年，《食品卫生管理试行条例》将食品接触材料及制品正式纳入管理范畴。1982年，《中华人民共和国食品卫生法（试行）》将食品接触材料及制品的管理纳入国家法律。1984年，我国先后制定和发布了一系列食品接触材料及制品卫生标准和管理办法。2009年，《中华人民共和国食品安全法》首次使用了术语"食品相关产品"，将食品接触材料及制品囊括其中。2015 年，《中华人民共和国食品安全法》修订版对食品相关产品提出了更具体和严格的要求。2016 年，我国发布了一系列食品接触材料及制品的食品安全国家标准，包括产品标准、检测方法标准等。从此，我国构建了一个从原料、添加剂到产品，以及生产过程和检测方法全覆盖的食品接触材料及制品法律、法规和标准体系。

二、食品接触材料及制品法律、法规和标准体系

食品接触材料及制品首先应符合《中华人民共和国食品安全法》的规定，其次应按照相关法规和标准的具体要求进行生产、销售和使用。食品接触材料及制品的相关标准主要包括食品安全国家标准、国家标准、行业标准、地方标准和团体标准等。以下具体介绍食品接触材料及制品相关的主要法律、法规和标准。

1. 食品接触材料及制品法律法规体系

（1）《中华人民共和国食品安全法》中有关食品接触材料及制品的要求　《中华人民共和国食品安全法》第三十四条和第四十一条规定禁止生产经营不符合要求的食品相关产品的规定，以及对生产食品相关产品的要求。由于食品接触材料及制品如食品用塑料包装、容器，食品用纸包装、容器等具有较高风险，极易影响食品安全，因此，对具有较高风险的食品相关产品按照国家有关工业产品生产许可证管理的规定实施生产许可。需要强调的是，由于食品相关产品范围非常广，有些具有较高风险，有些风险较低，并不是所有食品相关产品都需要取得许可。

第三十四条　禁止生产经营下列食品、食品添加剂、食品相关产品：
……
（二）致病性微生物，农药残留、兽药残留、生物毒素、重金属等污染物质以及其他危害人体健康的物质含量超过食品安全标准限量的食品、食品添加剂、食品相关产品。

第四十一条　生产食品相关产品应当符合法律、法规和食品安全国家标准。对直接接触食品的包装材料等具有较高风险的食品相关产品，按照国家有关工业产品生产许可证管理的规定实施生产许可。食品安全监督管理部门应当加强对食品相关产品生产活动的监督管理。

《中华人民共和国食品安全法》第六十六条还规定了对食用农产品接触材料及制品的要求。食用农产品进入市场销售后，在包装、保鲜、贮存、运输环节需要使用包装材料等食品相关产品，在贮存、运输过程中，还需要使用容器、工具和设备等食品相关产品。食品安全国家标准中，对食品相关产品中的致病性微生物和重金属等污染物质以及其他危害人体健康物质的限量作了规定。如果在食用农产品的包装、贮存、运输环节使用了不符合食品安全国家标准的食品相关产品，会对食品安全造成危害，需要承担相应的法律责任。

第六十六条　进入市场销售的食用农产品在包装、保鲜、贮存、运输中使用保鲜剂、防腐剂等食品添加剂和包装材料等食品相关产品，应当符合食品安全国家标准。

《中华人民共和国食品安全法》第五十条对食品生产企业采购食品相关产品应履行进货

查验义务的规定。采购食品相关产品应记录的内容增加了生产日期或者生产批号、保质期、进货日期以及地址，并且规定记录和凭证保存期限不得少于产品保质期满后六个月；没有明确保质期的，保存期限不得少于二年。在进货查验方面，由于食品相关产品的工业化生产程度较高，一般不存在不能提供合格证明文件的情况。因此，对于不能提供合格证明文件的食品相关产品，食品生产者不得采购。

第五十条 食品生产者采购食品原料、食品添加剂、食品相关产品，应当查验供货者的许可证和产品合格证明；对无法提供合格证明的食品原料，应当按照食品安全标准进行检验；不得采购或者使用不符合食品安全标准的食品原料、食品添加剂、食品相关产品。

食品生产企业应当建立食品原料、食品添加剂、食品相关产品进货查验记录制度，如实记录食品原料、食品添加剂、食品相关产品的名称、规格、数量、生产日期或者生产批号、保质期、进货日期以及供货者名称、地址、联系方式等内容，并保存相关凭证。记录和凭证保存期限不得少于产品保质期满后六个月；没有明确保质期的，保存期限不得少于二年。

食品相关产品的出厂检验要符合《中华人民共和国食品安全法》第五十二条的规定。出厂检验是指食品、食品添加剂和食品相关产品的生产者，对生产的食品、食品添加剂和食品相关产品按照食品安全法律、法规和标准的要求进行检验，是生产活动中的最后一道工序。检验是确保食品安全的重要手段。企业通过对出厂食品相关产品进行检验，及时发现不合格产品，防止流入社会，损害消费者健康。同时也可以及时了解企业的食品生产安全控制措施上存在的问题，及时排查原因，并采取改进措施。这既是对消费者健康负责，也是对企业自身的品牌和信誉负责。

第五十二条 食品、食品添加剂、食品相关产品的生产者，应当按照食品安全标准对所生产的食品、食品添加剂、食品相关产品进行检验，检验合格后方可出厂或者销售。

（2）工业产品生产许可实施细则的要求 根据《工业产品生产许可证管理条例》和《工业产品生产许可证管理目录》规定，食品用塑料包装容器工具等五类食品相关产品需要取得生产许可证。对这些具有较高风险的食品相关产品实施许可的具体要求和程序依照《工业产品生产许可证管理条例》的规定执行。2018年11月22日，国家市场监督管理总局发布了食品相关产品生产许可实施细则，属于实施细则规定范围的，应当办理生产许可证。该细则共涉及食品用塑料包装容器工具等制品，食品用纸包装、容器等制品，食品用洗涤剂，压力锅产品，电热食品加工设备等五个部分。除食品用洗涤剂外，其他四类产品均属于食品接触材料及制品。食品相关产品生产许可实施细则详细规定了发证产品定义及范围，以及生产食品相关产品应具备的基本生产条件，内容包括生产设施、生产设备和检验设备等。

2. 食品接触材料及制品标准体系

食品接触材料及制品标准体系分为通用标准、产品标准、检测方法标准、生产规范标准四大类，见图6-1。

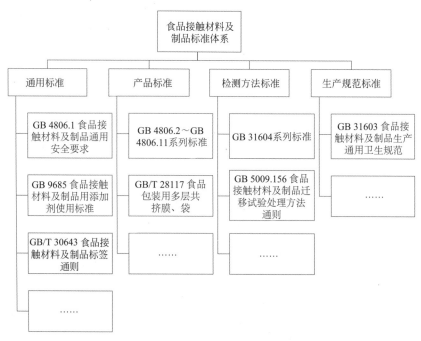

图 6-1　食品接触材料及制品标准体系

（1）通用标准　20 世纪 90 年代，卫生部出台了 8 项食品接触材料及制品卫生管理办法，对塑料、橡胶、搪瓷、陶瓷和涂料等食品接触材料及制品的管理分别进行了规定，随着《中华人民共和国食品安全法》的颁布，这些管理办法已于 2010 年废止。之后，我国开始构建食品接触材料及制品标准体系，制定发布了多项食品接触材料及制品标准。在标准体系构建过程中，发现存在一些涉及整个食品接触材料及制品标准体系的原则性问题需要加以明确，在缺乏相应管理办法的情况下，亟须建立相关标准，为现行食品接触材料及制品安全标准在实际监管过程中亟待解决的问题提供出处，为其他配套基础标准、产品标准、检测方法标准和生产规范标准的制定提供依据。在此背景下，《食品安全国家标准 食品接触材料及制品通用安全要求》（GB 4806.1—2016）于 2016 年 10 月 19 日发布，并于 2017 年 10 月 19 日正式实施。该标准是食品接触材料及制品标准体系的通用标准，其他食品接触材料及制品标准必须在其规定的原则下进行制定。另外，《食品安全国家标准 食品接触材料及制品用添加剂使用标准》（GB 9685—2016）也同步发布实施，该标准规定了食品接触材料及制品用添加剂的使用原则、允许使用的添加剂品种、使用范围、最大使用量、特定迁移量或最大残留量、特定迁移总量限量及其他限制性要求。这两项通用标准的发布和实施解决了食品接触材料及制品标准在实际管理和应用中存在的通用性问题，对于提升整个标准体系的科学性和协调性起到了非常重要的作用。《食品接触材料及制品标签通则》（GB/T 30643—2014）规定了食品接触材料及制品标签的基本原则、制作要求和标注内容，适用于直接提供给消费者最终使用的食品接触材料及制品。

（2）产品标准　食品接触材料及制品的材质类别品种繁多，包括塑料、纸、橡胶、金属、陶瓷、玻璃和竹木等材料。各类材质的原材料、加工工艺有很大差别，这使其可能含有的危害因素差异显著，《食品安全国家标准 食品接触材料及制品通用安全要求》（GB 4806.1）不能有效涵盖所有食品接触材料及制品对食品安全的需求，因此需要制定专门的产品标准。目前，现行有效的食品接触材料及制品产品标准主要是 GB 4806.2 ～ GB 4806.11 系列标准，详见表 6-2。

除了以上强制性产品标准以外，食品接触材料及制品的产品标准还包括推荐性国家标准、行业标准、地方标准和由社会团体自行发布的团体标准，例如《食品包装用多层共挤膜、袋》（GB/T 28117—2011）和《多层复合食品包装膜、袋》（DB13/T 2361—2016）等。

表 6-2　食品接触材料及制品标准列表

序号	标准号	标准名称
1	GB 4806.2	食品安全国家标准 奶嘴
2	GB 4806.3	食品安全国家标准 搪瓷制品
3	GB 4806.4	食品安全国家标准 陶瓷制品
4	GB 4806.5	食品安全国家标准 玻璃制品
5	GB 4806.6	食品安全国家标准 食品接触用塑料树脂
6	GB 4806.7	食品安全国家标准 食品接触用塑料材料及制品
7	GB 4806.8	食品安全国家标准 食品接触用纸和纸板材料及制品
8	GB 4806.9	食品安全国家标准 食品接触用金属材料及制品
9	GB 4806.10	食品安全国家标准 食品接触用涂料及涂层
10	GB 4806.11	食品安全国家标准 食品接触用橡胶材料及制品

（3）检测方法标准　随着预包装食品的蓬勃发展，食品接触材料及制品的品种越来越多，用途越来越广，接触的食品类别及加工使用条件也越来越复杂，为统一检测规则，反映实际接触迁移情形，原国家卫生和计划生育委员会于 2015 年首次制定发布了《食品安全国家标准 食品接触材料及制品迁移试验通则》（GB 31604.1—2015），并修订了与之配套使用的检测方法标准《食品安全国家标准 食品接触材料及制品迁移试验预处理方法通则》（GB 5009.156—2016）。这两项标准是食品接触材料及制品迁移试验的基础标准，其他检测方法标准的制定应当以其为基础。GB 31604.1 对迁移试验的基本要求、食品模拟物、迁移试验条件（温度和时间）、筛查试验和化学溶剂替代试验、结果校正等进行了规定。GB 5009.156 适用于食品接触材料及制品的迁移试验预处理，规定了食品接触材料及制品迁移试验预处理方法的试验总则、试剂和材料、设备与器具、采样与制样方法、试样接触面积、试样接触面积与食品模拟物体积比、试样的清洗和特殊处理、试验方法、迁移量的测定和结果表述要求等内容。除这两项标准外，我国还制定了高锰酸钾消耗量、干燥失重、重金属以及一些成分迁移量等多项具体指标的检测标准。

（4）生产规范标准　为了规范食品接触材料及制品的生产和流通，有必要制定食品接触材料及制品生产卫生规范。《食品安全国家标准 食品接触材料及制品生产通用卫生规范》（GB 31603）规定了食品接触材料及制品从原辅料采购、加工、包装、贮存和运输等各个环节的场所、设施、人员的基本卫生要求和管理准则。该标准适用于各类食品接触材料及制品的生产，如确有必要制定某类食品接触材料及制品的专项卫生规范，应当以该标准作为基础。

三、食品接触材料及制品的合规评价

食品接触材料及制品作为直接或间接接触食品的材料和制品，其中的有毒有害物质、未聚合单体和添加剂可能迁移至食品中，对于食品安全有着十分重要的影响。因此，食品生产企业采购食品接触材料及制品前应对其进行合规评价。合规评价包括对材质、添加剂和测试条件的评价，以评估食品接触材料及制品是否满足法规和标准的要求，以及预期用途的需要。预期用途主要考虑接触食品的种类，以及食品与食品接触材料制品接触的温度和时间。

合规评价的一般流程见图 6-2。

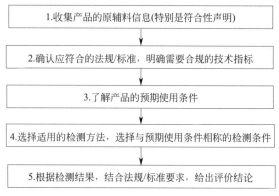

图 6-2　食品接触材料及制品合规评价的一般流程

1. 收集产品的原辅料信息

　　鉴于食品接触材料材质类别繁多，成分复杂，其中所含的部分有毒有害物质难以通过检测手段了解，目前国内外均通过符合性声明解决这一问题。符合性声明是供应商在销售过程中传递给客户的法规符合性的重要文件，是发布方声明已履行的合规工作并传递下游所应进行的合规工作。因此，获取产品的符合性声明，是有效评价产品合规的关键。《食品安全国家标准 食品接触材料及制品通用安全要求》（GB 4806.1）对企业责任和需传递的符合性声明规定如下：符合性声明应包括遵循的法规和标准，有限制性要求的物质名单及限制性要求和总迁移量合规性情况（仅成型品）等。

　　除了符合性声明上提供的信息，食品生产企业相关人员需要收集的原辅料信息还包括：①树脂名称和 CAS 号（适用时）；②无限制性要求的添加剂名称、CAS 号（适用时）。只有根据上游企业提供的这些信息，才能准确获得产品材质原料、添加剂及非有意添加物的评估等信息。必要时，还应结合产品的生产环境、工艺流程等信息进行评价。

2. 确认应符合的法规 / 标准，明确需要进行合规性评价的技术指标

　　根据产品特征确定食品接触材料及制品应符合的法规 / 标准，结合符合性声明和法规 / 标准要求，确认需要进行合规性评价的技术指标，包括但不限于产品标准中明确的感官、理化指标，原辅料是否可以用于食品接触材料及制品，以及符合性声明中有限制物质的最大残留量（QM）、特定迁移限量（SML）指标等。QM 是指食品接触材料及制品中残留的某种或某类食品添加剂的最大允许量，以每千克食品接触材料及制品中残留物质的毫克数（mg/kg），或食品接触材料及制品与食品接触的每平方分米面积中残留物质的毫克数（mg/dm^2）表示。SML 是指从食品接触材料及制品迁移到与其接触的食品或食品模拟物中的某种或某类添加剂的最大允许量，以每千克食品或食品模拟物中迁移物质的毫克数（mg/kg），或食品接触材料及制品与食品或食品模拟物接触的每平方分米面积中残留物质的毫克数（mg/dm^2）表示。

3. 了解产品的预期使用条件

　　了解产品预期使用条件，包括与食品接触形式、接触食品 / 食品类型、与食品接触的时间和温度、面积 / 体积（质量）比、重复使用情况以及使用前清洗要求等。对于食品包装，

接触时间和温度包括灌装、杀菌、制熟、存储和食用等五个环节的使用条件。

4. 采用适用方法进行测试和评价

对于法规/标准中规定了测试和评价方法的，应采用标准规定的方法。没有规定方法时，应确保所采用方法的准确性。通过测试获得迁移量的，必须确保迁移量测试条件和结果计算（食品模拟物、时间、温度、重复试验要求、面积/体积比等）与使用条件相匹配。

5. 给出科学合理的评价结论

根据上游供应商提供的符合性声明中的使用限制，以及终产品的评价情况，给出产品的评价结论，包括但不限于评价依据、符合的法规/标准、产品的使用限制或安全使用条件等。

四、食品接触材料及制品的采购验收

规范的采购验收过程是确保产品合规安全的基础，食品企业需要制定食品接触材料及制品的检验控制规程，依据食品接触材料及制品规格书的要求采购食品接触材料及制品，并进行合规性验收。食品接触材料及制品规格书是企业采购塑料食品包装材料的依据。食品接触材料及制品规格书的技术指标源于国家标准，通常根据企业发展需要，可适当高于国家标准。食品接触材料及制品规格书通常包括：编号；原料要求；特征性状；质量要求及验收方法；检验规则；标志、包装、运输、贮存、保质期（适用时）等内容。验收的内容包括：企业资质（适用时）；标签、说明书；产品合格证明；对相关法规及标准的符合性声明等。

以食品塑料包装材料的采购验收为例，其验收内容参考表6-3。

表6-3　食品塑料包装材料采购验收内容

项目	验收具体内容
企业资质	营业执照、塑料包装材料生产许可证等相关证照
标签、说明书	1. 产品名称、材质，生产者和（或）委托方名称、地址和联系方式，生产日期、生产批号、装箱员和保质期（适用时）等； 2. 客户名称； 3. 应注明"食品接触用"、"食品包装用"或类似用语； 4. 有特殊使用要求的产品应注明使用方法、使用注意事项、用途、使用环境、使用温度等。特殊或醒目的方式说明其使用条件，以便使用者能够安全、正确地对产品进行处理、展示、贮存和使用
产品合格证明	出厂检验报告、型式检验报告
对相关法规及标准的符合性声明	1. 食品接触材料及制品的单体及其他起始原料符合食品安全国家标准及相关公告的规定； 2. 食品接触材料及制品中的添加剂符合《食品安全国家标准 食品接触材料及制品用添加剂使用标准》和相关公告的规定； 3. 食品接触材料及制品符合食品安全国家标准、相关公告和执行标准的规定； 4. 有限制性要求的物质名单及其限制性要求和总迁移量合规性情况

? 思考题

1. 食品中可用的配料包括哪些类型？
2. 食品添加剂的使用原则是什么？
3. 什么情况下需要申请新食品原料？
4. 食品接触材料及制品的符合性声明包括哪些内容？

第七章

食品标签与广告合规管理

　　食品是供人食用和饮用的特殊商品，其安全性及营养等性能或特征直接影响消费者健康。食品标签是食品的营养等基础信息的展示，真实准确的标识，能够为消费者正确选择食品提供信息支持，帮助消费者合理搭配并平衡膳食营养，从而指导消费者合理地购买食品。尤其是安全性标识内容，可以向消费者传递潜在的风险及危害，保护消费者健康与安全的权益。食品标签和广告是企业向消费者展示其产品特性及特征的主要媒介，只有充分标识食品的基础信息、真实合规地进行广告宣传，企业才能更好地推广和宣传食品，才能更好地促进企业的食品销售，监管机构才能实施精准监管。

 知识目标

1. 掌握食品标签标示的要求及合规判定方法。
2. 掌握食品广告的要求及合规判定方法。

 技能目标

1. 能够判定食品产品指标的合规性。
2. 能够判定食品标签标示的合规性。
3. 能够判定食品广告的合规性。

 职业素养与思政目标

1. 具有严谨的合规管理意识。
2. 具有严谨的法律意识和食品安全责任意识。
3. 具有高度的社会责任感和专业使命感。

第一节　食品标签标示合规管理

预包装食品标签，通常是指食品包装上的文字、图形、符号等一切说明信息。《中华人民共和国食品安全法》明确散装食品和预包装食品都需要有完整的标识要求，必须标识相应的特征信息。

一、食品标签标示要求

1. 食品标签标示的法律义务

《中华人民共和国食品安全法》第六十七条和第六十八条明确预包装食品标签和散装食品的标签要求。

第六十七条　预包装食品的包装上应当有标签。标签应当标明下列事项：
（一）名称、规格、净含量、生产日期；
（二）成分或者配料表；
（三）生产者的名称、地址、联系方式；
（四）保质期；
（五）产品标准代号；
（六）贮存条件；
（七）所使用的食品添加剂在国家标准中的通用名称；
（八）生产许可证编号；
（九）法律、法规或者食品安全标准规定应当标明的其他事项。
专供婴幼儿和其他特定人群的主辅食品，其标签还应当标明主要营养成分及其含量。
食品安全国家标准对标签标注事项另有规定的，从其规定。
第六十八条　食品经营者销售散装食品，应当在散装食品的容器、外包装上标明食品的名称、生产日期或者生产批号、保质期以及生产经营者名称、地址、联系方式等内容。

上述规定明确预包装食品和散装食品的标签标示内容，从法律角度明确赋予消费者对食品名称、生产日期及保质期、生产经营者名称等信息的知情权。生产经营企业有义务清晰准确地标识相应的信息，以供消费者选择并监督，以防范可能的食品安全风险。

虽然该法第六十七条和第六十八条未明确具体项目的标识详细要求，但是第七十一条从"清晰性、真实性和准确性"方面，要求任何食品标签和说明书都不得含有虚假或夸大的内容，不得涉及疾病预防与治疗功能的宣传，不得让消费者产生歧义或误解。要求食品生产经营者对提供的食品标签的内容负全责，切实保障消费者的合法权益不受侵害。不得以欺骗性的标识夸大或误导消费者。

第七十一条　食品和食品添加剂的标签、说明书，不得含有虚假内容，不得涉及疾病预防、治疗功能。生产经营者对其提供的标签、说明书的内容负责。
食品和食品添加剂的标签、说明书应当清楚、明显，生产日期、保质期等事项应当显著标注，容易辨识。
食品和食品添加剂与其标签、说明书的内容不符的，不得上市销售。

该法第六十七条第九款属于兜底条款，只要法律法规或食品安全标准有要求，其标签标示的内容就需要符合。

对于特殊食品的标签标示要求，《中华人民共和国食品安全法实施条例》明确要求与官方注册或备案的标签一致。此外，需要按照相关要求标识警示标志或警示用语。

第三十九条　特殊食品的标签、说明书内容应当与注册或者备案的标签、说明书一致。

销售特殊食品，应当核对食品标签、说明书内容是否与注册或者备案的标签、说明书一致，不一致的不得销售。省级以上人民政府食品安全监督管理部门应当在其网站上公布注册或者备案的特殊食品的标签、说明书。

特殊食品需要经过严格的配方备案或注册管理，其标签需要符合相应法律法规和标准的要求。后期销售的特殊食品标签必须要与备案或注册的标签一致。

2. 预包装食品标签标示合规基本要求

《中华人民共和国食品安全法》明确规定了预包装食品和散装食品需要标识的项目，《食品安全国家标准 预包装食品标签通则》（GB 7718）、《食品安全国家标准 预包装食品营养标签通则》（GB 28050）、《食品安全国家标准 预包装特殊膳食用食品标签》（GB 13432）、《食品标识管理规定》等标准法规明确了每个项目标识的具体要求，并通过相应的标准问答和实施指南，详细地解释各个条款的标识要求。

（1）食品标签标示的基本要求

① 全面性原则。"全面性原则"，需要食品生产经营企业在设计或制作食品标签时，首先将相应标签涉及的法律法规和标准梳理清楚，并梳理相应的标识条款，包括条件性标识条款，都需要理解并落实执行，避免漏项。

② 清晰醒目原则。标签的主要目的，就是方便消费者识读，清晰准确地介绍相应食品的特征及特性，如何做到"清晰醒目"，让消费者方便快捷识读，需要生产经营企业注意标签清晰度及醒目程度的管理与判断。多站在消费者的角度判断是否清晰醒目。对于清晰醒目的标识要求，一方面，要求标识的位置需要清晰醒目；另一方面，字高需要大于或等于1.8mm，这是保证其清晰度的有效手段。

对于食品标签标示清晰醒目的标识要求，企业有很多方法能改善清晰度，一是改善字高及文字与背景或底色的对比度，二是可以通过改变字体和标识位置，增加其清晰度，如标识在主展示面等消费者最容易观察的位置。而对于一些非印刷的内容，如喷印的生产日期，可能受到打印设备、油墨、水迹、油渍等因素影响油墨的附着效果，可能在运输或销售过程中由于外包装磨损导致标识内容残缺，需要企业提前做好检测和预防工作，必须要确保食品的生命周期内标签标示的清晰完整，防止在运输和销售过程中磨损或脱落。从而保证消费者在购买和使用时可以清晰辨认和识读标签内容。

③ 科学性原则。食品标签的主要作用是介绍宣传食品，目的是让消费者识读和辨识，应该使用通俗易懂的文字，进行科学地宣传与引导，严禁进行封建迷信、色情、违背科学常识的宣传，同时维护公平竞争的市场秩序，任何食品标签内容不能贬低其他企业的食品。通俗易懂，需要标识规范的语言，避免出现深奥难懂的术语及词汇。所有标识内容应客观、科学方便，消费者理解。

④ 真实准确性原则。食品标签标示内容真实是标签的基本要求，只有真实的内容才能

正确地引导消费者安全食用。食品生产经营企业设计或制作标签时必须实事求是，真实准确标识食品名称、配料信息、净含量、生产日期及保质期等内容。真实准确地介绍相应的特性与特征，引导消费者正确食用。杜绝以虚假、夸大等误导或欺骗性的文字及图形等方式介绍食品，也不得利用字号大小及色差误导消费者。

⑤ 有别于药品原则。食品是供人食用或饮用的，不包括以治疗为目的的物品，食品不是药品，不得进行任何涉及疾病预防、治疗的宣传，《中华人民共和国食品安全法》第七十一条明确规定，食品和食品添加剂的标签、说明书，不得涉及疾病预防、治疗功能。任何企业与个人不得对食品进行任何形式的预防或治疗疾病的宣传，非保健食品也不得进行任何形式的保健功能宣传。

⑥ 使用规范汉字的原则。GB 7718 标准规定食品标签必须使用规范的汉字，"规范的汉字"是指国家公布的《通用规范汉字表》中的汉字。可以使用各种艺术字，但是应该书写正确，易于辨认识读。也明确可以同时使用汉语拼音、少数民族文字、繁体字或外文，但是必须与中文有对应关系，且不得大于对应的中文。

（2）食品标签标示的具体要求

① 食品名称标示要求。食品名称是食品的真实特性的体现，必须要真实准确地反映食品的真实属性。GB 7718 对食品名称的标识进行明确的规定：

4.1.2.1　应在食品标签的醒目位置，清晰地标示反映食品真实属性的专用名称。

4.1.2.1.1　当国家标准、行业标准或地方标准中已规定了某食品的一个或几个名称时，应选用其中的一个，或等效的名称。

4.1.2.1.2　无国家标准、行业标准或地方标准规定的名称时，应使用不使消费者误解或混淆的常用名称或通俗名称。

标准中明确食品名称应标识在醒目的位置，主要是方便消费者查看并识别，所以通常选择最容易被观察的主要展示版面标识食品名称；对于不规则包装的食品，以方便消费者识读为主要目的，选择便于标示的展示版面。

食品名称主要为了让消费者直观理解对应的食品属性或本质，其中包括主要原料属性、主要工艺属性、主要用途属性等。对于属性名称的理解，通常选择相应的标准名称为真实属性名称，如国家标准、行业标准或地方标准中有明确规定的标准化的属性名称时，应该选择其中任一个标准的真实属性名称，或者选择相应的等效名称或术语。利用相应的标准名称作为与消费者及监管机构的沟通与交流的依据，标准名称不仅是共同认识与认知的准绳，还能避免理解不一致的歧义或误解，同时也可以与其他产品名称形成鲜明的对比与区分。

4.1.2.2　标示"新创名称"、"奇特名称"、"音译名称"、"牌号名称"、"地区俚语名称"或"商标名称"时，应在所示名称的同一展示版面标示 4.1.2.1 规定的名称。

4.1.2.2.1　当"新创名称"、"奇特名称"、"音译名称"、"牌号名称"、"地区俚语名称"或"商标名称"含有易使人误解食品属性的文字或术语（词语）时，应在所示名称的同一展示版面邻近部位使用同一字号标示食品真实属性的专用名称。

4.1.2.2.2　当食品真实属性的专用名称因字号或字体颜色不同易使人误解食品属性时，也应使用同一字号及同一字体颜色标示食品真实属性的专用名称。

为了促进行业创新及发展需要，允许为食品使用"新创名称""奇特名称""音译名称""牌号名称""地区俚语名称"或"商标名称"等，但是需要标识在真实属性名称的同一展示版面，同时确保这些别名不会产生歧义与误解。如果这些别名可能产生歧义和误解，则"别名"和真实属性名称应使用同一字号及同一字体颜色。

食品名称往往都是一个词组，为了不产生歧义或误解，组成食品名称的文字的字体字号及颜色（包括底色）必须一致，防止部分文字因字号较大或其他原因导致突出醒目显示而引起消费者误解。如食品名称"橙汁饮料"，如果"橙汁"二字明显大于"饮料"二字，则明显会让消费者首先理解此产品为"橙汁"。所以必须要保持组成食品名称的"橙汁饮料"字体字号及颜色一致，消费者才能清晰理解此产品是"由橙汁加工成的饮料"的真实属性。

同时，为了更好地补充说明食品的真实属性，可以在真实属性名称前或后，增加一些反映状态、主要工艺或风味属性的文字，进而增加消费者对食品的了解。

4.1.2.3 为不使消费者误解或混淆食品的真实属性、物理状态或制作方法，可以在食品名称前或食品名称后附加相应的词或短语。如干燥的、浓缩的、复原的、熏制的、油炸的、粉末的、粒状的等。

在食品名称的标识方面，除了上述食品名称的标识要求外，《食品标识管理规定》补充了以下两方面要求：

第六条 食品标识应当标注食品名称。
食品名称应当表明食品的真实属性，并符合下列要求：
由两种或者两种以上食品通过物理混合而成且外观均匀一致难以相互分离的食品，其名称应当反映该食品的混合属性和分类（类属）名称；
以动、植物食物为原料，采用特定的加工工艺制作，用以模仿其他生物的个体、器官、组织等特征的食品，应当在名称前冠以"人造"、"仿"或者"素"等字样，并标注该食品真实属性的分类（类属）名称。

对于简单物理混合，且外观均匀一致的食品，其真实属性的名称应该包括混合属性和类别属性。例如，一些糕点预拌粉类食品，其中"糕点"属于类别属性名称，"预拌粉"反映的是"混合属性"。

同时，对于模拟其他生物组织或器官，具有类似的食品质地、风味、形态等品质特征的食品，如植物基的素肉、人造奶油等；使用植物蛋白质，模拟动物肉的风味及形态等品质特征的"素肉"；植物油脂加工制成的类似"奶油"质地、风味等品质特征的"人造奶油"等。为了将这类食品的本质区别更好地标识出来，食品名称中必须增加"人造"、"仿"、"模拟"或"素"等字样予以明确。

②配料表标示要求。
a.食品配料标示。配料是指生产制造过程中加入的，并存在（包括改性形式存在）于终产品的物质，包括食品添加剂。配料是食品的组成部分，通常分为原料、辅料和食品添加剂（包括营养强化剂），加工使用的原始物料，包括起主要作用的或添加量较大的物料（通常称为原料），使用量较小的起辅料调节作用的物料（通常称为辅料）。原料和辅料也属于食品。食品添加剂通常是指 GB 2760 和 GB 14880 中的食品添加剂和营养强化剂。所以配料的标识，

通常就是指原料、辅料及食品添加剂的标识。GB 7718 明确了食品配料的标识形式及内容要求。

4.1.3.1 预包装食品的标签上应标示配料表,配料表中的各种配料应按 4.1.2 的要求标示具体名称,食品添加剂按照 4.1.3.1.4 的要求标示名称。

具有食品属性的原料和辅料的标识要求,按食品名称的标识要求执行,必须使用反映真实属性的标准名称或等效名称,如果没有标准名称和等效名称时,可以使用不产生歧义与误解的通俗名称。通常为了食品安全追溯的需要,其原料和辅料的名称,通常需要保持与采购及验收的标准名称一致。所以需要在原辅料采购与验收过程确保使用反映真实属性的标准名称。

b. 食品添加剂名称标示。食品添加剂的标识,需要在确保真实性原则的前提下,实事求是地标识相应的名称。《中华人民共和国食品安全法》要求标识所使用的食品添加剂在国家标准中的通用名称。食品添加剂的标识形式可以分为三种:直接标识使用的食品添加剂在 GB 2760 中的通用名称,如"山梨酸";标识使用的食品添加剂的主要功能名称,并同时标识其在 GB 2760 中的通用名称,如"防腐剂(山梨酸)";标识使用的食品添加剂的主要功能名称,并同时标识其国际编码(INS 编码),如"防腐剂(200)"。上述三种标识形式,在同一张标签上,只能选择其中的一种形式进行食品添加剂的标识。而对于没有 INS 编码的食品添加剂,标识其通用名称。

对于食品添加剂通用名称的标识,应该按 GB 2760 及增补公告中的通用名称,只有当标识致敏原时,才可能在通用名称前增加致敏物质名称。如磷脂,如果来源于"大豆",因可能含有"大豆"致敏原,所以可以将其标识为"大豆磷脂",而"葵花籽来源的磷脂",却不能标识为"葵花籽磷脂",因为"葵花籽"不属于致敏物质。食品添加剂的通用名称,不包括工艺制法,所以不需要标识相应的工艺制法内容。对于同时有两个通用名称的食品添加剂,企业可以自主选择标识其中任一个通用名称。

营养强化剂的通用名称标识,按 GB 14880 及增补公告中的名称标识。其标识形式也可以分为三种:直接标识使用的营养强化剂的"营养素"名称,如锌;直接标识使用的营养强化剂的"化合物来源"名称,如硫酸锌;同时标识营养强化剂和化合物来源名称,如锌(硫酸锌)或硫酸锌(锌)。企业可以自主选择其中的任一形式标识,也需要保持同一标签上的标识形式统一。

其他一些特殊情况的食品添加剂标识形式有:

——食品添加剂中的辅料在食品中不发挥作用,不需要在配料表中标示。如商品化的叶黄素产品可含有食用植物油、糊精、抗氧化剂等辅料,辅料不需要标识在配料表中,该添加剂可直接标示为"叶黄素",或"着色剂(叶黄素)",或"着色剂(161b)"。

——加工助剂不需要标示。

——酶制剂,失去酶活力的,不需要标示;保持酶活力的,应按加入量,排列在配料表的相应位置。

——有国家标准、行业标准或地方标准且添加量< 25% 的复合配料中带入的食品添加剂,起功能作用时需要标示,如"酱油(含苯甲酸钠)";不起功能作用的不标示,如红烧肉罐头中的酱油带入的苯甲酸钠,不起功能作用,不需要标示,此时直接标识"酱油"。

c. 配料标示形式。对于配料的标识形式,GB 7718 标准明确规定,食品标签对配料表的标识,必须要使用正确的引导词"配料"或"配料表",当使用的原料已发生改变,以改性的形式存在于终产品中时，也可使用"原料"或"原料与辅料"代替"配料"或"配料表"。

配料标识的排列顺序，需要按加入量的质量比，按递减的顺序排列，而加入量低于2%的配料，可以不参与排序。但必须要排列在加入量2%及以上的原辅料之后。各个配料之间进行有效分隔，可以使用分隔符"，"或"、"等分隔，使用"空格"进行分隔的需要确保易于分辨。

配料标识的全面性，生产过程使用的所有原辅料及食品添加剂都需要一一标识。单一配料的食品，也需要标识配料表。

加工助剂不需要标识在配料表中，其中加工助剂包括GB 2760中的加工助剂及一些起加工助剂工艺作用的食品原料。

d. 复合配料标示。如果使用的食品配料是复合配料，且没有国家标准、行业标准或地方标准，此时需要标识复合配料真实属性名称，并在其后加括号，按加入量的递减顺序一一标示复合配料的原始配料。如该复合配料已有国家标准、行业标准或地方标准且加入量大于等于食品总量的25%，则应在配料表中标示复合配料的真实属性名称，并按加入量的递减顺序一一标示复合配料的原始配料。而对于有国家标准、行业标准或地方标准且加入量小于食品总量的25%的复合配料，可以直接标识复合配料名称，不展开标识其原始配料。

4.1.3.1.3　如果某种配料是由两种或两种以上的其他配料构成的复合配料（不包括复合食品添加剂），应在配料表中标示复合配料的名称，随后将复合配料的原始配料在括号内按加入量的递减顺序标示。当某种复合配料已有国家标准、行业标准或地方标准，且其加入量小于食品总量的25%时，不需要标示复合配料的原始配料。

仅认可国家标准、行业标准或地方标准中提及的食品名称，而对于仅在团体标准或企业标准中出现过的食品名称，不属于有标准的食品名称。此时需要标识复合配料真实属性名称，并在其后加括号，按加入量的递减顺序一一标示复合配料的原始配料。

不强制要求展开复合配料中的复合配料的原始配料，生产经营企业可以自主选择是否展开复合配料中的复合配料的原始配料。

当直接使用的配料与复合配料中的原始配料相同时，也可在配料表中直接标示复合配料中的各原始配料，相同的配料按合并后的总加入量计算并排序。

e. 挥发性配料标示。对于加工过程中已经挥发的配料，说明并不"存在于终产品"中，不符合配料的定义，所以不需要标识在配料表中。在加工过程中未完全挥发的配料，也需要按加入量的质量比进行降序排列。

4.1.3.1.5　在食品制造或加工过程中，加入的水应在配料表中标示。在加工过程中已挥发的水或其他挥发性配料不需要标示。

f. 可食用的包装物标示。对于可食用的包装物，虽然其兼顾着包装保护食品的作用，但是其是可食用且是被食用的组成部分，所以也应该按质量比降序标识在配料表中，如果是复合配料，则应按复合配料的标识要求进行标识。

4.1.3.1.6　可食用的包装物也应在配料表中标示原始配料，国家另有法律法规规定的除外。

g. 配料的简化标示。部分配料可以标识其类别名称，如依据 GB 7718 条款 4.1.3.2 简化标识要求，大豆油、菜籽油、花生油等除橄榄油之外的植物油在配料表中的标示，都可以直接标识为"植物油"。但是如果经过氢化处理，则需要按氢化程度标识为"氢化植物油"或"部分氢化植物油"。

各种来源的可食用淀粉，包括原淀粉和预糊化淀粉等物理改性淀粉，都可以直接标示为"淀粉"；化学改性淀粉应按食品添加剂标示。

关于花椒、八角等香辛料或香辛料浸出物作为食品配料的标示，如果加入量超过 2%，应标示其具体名称。如果加入总量不超过 2%，可统一标识为"香辛料"，也可以在配料表中标示其具体名称，如"花椒"。如果同时使用多种香辛料且总加入量也不超过 2%，则可以在配料表中统一标示为"香辛料""香辛料类"或"复合香辛料"，也可以一一标识各自的具体名称。

胶基糖果的各种胶基物质制剂，可以合并标识为"胶母糖基础剂"或"胶基"。

多种果脯或蜜饯类配料，如果总加入量不超过 10%，可以在配料表中合并标识为"蜜饯"或"果脯"。也可以按各自的加入量质量比，分别按降序标识各种果脯蜜饯的具体名称。而当各种果脯或蜜饯总加入量超过 10%，则应标示加入的各种蜜饯果脯的具体名称，并按各自的质量比确定其降序排列的次序。

对于使用食用香精、食用香料的食品，可以在配料表中标示该香精香料的通用名称，也可标示为"食用香精"，或者"食用香料"，或者"食用香精香料"。

h. 配料的定量标示。生产经营者利用营销思路，突出宣传有特性的配料的卖点时，需要按 GB 7718 标准要求标示对应配料的含量或添加量。

当"特别强调""含有"某种或多种有特性、有价值的配料或成分时，需要进行定量标示。其中"特别强调"，即食品生产者通过对配料或成分的宣传引起消费者对该产品、配料或成分的重视，以文字的形式在配料表内容以外的标签上突出或暗示添加或含有一种或多种配料或成分；关于"特别强调"的判断，通常是指除配料表、致敏原等安全提示、食用方法及食品名称之外再次提及的配料或成分，都属于"特别强调"。而"有价值、有特性"，包括明示或暗示所强调的配料或成分对人体有益的程度超出该食品一般情况所应当达到的程度，不同于该食品的一般配料或成分的属性。只要同时具备"特别强调"且"有价值、有特性"的配料或成分的宣传，就必须要进行相应配料或成分的含量或添加量的标识。当所强调成分属于 GB 28050 规定的营养素时，还需要将相应营养素含量标识在营养成分表中，并符合含量声称条件时，方可进行含量声称和功能声称。

对于特别强调某种或多种配料或成分含量较低或无时，需要标识相应配料或成分在成品中的含量。对于"较低或无"的宣传，其同义词包括少许、微量、较少、稍许、一点、不含等。出现这类表示少、低、无的量词形容配料或成分时，就需要标识其在成品中的含量。当使用"不添加"等词汇修饰某种配料（含食品添加剂）时，应真实准确地反映食品配料的实际情况，即生产过程中不添加此配料物质，其供应商的原辅料中也不添加此配料物质，否则可视为对消费者的误导；当未批准此配料（包括食品添加剂）在该类食品中使用时，不应使用"不添加"该配料来误导消费者。当强调属于 GB 28050 管理的营养素较低或无时，则需要符合 GB 28050 规定。

对于仅在食品名称中提及的配料或成分，不强制标识其添加量和含量，企业自主选择是否标识。

③ 净含量标示要求。对于预包装食品的净含量，《定量包装商品计量监督管理办法》《定

量包装商品净含量计量检验规则》（JJF 1070）及 GB 7718 都有明确的标识要求。

　　净含量标示形式是由"净含量"、数字和法定计量单位三部分组成的，其中"净含量"属于固定的引导词，不管是液体的还是固体的食品，引导词"净含量"是一致的。数字必须使用"阿拉伯数字"，不可以使用表示数字的汉字。具体数字由生产经营企业自行确定，没有固定的净含量数值要求。但是对于赠送部分的净含量，需要在对应的数字邻近位置使用"赠"或"送"等文字加以说明。单位需标识法定计量单位，固体、液体或半固体食品通常用质量单位"克（g）"和"千克（kg）"，液体或半固体食品还可以使用体积单位"毫升（mL 或 ml）"和"升（L 或 l）"。固体食品不允许使用"体积"单位。体积 ≥ 1000 毫升（mL）时，必须使用"升（L 或 l）"作单位，质量 ≥ 1000 克（g）时，必须使用"千克（kg）"作单位。如"净含量：2kg（10×200g）"，不能标示为"净含量：2kg（10×0.2kg）"。

　　净含量的范围直接决定其字符高度，为了方便消费者更好地进行净含量与字高的比较，GB 7718 对净含量标识的字符高度设置了最低字高的要求。

　　净含量的字符最低高度是 2mm，随着数字的增加，字符最低高度也相应增加。对净含量设计的字符高度以字母 L、k、g 等计，没有字母时，以数字高度计。

4.1.5.5　净含量应与食品名称在包装物或容器的同一展示版面标示。

　　为了方便消费者查找净含量，还强制要求净含量标识的位置与反映真实属性的食品名称在同一展示版面，方便消费者在同一平视面同时观察到食品名称和净含量。

4.1.5.6　容器中含有固、液两相物质的食品，且固相物质为主要食品配料时，除标示净含量外，还应以质量或质量分数的形式标示沥干物（固形物）的含量（标示形式参见附录 C）。

　　固、液两相且固相物质为主要配料时，应在靠近"净含量"的位置以质量或质量分数的形式标示沥干物或固形物的含量。而由于某些食品固有特性，可能在不同的温度或其他条件下呈现两种不同形态的，则不属于固、液两相食品，如蜂蜜、食用油等产品。

4.1.5.7　同一预包装内含有多个单件预包装食品时，大包装在标示净含量的同时还应标示规格。

4.1.5.8　规格的标示应由单件预包装食品净含量和件数组成，或只标示件数，可不标示"规格"二字。单件预包装食品的规格即指净含量（标示形式参见附录 C）。

　　当内含多个单件预包装食品时，其大包装的净含量标识应该包括规格标识，可以不标识"规格"二字。如"净含量：225 克（200 克 + 送 25 克）"；当同一预包装内含有多件同种类的预包装食品时，净含量和规格可标识为"净含量（或净含量 / 规格）：200 克（5×40 克）"；同一预包装内含有多件不同种类的预包装食品时，净含量可标识为："净含量（或净含量 / 规格）：200 克（A 产品 40 克 ×3，B 产品 40 克 ×2）"。

　　④ 生产经营者信息标示要求。食品生产经营者是食品安全的第一责任人，食品标签必须要标识相应生产经营者的信息。标识生产者的名称、地址和联系方式，其中生产者的名称和地址必须是依法登记注册并能够承担食品安全责任的名称和地址，所以通常直接标示营业执照上的公司名称和住所地址。

依法能独立承担法律责任的公司，包括集团公司的子公司或分公司，应标示各自名称和地址。不能独立承担法律责任的集团子公司或分公司，应同时标识集团公司名称地址和子公司、分公司的名称和地址。

对于委托生产的食品，应该同时标识委托双方的名称和地址。对于分装的食品，可使用"分装商"标识相应的分装企业的名称和地址。

4.1.6.2　依法承担法律责任的生产者或经销者的联系方式应标示以下至少一项内容：电话、传真、网络联系方式等，或与地址一并标示的邮政地址。

承担法律责任的生产经营者的联系方式，包括电话（热线电话、售后电话或销售电话等）、传真及电子邮件等网络联系方式，也包括与地址一并标示的邮政地址。

4.1.6.3　进口预包装食品应标示原产国国名或地区区名（如香港、澳门、台湾），以及在中国依法登记注册的代理商、进口商或经销者的名称、地址和联系方式，可不标示生产者的名称、地址和联系方式。

对于进口预包装食品，进口食品应标示在中国依法登记注册的代理商、进口商或经销商的名称和地址，并同时标识"原产国"名称，对于中国香港、中国澳门和中国台湾地区所生产的食品应以"原产地"表示。

⑤日期标示要求。食品安全法要求食品的日期标示必须清晰醒目，必要时，要明示具体的打印或喷码部位，让消费者快速便捷地识读生产日期和保质期。同时日期的标识必须真实准确，不得标识虚假或伪造的生产日期和保质期，必须实事求是标识真实准确的生产日期和保质期。不得另外加贴或补印生产日期和保质期，杜绝"早产"或"晚生"的日期，严禁篡改生产日期和保质期。

组合装的食品，有多个生产日期和保质期时，其外包装的生产日期可以标识最早生产的食品的生产日期为组合装的生产日期，可以使用组装日期为生产日期进行标识，也可以在外包装分别标识各个食品的生产日期。对于保质期应该标识最早到期的保质期，或者也可以分别标识所有食品的保质期。对于组合装的预包装食品，如果其内包装的每个小的预包装食品也可以独立销售，则每个小的预包装食品的标签标示也必须符合 GB 7718 和 GB 28050 的要求。而如果内包装的每个小包装都不可以独立销售时，其每个小包装的预包装食品不强制标识生产日期和保质期等信息。其最小销售单元的预包装食品标签必须符合 GB 7718 和 GB 28050。

日期的编排，通常是按"年、月、日"的顺序标识，其中年份保留 4 位数，日期和月份都应该保留 2 位数。对于不按"年月日"的顺序打印生产日期和保质期的，需要明示其日期打印的排列顺序，如"生产日期（日月年）：12 10 2021"，明示"日月年"的排序，消费者才能清楚地识读出此生产日期是 2021 年 10 月 12 日，否则也可能被误解为 2021 年 12 月 10 日（月日年的排序）。所以只要不是"年月日"的正常排序，生产经营者都必须明示其具体的排序方式。对于保质期的标识，鼓励企业采取标识"保质期至"的具体到期日期，这样可以减少消费者由生产日期和保质期推算到期日期的麻烦，方便快速便捷地识读到具体的保质日期。

⑥贮存条件标示要求。食品是供人食用和饮用的特殊商品，具有一定的营养。但是受

贮存条件等环境的影响，很容易出现变质、变味等质量状况。所以必须要标明正确合理的贮存条件，只有按标明的贮存条件存放才能在保质期内保持标签说明的或标准要求的特定品质，才能保障消费者的健康。所以《中华人民共和国食品安全法》和 GB 7718 明确要求标示"贮存条件"。食品标签标示的贮存条件，是指导消费者合理存放食品的技术要求，只有在此贮存条件下，在保质期内食品的质量安全才有保障。所以食品标签标示的贮存条件，需要清晰明了，消费者能通过标示的贮存条件的指导，合理地存放食品。不强制标示"贮存条件"等引导词。

⑦ 食品生产许可证编号及注册编号标示要求。《中华人民共和国食品安全法》第三十五条规定，国家对食品生产经营实行许可制度。从事食品生产、食品销售、餐饮服务，应当依法取得许可。实施食品生产许可的 32 大类食品的生产，都必须要先取得食品生产许可证，才有资质进行相应食品类别的生产。依据《食品生产许可管理办法》，对于取得食品生产许可证的食品生产企业，都必须要在相应的食品标签上标识食品生产许可证上载明的食品生产许可证编号。

对于进口食品，因为其境外的生产企业没有按中国的《食品生产许可管理办法》实施生产许可，没有相应食品生产许可证编号，所以不需要标识食品生产许可证编号，但是依据《中华人民共和国进口食品境外生产企业注册管理规定》（海关总署第 248 号令），对于进口的预包装食品，需要在其内外包装上标识对应的注册编号。

第十五条 已获得注册的企业向中国境内出口食品时，应当在食品的内、外包装上标注在华注册编号或者所在国家（地区）主管当局批准的注册编号。

⑧ 产品标准代号标示要求。食品安全法和 GB 7718 标准都明确要求在国内生产并销售的预包装食品，需要标示所执行的产品标准号。

对于在国内生产并在国内销售的预包装食品，强制标示产品标准代号。而对于进口食品不强制标示标准代号，生产经营企业可以自愿选择是否标示，如果标示产品标准代号，则必须符合相应的标准。对于强制性的食品安全国家标准，不管是否在标签上标示产品标准代号，其产品都必须符合相应的食品安全国家标准。对于出口预包装食品，需要按目标国（或地区）的要求标示。

产品标准代号的标示形式，由引导词、标准代号和顺序号组成，引导词不限于产品标准号、产品标准代号、产品标准编号、产品执行标准号等。标准代号是指产品所执行的涉及产品质量、规格等内容的标准，可以是食品安全国家标准、食品安全地方标准、其他相关国家标准、行业标准、地方标准和企业标准等。标准代号和顺序号及年号共同组成标准号，但是为了避免标准年号更新造成食品包材的浪费，通常建议企业不标示标准年号。对于提前实施的食品安全国家标准，建议一并标示标准年号，如"产品标准代号：GB 10765—2021"。

⑨ 营养标签标示要求。我国自 2011 年发布并于 2013 年开始实施《食品安全国家标准 预包装食品营养标签通则》（GB 28050—2011）标准，强制要求面向消费者的预包装食品标识营养成分表，为全面推行健康饮食、合理膳食搭配和科学选择食品提供了技术指导。GB 28050 不仅明确要求强制标识营养成分表，而且也明确了强制标识的营养素项目、含量及营养素参考值的比例。同时对营养成分表的标识形式也进一步统一并规范，进一步方便消费者识读，进而引导消费者健康消费。

a. 营养标签标示的基本要求。《食品安全国家标准 预包装食品营养标签通则》（GB

28050）标准强制要求预包装食品标识营养成分表。营养标签标示的基本要求与 GB 7718 对食品标签的基本要求是一致的，必须要遵守真实、准确及科学的原则，客观标识相应食品的营养成分数据，方便消费者更好地识读和选择。不得进行任何虚假夸大的不真实宣传，真切地保护消费者的权益。

营养标签标示的形式，也必须采用简体中文的形式进行标识，对于同时使用外文的标识，其外文字号不得大于对应的中文字号。另外，在标识形式上，明确必须以"方框表"的形式标识营养成分表，并以"营养成分表"作固定表题。方便消费者查找与识读。对于"方框表"需要与包装基线垂直，具体方框表内的表头也是固定的：项目、每 100 克（或每 100 毫升或每份）及营养素参考值（NRV）组成。其中项目列需要标识具体营养成分的名称，每 100 克（或每 100 毫升或每份）标识对应营养成分的具体含量，而营养素参考值（NRV）表示此营养素含量的参考值，消费者可以依据此参考值的比例，确定该食品的可能摄入量。对于包装面积较小的包装，允许不使用方框表。

营养成分含量必须标识具体数值，包括"每份"，也必须要明示具体的数值，不能标识范围值。具体数值的来源可以通过原辅料的营养成分含量及配方比例进行理论计算，也可以对终产品进行相应营养成分的检测。不管是哪个来源的含量数值，都必须要真实准确。

对于营养标签的标识位置，标准中没明确具体部位，但是在向消费者提供的预包装食品最小销售单元上必须标识营养成分表。标识格式由企业自主选择标准附录 B 中的任一种格式。

b. 营养标签的强制标示内容。《食品安全国家标准 预包装食品营养标签通则》（GB 28050）标准属于强制性食品安全国家标准，所以此标准适用范围规定的预包装食品必须要按此标准要求进行营养成分表的标识，尤其是此标准明确的强制标示内容：

4.1　所有预包装食品营养标签强制标示的内容包括能量、核心营养素的含量值及其占营养素参考值（NRV）的百分比。当标示其他成分时，应采取适当形式使能量和核心营养素的标示更加醒目。

首先，强制标识的 5 个项目内容有能量、蛋白质、脂肪、碳水化合物和钠，以及围绕这 5 个项目的具体含量值和营养素参考值。如果企业自主增加允许标识的营养素，还必须要使强制标识的 5 个项目清晰醒目地突出标识。突出醒目的标识形式，企业可以自主选择加粗、黑体、增大字号等。

当对 GB 28050 表 1 中的营养成分进行营养声称或功能声称时，也需要在营养成分表中标识声称营养成分的含量及其营养素参考值。当使用 GB 14880 及增补公告明确允许强化的营养强化剂时，也必须标识强化营养素的含量及其营养素参考值。当使用了氢化或部分氢化油脂时，必须标识反式脂肪（酸）的含量。这些都是条件强制，企业结合产品配方及声称情况，当出现上述条件时，对应的营养成分就是强制标识的内容。对于 GB 28050 未规定营养素参考值的营养成分仅标识具体含量数值即可，不需要标识营养素参考值。

c. 营养标签的可选择标示内容。除了上述强制标识的营养成分内容，《食品安全国家标准 预包装食品营养标签通则》（GB 28050）标准也同时规定了一些可选择性的标识内容，鼓励企业结合自己产品的特性，增加相应可选择的营养成分的标识。

5.1　除上述强制标示内容外，营养成分表中还可选择标示表 1 中的其他成分。

5.2 当某营养成分含量标示值符合表 C.1 的含量要求和限制性条件时，可对该成分进行含量声称，声称方式见表 C.1。当某营养成分含量满足表 C.3 的要求和条件时，可对该成分进行比较声称，声称方式见表 C.3。当某营养成分同时符合含量声称和比较声称的要求时，可以同时使用两种声称方式，或仅使用含量声称。含量声称和比较声称的同义语见表 C.2 和表 C.4。

5.3 当某营养成分的含量标示值符合含量声称或比较声称的要求和条件时，可使用附录 D 中相应的一条或多条营养成分功能声称标准用语。不应对功能声称用语进行任何形式的删改、添加和合并。

当标识的相应营养成分含量标示值符合含量声称或比较声称条件及限制要求时，可以进行相应的含量声称或比较声称，如果同时符合含量声称和比较声称的条件及限制要求时，则可以同时进行含量声称和比较声称，也可以仅进行含量声称，但不能仅进行比较声称。同时标准也对含量声称和比较声称的标准用语及同义词进行了相应的明确，供企业自主选择使用。当符合含量声称或比较声称条件及限制要求时，也可以使用营养成分的功能声称用语。但是功能声称用语只能选择此标准附录 D 的标准的功能声称用语，不能作任何形式的修改、合并、增加或删减。

d. 营养成分标示的表达方式。对于营养成分表的标识，《食品安全国家标准 预包装食品营养标签通则》（GB 28050）标准也明确了具体的要求：

6.1 预包装食品中能量和营养成分的含量应以每 100 克（g）和（或）每 100 毫升（mL）和（或）每份食品可食部中的具体数值来标示。当用份标示时，应标明每份食品的量。份的大小可根据食品的特点或推荐量规定。

6.2 营养成分表中强制标示和可选择性标示的营养成分的名称和顺序、标示单位、修约间隔、"0" 界限值应符合表 1 的规定。当不标示某一营养成分时，依序上移。

6.3 当标示 GB 14880 和卫生部公告中允许强化的除表 1 外的其他营养成分时，其排列顺序应位于表 1 所列营养素之后。

所有含量数值的标识必须是具体数值，不能使用范围的标识。使用"每份"进行食品量的标识时，也必须明确"每份"的具体重量或体积。当然每份的具体大小由企业根据食品的特点或推荐量自行确定。

具体营养成分的标准名称、排序、单位、修约间隔及"0"界限值按标准表 1 的规定执行。当标识 GB 14880 和增补公告中允许强化的且不在此标准表 1 中的营养成分时，此强化的营养素应标识在 GB 28050 标准表 1 所列营养素的后面。仅在 GB 14880 及其增补公告中允许强化的多个营养素的标识排序不作要求，全部排在 GB 28050 标准表 1 营养素的后面。如果标准中营养成分的名称有两个时，两个名称都属于标准名称，都可以使用。中文单位或字母单位都可以使用。由企业自主选择相应名称和单位进行标识。

当能量和营养成分低于 GB 28050 标准表 1 中的"0"界限值时，都必须标识"0"，企业可以结合修约间隔的要求，标注为"0+ 表达单位"或"0.0+ 表达单位"等都可以。比如蛋白质为 0.3 克 /100 克时，可以标注为"0 克"或"0.0 克"。

6.4 在产品保质期内，能量和营养成分含量的允许误差范围应符合表 2 的规定。

标准明确所有营养成分含量标示值都必须是具体的数值，但是考虑到保质期内部分营养成分的含量会发生变化，或者受食品本身质量稳定性的限制，可能会出现一定范围的偏差。所以标准也规定了营养成分含量的允许误差范围，其检测结果只要在标识值的允许误差范围内即符合标准要求。具体允许误差范围按 GB 28050 标准表 2 的要求执行。

e. 豁免强制标示。鉴于部分食品类别属性及包装表面积等原因，GB 28050 标准豁免了如下预包装食品的营养标签的标识：

7 豁免强制标示营养标签的预包装食品
下列预包装食品豁免强制标示营养标签：
——生鲜食品，如包装的生肉、生鱼、生蔬菜和水果、禽蛋等；
——乙醇含量 ≥ 0.5% 的饮料酒类；
——包装总表面积 ≤ 100cm^2 或最大表面面积 ≤ 20cm^2 的食品；
——现制现售的食品；
——包装的饮用水；
——每日食用量 ≤ 10g 或 10mL 的预包装食品；
——其他法律法规标准规定可以不标示营养标签的预包装食品。
——豁免强制标示营养标签的预包装食品，如果在其包装上出现任何营养信息时，应按照本标准执行。

属于上述条件的预包装食品，都可以不标识营养成分表，但是如果在其包装上出现任何营养信息时，则必须要按 GB 28050 标准要求标识营养成分表。

《食品安全国家标准 预包装食品营养标签通则》（GB 28050）标准属于强制执行的食品安全国家标准，除豁免标识外的预包装食品必须要按此标准要求标识相应的营养标签。

⑩ 其他标示要求。除了上述明确的食品标签项目内容，GB 7718 等相关标准还规定了一些需要强制标识的内容，具体如下。

a. 辐照食品的标示。

4.1.11.1 辐照食品
4.1.11.1.1 经电离辐射线或电离能量处理过的食品，应在食品名称附近标示"辐照食品"。
4.1.11.1.2 经电离辐射线或电离能量处理过的任何配料，应在配料表中标明。

辐照食品是利用放射性同位素射线或电子加速器产生的电子束，按照符合安全要求的剂量辐照加工处理的食品，必须符合《食品安全国家标准 食品辐照加工卫生规范》（GB 18524）及各类辐照食品的卫生标准（GB 14891 系列标准）等。经过辐照的食品，必须在标签上食品名称的附近注明"辐照食品"字样。如果仅是某些配料经过辐照，则必须在标签的配料表中配料名称附近注明"辐照原料""辐照"或"辐照灭菌"等字样。

b. 转基因食品的标示。

4.1.11.2 转基因食品
转基因食品的标示应符合相关法律、法规的规定。

随着转基因技术的发展，我国对转基因食品的监管日趋严格，《农业转基因生物标识管理办法》（农业部令第 10 号）明确要求销售列入农业转基因生物标识目录的农业转基因生物，应当进行标识；未标识和不按规定标识的，不得进口或销售。从而保护消费者的知情权和选择权。

c. 质量等级的标示。

4.1.11.4 质量（品质）等级

食品所执行的相应产品标准已明确规定质量（品质）等级的，应标示质量（品质）等级。

关于产品的质量等级，需要依据标签上标示的相应产品标准确定，如果产品标准中已明确规定质量等级的，应标示质量等级。"相应产品标准"包括食品安全国家标准、食品安全地方标准、企业标准或其他相关国家标准、行业标准、地方标准等。产品的工艺描述、产品类别等不属于质量等级。如果相应产品标准中没有规定质量等级的，则不能标识质量等级。

d. 食品生产许可审查细则的标示要求。

对于食品生产许可的审查，除了要符合食品生产许可审查通则的要求，还应该符合相应食品类别的审查细则的要求，一部分食品生产许可审查细则中有标签标示的明确要求，如《速冻食品生产许可证审查细则》（2006 版），明确要求有馅料的速冻面米制品，还需要标明"馅料含量占净含量的百分比"。结合各类食品的生产许可审查细则，有明确标识要求的相应细则，其细则包含的所有食品类别的食品标签，还应该按细则的要求标识相应的内容。

e. 食品标准的标示要求。食品安全国家标准属于强制性国家标准，其规定范围内的食品都应该符合相应的要求，如《食品安全国家标准 动物性水产制品》（GB 10136）中对标识有特别规定。

4 标识

产品标识应符合 GB 7718 的规定，并注明食用方法。

虽然 GB 7718 对食用方法的标识是推荐性的标识内容，生产经营企业可以自愿选择是否标识"食用方法"内容，但是对于动物性水产制品类食品，因为强制性的食品安全国家标准明确要求标识食用方法，所以对于动物性水产制品，食用方法就是强制标识的内容，生产此类食品的标签上必须要标注食用方法的内容。

只要对应的强制性食品安全国家标准中有明确的标签标示要求，此标准范围内的食品标签就必须要按食品安全国家标准的标签标示要求进行标识。对于标识的产品标准代号，不管是食品安全国家标准、其他国家标准、行业标准、地方标准、团体标准或企业标准，生产经营企业都需要按标识的标准执行，所以标识的标准中如果有标签标示要求时，则需要一并执行。

f. 特殊配料的标示。对于一些特殊的配料，尤其是国家部委公告的新食品原料（新资源食品），如《关于批准人参（人工种植）为新资源食品的公告》（卫生部公告 2012 年第 17 号）公布的人工种植 5 年以下的人参，任何类别的食品只要使用了此配料，就必须按此公告要求增加"不适宜人群"和"食用限量"的标识。即对于任何有标识要求的配料，只要使用，其成品标签必须按相应要求进行标识。

g. 认证等标志的标示。《认证证书和认证标志管理办法》第十八条规定：

第十八条　获得产品认证的组织应当在广告、产品介绍等宣传材料中正确使用产品认证标志，可以在通过认证的产品及其包装上标注产品认证标志，但不得利用产品认证标志误导公众认为其服务、管理体系通过认证。

对于通过有机认证的产品，需要按《有机产品认证管理办法》进行相应的标识：

第三十三条　获证产品的认证委托人应当在获证产品或者产品的最小销售包装上，加施中国有机产品认证标志、有机码和认证机构名称。

获证产品标签、说明书及广告宣传等材料上可以印制中国有机产品认证标志，并可以按照比例放大或者缩小，但不得变形、变色。

对于标志，通常都是矢量图，可以按比例放大或缩小，但不得变形、变色。

中国有机产品认证标志仅应用于按照GB/T 19630的要求生产或加工并获得认证的有机产品的标识，并且应当在认证证书限定的产品类别、范围和数量内使用。可以加贴或印制。

对于认证标志的标识，只有在获得相应认证的前提下，才可以按相应的要求进行标识。

h. 其他标示要求。GB 7718将批号、食用方法、致敏物质标示作为推荐标示内容：

4.4.1　批号

根据产品需要，可以标示产品的批号。

4.4.2　食用方法

根据产品需要，可以标示容器的开启方法、食用方法、烹调方法、复水再制方法等对消费者有帮助的说明。

4.4.3　致敏物质

4.4.3.1　以下食品及其制品可能导致过敏反应，如果用作配料，宜在配料表中使用易辨识的名称，或在配料表邻近位置加以提示：

a）含有麸质的谷物及其制品（如小麦、黑麦、大麦、燕麦、斯佩耳特小麦或它们的杂交品系）；

b）甲壳纲类动物及其制品（如虾、龙虾、蟹等）；

c）鱼类及其制品；

d）蛋类及其制品；

e）花生及其制品；

f）大豆及其制品；

g）乳及乳制品（包括乳糖）；

h）坚果及其果仁类制品。

4.4.3.2　如加工过程中可能带入上述食品或其制品，宜在配料表临近位置加以提示。

推荐并鼓励企业主动标识批号、食用方法及致敏物质信息，更好地帮助消费者正确食用，防范可能的安全风险。

而对于其他标识要求，GB 7718未明确标识内容及要求，但是明确必须要按国家相关规定进行标识。具体的标识内容及要求执行相应的管理规定。

5　其他

按国家相关规定需要特殊审批的食品，其标签标识按照相关规定执行。

3. 特殊膳食类食品标签标示要求

特殊膳食类食品，通常是指为满足特殊的身体或生理状况和（或）满足疾病、紊乱等状态下的特殊膳食需求，专门加工或配方的食品。这类食品的营养素和（或）其他营养成分的含量与可类比的普通食品有显著不同，其标签标示也有相应的特殊要求。婴幼儿配方乳粉的标签应与产品配方注册内容一致，应真实规范、科学准确、通俗易懂、清晰易辨，不得含有虚假、夸大或者绝对化语言。除此之外，具体特殊膳食食品的标签还需要按《食品安全国家标准 预包装特殊膳食用食品标签》（GB 13432）标准执行。

（1）预包装特殊膳食用食品标签标示的基本要求　除了需要符合 GB 7718 的基本要求外，特殊膳食用食品也一样不得进行任何涉及"疾病预防及治疗功能"的宣传。对于0—6月龄的婴儿配方食品，不得进行必需成分的含量声称和功能声称。

3　基本要求

预包装特殊膳食用食品的标签应符合 GB 7718 规定的基本要求的内容，还应符合以下要求：

——不应涉及疾病预防、治疗功能；

——应符合预包装特殊膳食用食品相应产品标准中标签、说明书的有关规定；

——不应对0～6月龄婴儿配方食品中的必需成分进行含量声称和功能声称。

（2）预包装特殊膳食用食品的强制标示内容　预包装特殊膳食用食品标签的一般要求，全部按 GB 7718 的一般要求执行。其标签的内容包括 GB 7718 对普通预包装食品标识的全部内容。除此之外，还有一些额外的要求需要同时满足。

① 食品名称。特殊膳食的食品名称，需要满足 GB 7718 对食品名称的要求，同时可以在食品名称中使用"特殊膳食用食品"或其他相应描述的特殊性的名称。如果不是"特殊膳食用食品"，则一定不能使用"特殊膳食用食品"或其他特殊性的名称。

依据《婴幼儿配方乳粉产品配方注册标签规范技术指导原则（试行）》，婴幼儿配方乳粉的食品名称必须由商品名称和通用名称组成，产品名称字体颜色与相应背景颜色易于区分，可清晰辨识。每个产品只能有一个产品名称，进口婴幼儿配方乳粉还可标注英文名称，英文名称应与中文名称有对应关系。通用名称根据产品适用月龄应为"婴儿配方乳（奶）粉（0—6月龄，1段）""较大婴儿配方乳（奶）粉（6—12月龄，2段）""幼儿配方乳（奶）粉（12—36月龄，3段）"。通用名称应当醒目、显著，通用名称不得分开标注。

按照国家食品药品监督管理总局对《婴幼儿配方乳粉产品配方注册标签规范技术指导原则（试行）》的解读，对于商品名称的标注要求如下：

九、商品名称有哪些标注要求？

商品名称应当符合有关法律法规和食品安全国家标准的规定，不应包含下列内容：

1. 虚假、夸大、违反科学原则或者绝对化的词语，如"金装""超级""升级"等；

2. 涉及预防、治疗、保健功能的词语，如"益眠""强体"等；

3. 明示或者暗示具有益智、增加抵抗力或者免疫力、保护肠道等功能性表述，如"益

智""益生菌"等;

4. 庸俗或者带有封建迷信色彩的词语,如"贵族"等;

5. 人体组织器官等词语,如"心护"等;

6. 其他误导消费者的词语,如使用谐音字或形似字足以造成消费者误解的,如"亲体""母爱""仿生"等。

对于同一企业同系列不同月龄的产品,其商品名称应相同或相似。另外商标用作商品名称时,也应符合上述商品名称命名规定。

以单字面积计,商品名称字体总面积不得大于通用名称所用字体总面积的二分之一,商品名称字号小于通用名称。

使用除商品名称以外的已注册商标,注册商标的面积(矩形法)不得大于通用名称所用字体面积的四分之一,且小于商品名称面积,不得与产品名称连用。如标注在主要展示版面的,应当标注在标签的边角。

特殊医学用途配方食品的食品名称,以商品名称 + 通用名称的方式进行命名,其中通用名称以具体标准或公告的名称执行,如《市场监管总局关于调整特殊医学用途配方食品产品通用名称的公告》。明确特殊医学用途配方食品的名称必须使用公告后的规范通用名称。

婴幼儿配方乳粉的食品名称、净含量、配方注册号必须标注在主要展示版面。除了已注册商标外,主要展示版面不得标注其他信息内容。

产品名称中有动物性来源的,应当根据产品配方在配料表中如实标明使用的生乳、乳粉、乳清(蛋白)粉等乳制品原料的动物性来源。使用的乳制品原料有两种以上动物性来源时,应当标明各种动物性来源原料所占比例。依据《关于进一步规范婴幼儿配方乳粉产品标签标识的公告》,2023 年 2 月 22 日起生产的婴幼儿配方乳粉,产品名称中有某种动物性来源字样的,其生乳、乳粉、乳清粉等乳蛋白来源应当全部来自该物种。

② 配料标识。对于特殊膳食食品的配料表,如婴幼儿配方乳粉类的特殊膳食食品,配料表植物油需要展开具体植物油的品种名称,如"植物油(花生油)",使用的乳制品原料有两种以上动物性来源时,应当标明各种动物性来源原料所占比例。2023 年 2 月 22 日起生产的婴幼儿配方乳粉,使用的同一种乳蛋白原料有两种或两种以上动物性来源的,应当在配料表中标注各种动物性来源原料所占比例,使用复合配料的应在配料表中标示复合配料的名称,随后将复合配料的原始配料在括号内按加入量的递减顺序标示。

特殊医学用途配方食品需要标识配方特点/营养学特征,应对产品的配方特点、配方原理或营养学特征进行描述或说明,包括对产品与适用人群疾病或医学状况的说明、产品中能量和营养成分的特征描述、配方原理的解释等。描述应客观、清晰、简洁,便于医生或临床营养师指导患者正确使用,不应导致使用者产生误解。

③ 贮存条件。对于贮存条件的标识,如果开封后不宜贮存或不宜在原包装容器内贮存,应在标签上向消费者特别提示。

④ 产品类别标识。需要依据相应的产品标准中明确的类别,进行标识,如执行 GB 10765 的产品,则需要标识 GB 10765 对应的食品类别,特殊医学用途配方食品的类别,分别依据《食品安全国家标准 特殊医学用途配方食品通则》(GB 29922)和《食品安全国家标准 特殊医学用途婴儿配方食品通则》(GB 25596)规定的产品类别(分类)进行标注。

⑤ 状态标识。组织状态标识,结合具体产品的状态特性标识。

⑥ 安全警示。关于警示说明和注意事项的标识,应在醒目位置标示"请在医生或临床营

养师指导下使用""不适用于非目标人群使用""本品禁止用于肠外营养支持和静脉营养";还应根据实际需要选择性地标注"配制不当和使用不当可能引起××危害""严禁××人群使用或××疾病状态下人群使用"等警示说明，以及"产品使用后可能引起不耐受（不适）""××人群使用可能引起健康危害""使用期间应避免细菌污染""管饲系统应当正确使用"等注意事项。另外，对于早产/低出生体重儿配方食品应标示产品的渗透压。可供6月龄以上婴儿食用的特殊医学用途配方食品，应标明"6月龄以上特殊医学状况婴儿食用本品时，应配合添加辅助食品"。"可作为唯一营养来源单独食用"或"不可作为唯一营养来源，应配合添加××食品"等。

⑦ 营养成分的标识。特殊膳食用食品的营养标签，也必须使用表题"营养成分表"和"方框表"的形式标识。强制标识的项目有能量、蛋白质、脂肪、碳水化合物、钠、相应产品标准中要求的营养成分及添加了相应标准允许的可选择性成分或强化的营养成分。方框表的表头包括项目、每100g（克）和（或）每100mL（毫升）和（或）每份，如果相应产品标准中有"每100kJ（千焦）"的标识要求时，也需要同时标识每100kJ（千焦）的各营养成分的含量，如婴幼儿配方乳粉。对于含量数值，也必须是具体数值，不能使用范围值标示。对于每份食品的标识，需要标明每份的具体重量或体积。

相应营养成分的含量数据可以通过产品检测获得，也可以利用原辅料的基础营养成分进行计算获取终产品的营养成分的含量。但是都必须要保证所有营养成分的每批次检测结果都不低于标示值的80%。并同时符合相应的产品标准要求。

GB 13432未对营养成分的名称、排序、修约及单位作出明确的规定，由水解蛋白质或氨基酸提供蛋白质时，可使用"蛋白质""蛋白质（等同物）"或"氨基酸总量"任意一种方式来标示"蛋白质"项目名称。但是婴幼儿配方乳粉的营养成分表的排序应当与申请注册的内容及顺序一致，并按照能量、蛋白质、脂肪、碳水化合物、维生素、矿物质、可选择性成分等类别分类列出。执行GB 10765或GB 10767时，其营养成分标识顺序应当按相应标准规定的顺序排列。

⑧ 食用方法和适宜人群的标识。特殊膳食用食品应按照要求标识食用方法和适宜人群，《食品安全国家标准 预包装特殊膳食用食品标签》（GB 13432）中有如下规定：

4.4.1 应标示预包装特殊膳食用食品的食用方法、每日或每餐食用量，必要时应标示调配方法或复水再制方法。

4.4.2 应标示预包装特殊膳食用食品的适宜人群。对于特殊医学用途婴儿配方食品和特殊医学用途配方食品，适宜人群按产品标准要求标示。

对于婴幼儿配方乳粉，除了应标明食用方法、每日或每餐食用量，配制指导说明及图解，必要时可标示容器开启方法。当包装最大表面积小于100cm²或产品质量小于100g时，可以不标示图解。对于配制或使用不当可能产生健康危害的，应该对不当配制和使用不当可能引起的健康危害给予警示说明。

对于适用人群的标识，需要按具体标准的人群名称进行标识，当不同适用人群的食用量和食用方法不一致时，应分别描述。

⑨ 可选择性标识内容。相比普通食品，特殊膳食用食品不需要标识营养素参考值（NRV），但可以选择标识能量及营养成分含量占推荐摄入量（RNI）或适宜摄入量（AI）的质量百分比。对于特殊膳食用食品的含量声称和功能声称的标识，其声称的条件是必须保证

能量或营养成分在产品中的含量达到相应产品标准的最小值或允许强化的最低值。如果某营养成分在产品标准中无最小值或最低强化量要求时，可提供其他国家或国际组织允许对该营养成分进行含量声称的依据作含量声称的条件判断。含量声称用语和功能声称用语按 GB 28050 执行。GB 28050 中没有的功能声称用语，应提供其他国家和（或）国际组织关于该物质功能声称用语的依据。对于上述不在现行食品安全国家标准规定内的含量声称和功能声称，则需要经国务院卫生行政部门批准后方可标注。而对于婴幼儿配方乳粉，《市场监管总局关于进一步规范婴幼儿配方乳粉产品标签标识的公告》（2021 年第 38 号）明确：

二、适用于 0～6 月龄的婴儿配方乳粉不得进行含量声称和功能声称。适用于 6 月龄以上的较大婴儿和幼儿配方乳粉不得对其必需成分进行含量声称和功能声称，其可选择成分可以文字形式在非主要展示版面进行食品安全国家标准允许的含量声称和功能声称。

仅可以对符合声称条件的较大婴儿和幼儿配方乳粉的可选择性成分进行含量声称和功能声称。但是必须与配方注册的声称内容一致。不得出现与配方注册内容不一致的声称。

如果标注生乳、原料乳粉等原料来源，必须如实标注具体来源地或者来源国。而不能使用模糊信息标识，如"进口奶源""源自国外牧场""生态牧场""进口原料""原生态奶源""无污染奶源"等。

⑩ 其他标识要求。同一企业相同配方的婴幼儿配方乳粉标签的内容（除净含量、食用方法、保质期等本身存在差异的内容外）、格式及颜色应一致。

获得认证的婴幼儿配方乳粉，可以按认证标志的规定，使用文字或认证标志在非主要展示版面标注。对于按照食品安全标准不应当在产品配方中含有或者使用的物质，不得以"不添加""不含有""零添加"等字样强调未使用或者不含有。

相应产品标准中也有标识要求，如 GB 10765 要求应标明产品的类别、婴儿配方食品属性和适用年龄，同时应标明"对于 0～6 月龄的婴儿最理想的食品是母乳，在母乳不足或无母乳时可食用本产品"等相应标准中要求标识的所有内容。标签上不得有任何婴儿和妇女的形象，不得使用"人乳化""母乳化"或近似术语表述。

特殊医学用途婴儿配方食品，除了上述标签要求，还需要标识"适用的特殊医学状况"。

对于具体特殊膳食食品的产品标准中有明确标识要求的，也需要按相应的要求进行标识。

当预包装特殊膳食用食品包装物或包装容器的最大表面面积小于 $10cm^2$ 时，可只标示产品名称、净含量、生产者（或经销者）的名称和地址、生产日期和保质期。

如果产品有安全警示等要求，则需要准确地标识安全警示说明。

配方注册号的标识，作为实施配方注册管理的婴幼儿配方食品和特殊医学用途配方食品，都需要标识相应的配方注册号，而且必须要标识在主要展示版面。对于境外生产企业注册的特殊膳食用食品，同时需要标识相应的境外生产企业注册编号。

对于其他标识内容，需要结合相应的食品安全国家标准和（或）注册要求一并标识。

4. 保健食品标示要求

（1）保健食品标示的基本要求　《中华人民共和国食品安全法实施条例》（国令第 721 号）要求"特殊食品的标签内容应当与注册或备案的标签内容一致"，所以保健食品的标签应与其产品注册或备案的内容一致，应真实规范、科学准确、通俗易懂、清晰易辨，不得含有虚假、夸大或者绝对化语言，不得与食品或包装容器分离，所附说明书应置于产品的外包装内。保健食品标识和产品说明书的文字、图形、符号必须清晰、醒目、直观，易于辨认和识读。背景和底色应采用对比色。标识必须牢固、持久，不得在流通和食用过程中变得模糊甚至脱落。

第七十八条　保健食品的标签、说明书不得涉及疾病预防、治疗功能，内容应当真实，与注册或者备案的内容相一致，载明适宜人群、不适宜人群、功效成分或者标志性成分及其含量等，并声明"本品不能代替药物"。保健食品的功能和成分应当与标签、说明书相一致。

保健食品的标签内容除了要求科学准确、真实规范，还需要与注册或备案的内容相一致，尤其是功能和成分应该与注册或备案的内容完全一致。

保健食品的标签标示，目前还是沿用 1996 年发布的《保健食品标识规定》（卫监发（1996）第 38 号）。此规定明确了保健食品标识的基本要求：

第四条　保健食品标识与产品说明书的所有标识内容必须符合以下基本原则：

保健食品名称、保健作用、功效成分、适宜人群和保健食品批准文号必须与卫生部颁发的《保健食品批准证书》所载明的内容相一致。

应科学、通俗易懂，不得利用封建迷信进行保健食品宣传。

应与产品的质量要求相符，不得以误导性的文字、图形、符号描述或暗示某一保健食品或保健食品的某一性质与另一产品的相似或相同。

不得以虚假、夸张或欺骗性的文字、图形、符号描述或暗示保健食品的保健作用，也不得描述或暗示保健食品具有治疗疾病的功用。

第五条　保健食品标识与产品说明书的标示方式必须符合以下基本原则：

保健食品标识不得与包装容器分开。所附的产品说明书应置于产品外包装内。

各项标识内容应按本办法的规定标示于相应的版面内，当有一个"信息版面"不够时，可标于第二个"信息版面"。

保健食品标识和产品说明书的文字、图形、符号必须清晰、醒目、直观，易于辨认和识读。背景和底色应采用对比色。

保健食品标识和产品说明书的文字、图形、符号必须牢固、持久，不得在流通和食用过程中变得模糊甚至脱落。

必须以规范的汉字为主要文字，可以同时使用汉语拼音、少数民族文字或外文，但必须与汉字内容有直接的对应关系，并书写正确。所使用的汉语拼音或外国文字不得大于相应的汉字。

计量单位必须采用国家法定的计量单位。

保健食品的标识基本要求必须做到科学、通俗易懂，不得出现明示或暗示的误导或误解、虚假、夸大及封建迷信类宣传。同时也不得明示或暗示预防或治疗疾病的作用。标识内容清晰醒目易于识读。标识的文字，必须以规范的汉字为主，可以辅以拼音、少数民族文字及外文，但是必须与对应中文一致且不得大于对应中文。涉及计量单位必须使用法定计量单位。

保健食品标识的内容，包括保健食品的"蓝帽子"标志、批准文号（注册或备案文号）、批准或备案的主管单位、保健食品名称、保健功能、功效成分或者标志性成分及含量、适宜人群及不适宜人群、净含量及规格、配料或原料与辅料、食用量及食用方法、日期、执行标准、贮存条件、生产企业名称地址及联系方式、警示性标识等内容。上述所有的标识内容都需要与注册或备案的信息内容一致。

保健食品的"蓝帽子"标志，按原卫生部公布的标准矢量标志标识在主要展示版面的左上角，当"主要展示版面"的表面积大于$100cm^2$时，保健食品标志最宽处的宽度不得小于2cm。

批准文号（注册或备案文号）和批准单位也必须标识在主要展示版面的左上角，排列在"蓝帽子"标志下方或右侧。批准文号和批准单位应分行标识，上行标识批准文号，下行标识批准单位。

（2）保健食品命名原则　依据《市场监管总局关于发布〈保健食品命名指南（2019年版）〉的公告》：保健食品的名称必须用标准的商标名＋通用名＋属性名进行命名，不得出现任何涉及疾病预防或治疗的明示或暗示的标识。名称必须反映真实属性，简明扼要，通俗易懂，不得出现任何可能产生误导、误解甚至欺骗消费者的描述。

二、保健食品名称命名基本原则

（一）符合国家有关法律法规相关规定。

（二）遵循一品一名。

（三）反映产品的真实属性，简明扼要，通俗易懂，符合中文语言习惯，便于消费者识别记忆。

（四）不得涉及疾病预防、治疗功能，不得误导、欺骗消费者。

（3）保健食品命名要求　2020年修订的《保健食品注册与备案管理办法》（国家食品药品监督管理总局令第22号）明确了保健食品命名的具体要求。

第五十七条　保健食品名称不得含有下列内容：

（一）虚假、夸大或者绝对化的词语；

（二）明示或者暗示预防、治疗功能的词语；

（三）庸俗或者带有封建迷信色彩的词语；

（四）人体组织器官等词语；

（五）除"®"之外的符号；

（六）其他误导消费者的词语。

保健食品名称不得含有人名、地名、汉语拼音、字母及数字等，但注册商标作为商标名、通用名中含有符合国家规定的含字母及数字的原料名除外。

第五十八条　通用名不得含有下列内容：

（一）已经注册的药品通用名，但以原料名称命名或者保健食品注册批准在先的除外；

（二）保健功能名称或者与表述产品保健功能相关的文字；

（三）易产生误导的原料简写名称；

（四）营养素补充剂产品配方中部分维生素或者矿物质；

（五）法律法规规定禁止使用的其他词语。

保健食品名称不得含有人名、特定人群、地名、代号、汉语拼音、字母、数字及除注册商标"®"标志之外的任何符号等，但注册商标作为商标名、通用名中含有维生素及符合国家规定的含字母及数字的原料名除外。不得含有虚假、夸大和绝对化的词语，如"高效"、"第×代"等，不得出现庸俗或带有封建迷信色彩的词语，不得含有人体组织、器官、细胞等词语，不得出现明示或暗示保健功能的文字及表述与产品保健功能相关（近似、谐音、暗示、形似等）的文字，不得使用与产品特性没有关联，消费者不易理解的词语、专业术语及地方方言；不得使用易产生误解的原料简写名称等误导消费者的词语，不得使用已经注册的药品通用名，但以原料名称命名或者保健食品注册批准在先的除外。不得使用法律法规规定禁止使用的其他词语。

第五十六条　保健食品的名称由商标名、通用名和属性名组成。

商标名，是指保健食品使用依法注册的商标名称或者符合《商标法》规定的未注册的商标名称，用以表明其产品是独有的、区别于其他同类产品。

通用名，是指表明产品主要原料等特性的名称。

属性名，是指表明产品剂型或者食品分类属性等的名称。

第五十九条　备案保健食品通用名应当以规范的原料名称命名。

第六十条　同一企业不得使用同一配方注册或者备案不同名称的保健食品；不得使用同一名称注册或者备案不同配方的保健食品。

保健食品的名称依次由商标名、通用名、属性名三部分共同组成。

商标名应符合《中华人民共和国商标法》规定使用的文字。一个产品只允许使用一个商标名。使用注册商标的，在商标后加"牌"或在商标右上角加"®"，使用非注册商标的，在商标后加"牌"。商标应符合《保健食品注册与备案管理办法》第五十七条且注册商标应在核定使用范围内，不得明示或暗示（含谐音字、形似字等）保健功能。如保健功能为"缓解视疲劳"，商标为"好视力"等。对于未通过注册申请的"商标名"，企业需要谨慎使用，否则一旦成为不符合商标法被驳回的非注册商标时就不可以作商标名称使用了。

通用名通常是以起主要保健功能作用的原料名称来命名。应当准确、科学，不得使用明示或者暗示治疗作用以及夸大功能作用的文字。原料名称应与国家标准规定的内容一致，没有国家标准的，应与地方标准、行业标准等规定的内容一致。如"田七"应规范为"三七"。保健食品为多种原料复配的，应以主要原料的名称或简称作为通用名，原则上不宜超过三种原料。主要原料应结合产品配方依据、各原料功效主次、用量高低等因素确定，并提供相应说明及依据。以原料简称命名的，其简称不能产生歧义、误导，或组合成违反其他命名规定的含义。如以灵芝、丹参等为主要原料的保健食品，其通用名称不宜简称为"灵丹"。以原料或原料简称以外的表明产品特性的文字作为通用名或通用名部分的，应结合原料标准、生产工艺、品牌定位等提供通用名能够表明产品主要原料等特性的说明及依据。如灵芝孢子粉经过破壁工艺，可用"破壁灵芝孢子粉"命名。复配产品不得以单一原料作为通用名。单一原料的保健食品，应以此单一原料名称或简称为通用名。对于采用特殊工艺，从来源于动植物的全部或部分物质中纯化提取（如纯化、代谢、发酵、结构修饰等）致物质基础发生改变的保健食品，不得以该物质来源的动植物名称命名，如"大豆异黄酮"不宜以"大豆"命名。营养素补充剂产品应以全部维生素或矿物质等营养素原料为通用名，不得以产品配方中部分维生素或者矿物质为通用名。配方中仅使用一种化合物作原料的，可以以原料目录内化合物名称作为产品名称的通用名（另有特殊要求的除外），如以"L-抗坏血酸钠""碳酸钙"命名。不宜用"维C""VC""Vc"或"Ca"等命名。含有三种及以上维生素和/或矿物质的，通用名可命名为"多种维生素矿物质"或"多种维生素"或"多种矿物质"。备案营养素补充剂类保健食品通用名按照《保健食品原料目录（一）》中原料名称的营养素排列顺序命名。通用名（以原料名称命名的除外）不得与已批准注册的药品名称重名，如："益肝灵片"是已批准注册的药品名称，"×××牌益肝灵片（口服液或胶囊等）"就不得作为保健食品名称。但以原料名称命名或者保健食品注册批准在先的除外。另外保健功能名称或者与表述产品保健功能相关的文字也不得作为通用名称使用。法律法规规定禁止使用的其他词语也不得作为保健食品的通用名使用。

属性名应当表明产品的客观形态，其表述应规范、准确。属性名有适用的国家标准、行业标准或地方标准的，按照相应标准的规定进行属性名命名；无适用的国家标准、行业标准或地方标准的，常见剂型包括片剂、胶囊、颗粒、粉剂、口服液等，属常见口服药品剂型的，按《中华人民共和国药典》制剂通则规定的属性名命名。需要区分必要特性时，应在属性名后加括号规范标注。如产品配方中使用香精，可标注对应的口味。使用多个香精的，产品名称选择口味时，仅可选择其中一种主要香精对应的口味。如××牌××片（菠萝味）。针对营养素补充剂产品，如果标注特定人群（如年龄段）的，应与适宜人群保持一致，如××牌××片（7—10岁）。但不得标注与表述产品功能相关的词语。

同一企业不得使用同一配方（产品的原料、辅料的种类及用量均一致）的情形注册或者备案不同名称的保健食品；不得使用同一名称（产品商标名、通用名、属性名均一致的情形）注册或者备案不同配方的保健食品。

（4）保健食品名称标示 保健食品名称应标于最小销售包装的"主要展示版面"的明显位置。应以宽大或粗体字书写，应端正、清晰、醒目，并大于其他内容的文字。保健食品的名称必须与注册或备案的名称完全一致。

（5）净含量、规格及固形物标示 保健食品必须要标识净含量，净含量由引导词"净含量""具体数值"及"单位"组成。如果有规格标识时，引导词可以使用"净含量"或"净含量/规格"标识。净含量的数值，必须使用具体数值标识，不得标识表示范围的数据。液态食品的净含量以体积单位"毫升、升，或mL、L"标识，固态与半固态食品用质量单位"克、千克，或g、kg"标识。

销售包装中含有固、液两相物质的食品，除标明净含量外，还必须标明该销售包装中所有固形物的总含量，用质量或百分数表示。

同一销售包装中的保健食品分装于各容器或以相互独立的形态包装时，应在最小容器的包装上标示该容器中保健食品的净含量。同时，销售包装的保健食品净含量应标示为最小容器的数量乘（×）最小容器中的保健食品净含量，或独立形态的保健食品数量乘（×）单一形态的保健食品净含量；

净含量应标于"主要展示版面"的右下方，应与"主要展示版面"的底线相平行。

（6）配料或原料和辅料标示 配料标识应该与注册或备案的原料和辅料一致，配料标识由引导词"原料和辅料"与具体配料名称组成，各种配料必须按其使用量大小依递减顺序标识所有的原料和辅料。如果某种配料是由两种以上的其他配料构成的复合配料，标示该复合配料时，应在其名称后的括号内按使用量依递减顺序列出构成该复合配料的原始配料名称。

配料、复合配料、原始配料的名称必须使用能表明该配料真实属性的专用名称，或国家、行业标准中的规定名称。食品添加剂名称必须使用《食品安全国家标准 食品添加剂使用标准》（GB 2760）中的规定名称，营养强化剂名称必须使用《食品安全国家标准 食品营养强化剂使用标准》（GB 14880）中的规定名称。

配料应标于"信息版面"的上方或右侧。

（7）功效成分/标志性成分及含量标示 保健食品必须按注册或备案的功效成分标识，标识的功效成分必须符合相应的技术要求，实测值的允许偏差范围参照相应的国家标准、行业标准或企业标准执行。

功效成分应标于"信息版面"，位于"配料表"之后，标题为"功效成分表"或"标志性成分及含量"，应以表格形式排列，各功效成分以产生保健作用的大小依递减顺序排列。

（8）功能标示 保健功能标示，必须与注册或备案的保健功能一致，未经人群食用评价的保健食品（营养素补充剂产品除外），必须在功能声称前增加"本品经动物实验评价"的字样，如标识：[保健功能]本品经动物实验评价，具有增强免疫力的保健功能。

对于经过人群食用评价的保健功能，按注册的保健功能声称用语标识。不管是否"经动物实验评价"，不需要增加"本品经动物实验评价"的标识字样。

营养素补充剂产品不涉及动物实验和人群食用评价，保健功能声称与备案功能一致。

保健食品功能标识中不得用"治疗""治愈""疗效""痊愈""医治"等词汇描述和介绍产品的保健作用，也不得以图形、符号或其他形式暗示前述意思。

保健作用应标于"信息版面"，位于"功效成分表"之后，标题为"保健功能"。可在"主要展示版面"的保健食品名称附近标示保健作用声明短语，短语的字体不能大于保健食品名称的最大部分。

（9）适宜人群及不适宜人群标示 适宜人群及不适宜人群的分类与标示应明确。与注册或备案的适宜人群或不适宜人群一致。不适宜人群应在"适宜人群"之后标示，不适宜人群标示的字体字号应略大于"适宜人群"的内容。适宜人群及不适宜人群应标于"信息版面"，位于"保健作用"之后，标题分别为"适宜人群"和"不适宜人群"。

（10）食用方法标示 保健食品应标示食用方法，应准确标示每日食用量和/或每次食用量。食用量可以质量或体积数表示，如××克，××毫升。也可以每份量表示，如只、瓶、袋、匙等标识，如不同的适宜人群应按不同食用量摄入时，食用量应按适宜人群分类标示。如"儿童每日食用量：10克，成人每日食用量：20克"。如销售包装中有小包装时，食用量应与小包装的净含量有对应关系。如小包装的净含量为10毫升，食用量可标示为"每次10毫升"。

如保健食品食用前需要调制、勾兑、加工等处理时，应用图形或符号辅以说明。

当保健食品的食用量过大会对人体产生不良影响或不适宜于发挥保健作用时，应在食用方法后，标示不适宜的食用量，其字体应略大于"食用量"的内容。必要时，应标示食用保健食品时的食物禁忌或其他注意事项。

食用方法应标于"信息版面"，位于"食用量"之后，标题为"食用方法"。

（11）日期标示 日期标示必须真实准确，不得另外加贴、补印或篡改，必须标示在最小销售单元的包装上，且与所在位置的背景色形成鲜明对比，方便识别，对于激光蚀刻方式打印日期的不作色差的要求。日期必须按年月日的顺序标示，保留4位数字年号，2位数字的月和日。年月日之间可以使用统一的分隔符或不用分隔符。

生产日期是以完成与保健食品直接接触的内包装时间为生产日期。组合装的保健食品，外包装的生产日期和保质期应该分别标注各自的生产日期和保质期。除非生产日期和保质期均相同时，可以标示一个生产日期和保质期至。

"生产日期"和"保质期至"应标于"信息版面",位于"食用方法"之后。

（12）**贮藏方法标示**　如保健食品的保质期与贮藏方法有关,应标示其贮藏条件与贮藏方式。

保健食品的贮藏方法应标于"信息版面",标题可标识为"贮藏方法""贮存条件"等。

（13）**产品标准代号标示**　国产保健食品必须标示所执行的标准代号和编号。应标于"信息版面",标题为"执行标准""产品标准代号"等。

（14）**生产企业名称、地址及联系方式标示**　国产保健食品应标识生产企业名称和地址,进口保健食品应标识其在国内的代理商、进口商、或经销商的名称和地址,对应企业的名称和地址,必须与依法登记注册的名称地址一致。

进口保健食品必须标示原产国或原产地（港、澳、台）名称。

生产企业名称及地址,进口保健食品的制造企业名称、境内代理商名称及地址和原产国（原产地）及应标于"信息版面"。位于"执行标准"之后。

联系方式必须标识电话,且相应的电话号码必须具有处理"投诉"的功能,可以用"投诉服务电话、服务电话、客服热线"等引导词标识对应的电话号码。也可以不用引导词直接标识对应的电话号码。企业必须保证在承诺的服务时段接听电话并处理投诉举报。投诉服务电话整体字体字号必须与"保健功能"的字体字号一致。

（15）**警示用语标示**　保健食品警示用语的标示,依据《保健食品标注警示用语指南》的规定标识,警示用语必须为"保健食品不是药物,不能代替药物治疗疾病。"不得作任何改动。标识的格式必须是黑体字印刷,文字色泽必须与警示用语区的背景颜色有明显的色差。必须标识在主要展示版面的"警示用语区"内。警示用语区的设计必须不小于主要展示版面面积的20%。当主要展示版面面积 ≥ 100cm² 时,警示语字体最小高度不得 < 6.0mm。当主要展示版面面积 <100cm²,警示语字体最小高度按照上述比例折算。

（16）**食品生产许可证编号或境外生产企业注册编号标示**　国产保健食品应依据《食品生产许可管理办法》标识获得的食品生产许可证编号。进口保健食品应依据 2021 年海关总署第 248 号令《中华人民共和国进口食品境外生产企业注册管理规定》标识境外生产企业注册编号。

第十五条　已获得注册的企业向中国境内出口食品时,应当在食品的内、外包装上标注在华注册编号或者所在国家（地区）主管当局批准的注册编号。

（17）**其他特殊标示**　经电离辐射处理过的保健食品,必须在"主要展示版面"的保健食品名称附近标明"辐照食品"或"本品经辐照"。

经电离辐射处理过的任何配料,必须在配料表中的该配料名称后标明"经辐照"。

使用了转基因原料的保健食品应当按照有关规定标注。

二、食品标签标示合规判定解析

食品标签标示合规,作为食品合规的重要组成部分,必须要符合《中华人民共和国食品安全法》及《食品安全国家标准 预包装食品标签通则》（GB 7718）和《食品安全国家标准 预包装食品营养标签通则》（GB 28050）等法律法规和标准要求。

下面结合标签样张介绍预包装食品标签的合规判定过程。

产品名称：红枣汁风味酸乳

配料表：生牛乳、白砂糖、浓缩枣汁、蜂蜜、食品添加剂（乙酰化二淀粉磷酸酯、乙酰化双淀粉己二酸酯、瓜尔胶、果胶、安赛蜜）、食用香精、嗜热链球菌、保加利亚乳杆菌

产品标准号：GB 19302 **净含量：180g**

生产日期：见包装 保质期：21天

贮存条件：请于2～6℃冷藏贮存 本品使用进口的生牛乳奶源。

生产商：河北某乳业有限公司 地址/产地：河北邯郸市某区前进路35号

营养成分表

项目	每份	营养素参考值
能量	328kJ	4%
蛋白质	2.6g	4%
脂肪	2.8g	4%
碳水化合物	10.6g	4%
钠	60mg	3%

维生素C有助于维持皮肤和黏膜健康

乳酸菌数≥1×10^{6}CFU/kg

1. 标签合规义务的梳理

标签样张所展示的产品的真实属性及类别是"风味酸乳"，属于普通预包装食品。整理此标签标示的合规义务，首先整理此产品标签需要符合的法律法规及标准清单，主要涉及乳品标签的法律法规及标准包括《中华人民共和国食品安全法》《中华人民共和国产品质量法》《乳品质量安全监督管理条例》《食品标识管理规定》及《食品安全国家标准 预包装食品标签通则》（GB 7718）、《食品安全国家标准 预包装食品营养标签通则》（GB 28050）、《食品安全国家标准 发酵乳》（GB 19302）等。针对上述法律法规和标准，梳理出风味酸乳标签标示的要求。

合规义务的识别，可以按整个标准或法律法规，比如"一般要求"就是以《中华人民共和国食品安全法》为整体进行的识别。也可以按法律法规或标准中的具体条款，即可以按大条款进行识别，如"产品标准要求的标识内容"，就按GB 19302条款5进行识别，并没有按其细分条款5.1、5.2或5.3进行分别识别。当然也可以按细分条款进行识别，如食品名称项目就是按GB 7718细分到4.1.2.3条款。对于其他上述法律法规和标准清单中提及的其他法律法规和标准，因为其中的具体合规义务都在上述GB 7718和GB 28050的合规义务中，所以整合合规义务时，以最严格的义务要求整理并落实执行。

结合合规风险评估的结论，制定相应的控制措施并落实合规风险的控制。以上述合规义务为食品标签合规风险的主要要求，制定相应的控制措施，如《食品标签审核程序》，明确标签审核的目的、范围、职责和权限、审核内容、审核依据及审核流程和记录等。进行各个合规义务的审核与控制。

2. 标签合规义务的证据收集

结合上述识别的标签合规义务，整理收集相应的真实性及符合性依据。比如收集此产品的主要原料及工艺流程，判断是否符合 GB 19302 对风味酸乳的定义？收集此产品的标准配料表，判断标识的配料是否包括配料表中的全部配料？排序是否按配料添加量的降序排列（低于 2% 质量比的配料，排序不作要求），收集试制产品的检测报告，判断是否在标签标示的范围内等等。针对所有的合规义务，收集符合性证据和不符合的证据。

3. 实施标签审核

针对上述需要的证据收集，对标相应的标识文字，进行食品标签审核。至此，基于标签法律法规和标准的审核，食品合规相关人员依据此审核意见，作出相应的修改，并按《食品标签审核程序》重新审核直至确认合格，方可制版印刷标签。

第二节　食品广告合规管理

商业广告，通常是指商品经营者或者服务提供者通过一定媒介和形式直接或间接地介绍自己所推销的商品或服务。通过广告向消费者宣传、介绍或推销产品或服务，覆盖面广，且快速便捷，即使不能形成交易，也可以在视觉、听觉等印象方面引起消费者的兴趣或注意。但是食品是关系消费者食用安全和身体健康的重要产品，所以食品广告不仅需要符合《中华人民共和国广告法》等相关法律法规的要求，也需要符合《中华人民共和国食品安全法》的要求。

一、食品广告合规义务

广告的合法合规，即遵守法律、法规和规章的要求，法律法规对广告的要求，是强制性的法定要求，是广告主、广告经营者及发布者都应遵守并履行的义务和责任。

为了规范广告经营行为，维护广告市场秩序，促进我国广告业健康发展，更好地带动社会各行各业的蓬勃发展，2015 年和 2018 年，我国两次修正了《中华人民共和国广告法》，本着保护消费者合法权益的宗旨，明确了广告的真实性原则和基本行为规范要求，明确了广告的形式和发布程序，明确了广告的监管要求，该法规定中华人民共和国境内从事广告经营活动的广告主、广告经营者及广告发布者都必须遵守法律法规的要求，在法律法规允许的范围内从事广告设计、制作、发布等活动。充实细化广告内容准则，明确虚假广告的概念、形态及判定原则，强化广告的监管力度，加大了处罚力度，增加信用惩戒，违法行为将记入信用档案。强化事中事后监管，强化社会协同共治。

食品属于相当特殊的商品，供人食用或饮用，提供身体所需的营养，尤其是特殊食品，为特殊人群提供必要的营养所需。所以食品类广告必须要真实准确，不得对消费者产生任何歧义与误解。目前食品广告所涉及的法律法规主要有《中华人民共和国食品安全法》《中华人民共和国广告法》《广告管理条例》《互联网广告管理暂行办法》《药品、医疗器械、保健食品、特殊医学用途配方食品广告审查管理暂行办法》《关于指导做好涉转基因广告管理工作的通知》等。还有些省、自治区和直辖市也有明确的广告管理规定，如《江苏省广告条例》《浙江省广告管理条例》等。国家和地方性法规都要求广告主及食品生产经营者履行相应的广告合规义务。

二、食品广告合规的基本原则

食品广告必须符合《中华人民共和国广告法》的通用要求：

第三条　广告应当真实、合法，以健康的表现形式表达广告内容，符合社会主义精神文明建设和弘扬中华优秀传统文化的要求。

1. 真实性原则

《中华人民共和国食品安全法》《中华人民共和国广告法》明确规定，食品广告应该应当"真实"，任何弄虚作假的宣传或介绍，不仅不受法律保护，反而会受到法律的严惩。这就是广告的第一个原则"真实性原则"，也是广告的基本原则，任何广告宣传，都必须以事实为根据，都必须以真实性为基本原则。真实是建立在事实依据的基础上，以既定事实、兑现承诺及满足消费者需要的效果为主要判断依据，没有事实依据就意味着不真实，即涉嫌"虚假"宣传，广告主、广告经营者及发布者有义务向有关部门提供真实性依据。所以对于广告主、广告经营者及发布者必须要提供或准备足够全面的事实依据，包括事实发展的起因、过程及结果。没有兑现广告明示或暗示的承诺，就是虚假宣传。没有满足广告明示的效果及消费者需求，即意味着误导消费。所以判断广告真实性，不仅需要以客观事实为基础，而且不得产生歧义与误解，诱使或欺骗消费者做出错误的选择或决定。

2. 合法性原则

《中华人民共和国广告法》明确，"广告应当合法"，这是广告的第二个原则"合法性原则"，合法性原则包括资质合法、程序合法、形式合法及内容合法。对于资质合法，要求广告主、广告经营者及发布者的资格必须符合相应法律法规的要求，广告主自行或委托第三人设计、制作或发布广告时，所推销的商品或服务应当在广告主营业执照许可的经营范围内，广告经营者或发布者经营或发布广告时，也必须要取得相应的资质许可。广告涉及的任何一方经营许可的资质不合规，即意味着此广告在资质上不合法。对于广告审查及发布的程序，尤其是特殊医学用途配方食品、保健食品等特殊食品的广告，需要经过严格的申请、审批程序，直到获得审批决定并编发广告批准文号后方可使用。对于获得广告审批的保健食品或特殊医学用途配方食品的广告，消费者可以在广告审查机关网站或其授权的方式查询上述通过审批的广告信息内容。广告的形式合法，主要是指广告发布的形式或媒介的合法性，广告在发布形式方面应当具有明显的可识别性，方便消费者或观众快捷辨明相应内容及宣传属于广告。通过大众传播媒介发布的广告，应当明确显著标识"广告"字样，而且不得以新闻报道的形式发布广告，防止消费者产生歧义与误解。对于通过广播、电视、网络等发布音频、视频广告，需要按监管规定对广告时长作出明显的提示。对于广告内容的合法要求，《中华人民共和国广告法》的多个章节条款进行了具体规定，如第九条、第十一条、第十七条、第十八条、第二十三条等，尤其是第四条和第二十八条，从广告禁止性内容及虚假内容等方面规定了广告不得出现的内容。

此外，对于部分广告虽然建立在真实性原则和积极性原则基础上，但却利用国家领导人或政府机关人员等形象做商业广告的，即使广告内容真实，也是《中华人民共和国广告法》规定明确禁止的广告行为。所以这类广告虽然真实但不合法。反之，对于合法的广告，就必须具备真实性的原则。

3. 积极性原则

《中华人民共和国广告法》明确规定：广告应以健康的表现形式表达广告内容，符合社会主义精神文明建设和弘扬中华优秀传统文化的要求。广告的积极性原则是一种经济现象，希望通过广告的积极宣传，促进市场繁荣，推动经济发展。对于广告的积极性原则，首先明确广告所推销的产品或服务是国家法律法规允许经营的产品或服务，对于明令禁止、淘汰或管制的产品禁止或限制做广告。例如，赌博、精神药物是禁止做广告的，处方药只能限制在专业媒介上做广告。其次，内容要积极健康，体现社会主义精神文明和优良的文化传统，对人们起到积极的引导作用，激励或鼓舞人们努力奋进，为追求健康美好的生活而奋斗。抵制消极、低俗庸俗及不健康广告，同时也不得贬低其他商品或服务，创造积极向上的公平竞争的市场环境。

三、食品广告内容的合规要求

《中华人民共和国广告法》对广告内容的要求：

食品广告的内容必须真实合法，由食品生产经营者对内容的真实性和合法性负责。不得含有虚假内容，不得涉及疾病预防、治疗功能。对于内容的真实性，主要以客观事实为真实性判断的主要依据，包括广告中的承诺、效果及赠送商品或服务的说明，也必须真实准确，并能让消费者得到实实在在的体验。不能进行任何形式的夸大或虚假宣传。

第四条　广告不得含有虚假或者引人误解的内容，不得欺骗、误导消费者。

广告主应当对广告内容的真实性负责。

第十七条　除医疗、药品、医疗器械广告外，禁止其他任何广告涉及疾病治疗功能，并不得使用医疗用语或者易使推销的商品与药品、医疗器械相混淆的用语。

真实性的对立面，就是虚假宣传，"虚假"的本义就是"与实际不符"，包括本来就不存在的商品、服务或事实，性能、用途、质量指标、产地、资质等不符合相应标准和法规，虚构、以点带面或以偏概全等夸大事实或效果，无法兑现或不兑现的允诺，虚构、伪造、无法查验和无法追溯验证的材料或数据，存在歧义、表述模糊等容易使消费者产生错误联想而作出错误或违背意愿的选择等内容，都属于"虚假"。虚假的内容，不仅破坏社会诚信秩序，损害消费者的合法权益，甚至会引发食品安全事件，造成严重的社会危害或影响。如2020年湖南固体饮料冒充特殊医学用途配方食品的虚假宣传事件，2020年5月，国家市场监督管理总局要求湖南省市场监管部门严查将固体饮料冒充特殊医学用途配方食品的虚假宣传。此固体饮料根本不符合特殊医学用途配方食品的标准，不能满足特殊人群营养所需，但是通过这些虚假宣传，造成了多名婴幼儿误食用，并出现湿疹、体重下降、头骨畸形等身体健康异常，属于严重的食品安全事件，造成了恶劣的社会危害和影响。

对于虚假广告的定性，《中华人民共和国广告法》第二十八条明确要求：

第二十八条　广告以虚假或者引人误解的内容欺骗、误导消费者的，构成虚假广告。广告有下列情形之一的，为虚假广告：

（一）商品或者服务不存在的；

（二）商品的性能、功能、产地、用途、质量、规格、成分、价格、生产者、有效期限、销售状况、曾获荣誉等信息，或者服务的内容、提供者、形式、质量、价格、销售状况、曾获荣誉等信息，以及与商品或者服务有关的允诺等信息与实际情况不符，对购买行为有实质性影响的；

（三）使用虚构、伪造或者无法验证的科研成果、统计资料、调查结果、文摘、引用语等信息作证明材料的；

（四）虚构使用商品或者接受服务的效果的；

（五）以虚假或者引人误解的内容欺骗、误导消费者的其他情形。

此条款明确了"虚假广告"认定的典型情形，广告主、消费者或监管人员都可以据此进行"虚假广告"的判断，可以"证伪"判断是否存在"虚假"的事实。主要从广告的内容上，判断其是否包括"虚假的内容"或"引人误解的内容"。只要存在不真实或引人误解的内容，即构成虚假广告。不受是否已经造成欺骗、误导消费者的事实影响，只要存在欺骗、误导消费者的可能性，即属于虚假广告。对造成严重后果的"虚假广告"需要追究责任主体的"虚假广告罪"的刑事责任。对食品广告负主体责任的食品生产经营者，必须要在证据充足时方可进行相应的广告宣传，并对广告宣传的内容负责。同时也需要注意语言描述的准确性，防止对消费者造成歧义与误解。

广告真实性的要求，不仅维护了公平竞争的市场环境，而且更重要的是保护消费者的合法权益不受侵害。对于广告宣传，监管机构人员及消费者都有"证伪"的权利，所以只要监管人员或消费者能提供反面的"伪命题"证据，就说明对应广告存在"不真实性"，可能产生歧义与误解，从而导致消费者权益可能被侵害的后果。所以对于广告描述、语音及视频等内容需要慎重对待与审查，预防或杜绝可能的风险。食品广告附带赠送商品或服务时，必须明示所赠送商品或服务的品种、规格、数量、期限及赠送方式等信息。对于使用数据、统计资料、调查结果、文摘、引用语等引证内容的，应当真实、准确，并表明出处，用以说明引证的内容不是广告主虚构的，是有据可查的。但是对于引用的内容，需要体现引证内容的完整性，不能断章取义、篡改或歪曲原文，不得隐瞒或省略对广告主不利的内容，也不得隐瞒或省略可能引起误解的内容。引证内容有适用范围和有效期限的，也应当明确表示。尤其是一些可能误导消费者的时间和地域维度的信息内容，也需要加以明示。涉及专利的广告，需要标明专利号和专利种类，不得以专利名称等信息明示或暗示保健功能和预防或治疗疾病。

另外，对于食品，作为供人食用或饮用的特殊商品，本来就不存在预防或治疗疾病的作用，所以食品广告一定不能进行"预防或治疗疾病"的虚假宣传。包括明示或暗示性宣传都不可以，也包括不得利用"介绍健康、养生知识"等形式变相发布的明示或暗示"预防或治疗疾病"的宣传。不得利用与"药品""功效""医疗器械"等相同、相似或易混淆的医疗用语、术语或专用词汇宣传食品。也不得借用食品中某些成分的作用明示或暗示该食品的预防或治疗功能。

依据《药品、医疗器械、保健食品、特殊医学用途配方食品广告审查管理暂行办法》，保健食品的广告需要实施审查并备案，广告内容应与注册证书或备案凭证的内容和说明书一致，涉及保健功能、产品功效成分或者标志性成分及含量、适宜人群或者食用量等内容的，不得超出注册证书或备案凭证的内容和产品说明书的范围，并使用清晰鲜明易于辨认的字体字号和颜色，显著标明"保健食品不是药物，不能代替药物治疗疾病"、广告批准文号、保健食品标志、适宜人群和不适宜人群。保健食品视频广告应该持续显示上述显著标明的内容。正式发布的保健食品广告需要与备案的广告保持一致。

特殊医学用途配方食品广告也需要实施审查与备案，其广告内容应当以批准的注册证书和产品标签、说明书为准，其中涉及产品名称、配方、营养学特征、适用人群等内容的，不得超出注册证书、产品标签、说明书范围。并使用清晰鲜明易于辨认的字体字号和颜色，显著标明适用人群、广告批准文号、"不适用于非目标人群使用"和"请在医生或者临床营养师指导下使用"。特殊医学用途配方食品的视频广告应该持续显示上述显著标明的内容。

对于食品广告，需要注意《中华人民共和国广告法》明确的禁止行为。

第九条　广告不得有下列情形：
（一）使用或者变相使用中华人民共和国的国旗、国歌、国徽，军旗、军歌、军徽；
（二）使用或者变相使用国家机关、国家机关工作人员的名义或者形象；
（三）使用"国家级"、"最高级"、"最佳"等用语；
（四）损害国家的尊严或者利益，泄露国家秘密；
（五）妨碍社会安定，损害社会公共利益；
（六）危害人身、财产安全，泄露个人隐私；
（七）妨碍社会公共秩序或者违背社会良好风尚；
（八）含有淫秽、色情、赌博、迷信、恐怖、暴力的内容；
（九）含有民族、种族、宗教、性别歧视的内容；
（十）妨碍环境、自然资源或者文化遗产保护；
（十一）法律、行政法规规定禁止的其他情形。
第十条　广告不得损害未成年人和残疾人的身心健康。
第十三条　广告不得贬低其他生产经营者的商品或者服务。
第二十条　禁止在大众传播媒介或者公共场所发布声称全部或者部分替代母乳的婴儿乳制品、饮料和其他食品广告。

对于食品广告，除了要求满足真实性原则需要，还需要满足合法性的原则，其中合法性原则包括不得使用广告法等法律法规禁止广告宣传的内容。

1. 禁止使用具有国家主权的重要象征和标志

我国的"国旗、国歌、国徽，军旗、军歌、军徽"体现了国家和民族的尊严，任何组织或个人不得以整体、局部或近似等任何形式在商业广告中使用国旗及其图案、国歌及其歌词歌谱、国徽及其图案。同样，任何组织或个人不得以整体、局部或近似等任何形式在商业广告中使用军旗及其图案、军歌及其歌词歌谱、军徽及其图案。同时，禁止在广告中或者其他商品上非法使用人民币图样。

2. 禁止使用国家机关及工作人员的名义和形象

国家机关及工作人员是依法行使监督执法权力的机关和人员，代表着国家和社会公共利益，不代表任何企业或个人的利益。如果在广告中使用国家机关和工作人员的名义或形象，会使消费者误认为广告商品或服务与国家机关或公职人员的认可、信赖或特定联系，从而影响国家机关或公职人员公平公正的形象，造成不正常竞争的社会负面影响。所以为了保证国家机关及公职人员公平公正的形象，国家禁止任何商业广告以任何形式使用或变相使用国家机关及工作人员的名义和形象，国家机关的名义及形象包括但不限于国家机关及部门的名称、简称、重要会议或活动、会标徽标、装备、设施、标志性建筑及地址等。国家机关工作人员的名义及形象包括但不限于姓名、别名、身份职务、资质资格、肖像、特定声音、方言、笔迹及题字题词等。"使用或变相使用"包括直接标明、引用、表述等直接使用，还包括漫画卡通、新闻报道、著书著作、名言名句等变相的间接使用。杜绝任何主观意识上存在利用国家机关或国家机关工作人员的名义和形象的商业广告，2013年发布的《关于严禁中央和国家机关使用"特供""专供"等标识的通知》进一步明确，涉及"特供""专供""专用""内招""特制""特酿""特需""定制""订制""授权""指定""合作""接待"及类似词汇，都不得与中央和国家机关各部门及行政事业单位及工作人员的名义连用。

二、严禁中央和国家机关各部门及所属行政事业单位使用、自行或授权制售冠以"特供"、"专供"等标识的物品。

"特供"、"专供"等标识包括：

（一）含有中央和国家机关部门名称（包括简称、徽标）的"特供"、"专供"等标识。如"××部门特供"、"××机关专供"。

（二）同时含有中央和国家机关部门名称与机关所属行政事业单位名称的"特供"、"专供"等标识。如"××部门机关服务中心特供"。

（三）含有与中央和国家机关密切关联的重要会议、活动名称的"特供"、"专供"等标识。如"××会议特供"、"××活动专供"。

（四）含有与中央和国家机关密切关联的地点、标志性建筑名称的"特供"、"专供"等标识。如"××礼堂专供"。

类似"特供"、"专供"的标识还包括"专用"、"内招"、"特制"、"特酿"、"特需"、"定制"、"订制"、"授权"、"指定"、"合作"、"接待"等标识。

3. 禁止使用"最高级"的绝对化用语

任何产品或服务的优劣都是相对的，随着时间的推移不断变化，即使曾经存在或取得了"绝对"的技术或实力，也不能代表广告期间仍保持"绝对"的优势。而且这类词汇的言外之意"别人的产品或服务都不如你"，所以对于这类"绝对化"的"最高级"用语的使用，不仅会造成消费者的误解，而且严重地破坏市场竞争的公平性。

对于"最高级"的用语，不仅包括"最高""最佳""最严""最好""最大""最新""最先""第一"等涉及"最""首"及"第一"的最高级，还包括一些"国家级""世界级""国际级""极品""极佳""顶级""极致""金牌""绝佳""唯一"及"至尊"等涉及"极""顶""金""绝"及"唯"的绝对化用语。禁止使用的绝对化用语不仅限于此，需要结合商业广告的语义、语境及事实依据等综合认定。本质上禁止任何企业或个人利用绝对化用语损害社会及竞争者利益。

对于证据充足、表达理念愿景、文化、目标追求和人们熟知等表述真实准确、清晰明了，不会产生歧义或误解的可能性及后果时，适当地使用相关绝对用语才可能会被接受。

4. 禁止使用"消极""反动"等危害社会的用语

任何个人或组织不得利用任何形式做出损害国家的尊严或者利益和泄露国家秘密的事，不得做出任何有损社会安定、有损社会公共秩序或者违背社会良好风尚等损害社会公共利益的事，不得做任何危害人身和财产安全及泄露个人隐私的事，禁止使用含有淫秽、色情、赌博、迷信、恐怖、暴力等违背社会主义精神文明建设及社会公德的内容，禁止使用含有民族、种族、宗教、性别歧视的内容，禁止使用妨碍环境、自然资源或者文化遗产保护的内容，禁止使用损害未成年人和残疾人身心健康的内容。

5. 禁止贬低其他生产经营者的商品或者服务

为了维护公平竞争的市场环境和社会经济秩序，广告法明令禁止利用广告贬低其他生产经营者的商品和服务。关于"贬低"其他生产经营者的食品，通常是指故意降低对其他生产经营者的商品、服务应有的评价；"贬低""诋毁"通常是指使用含有恶意编造、歪曲事实或其他不正当手段恶意中伤或打击别人的商品或服务的主观行为，包括以暗示或导致联想的方式误导消费者，使用该商品可能造成严重损失或不良后果，从而起到直接或间接地提升、抬高或鼓吹自己商品或服务的竞争优势，"贬低"通常是通过"比较"的方式，在广告内容中直接或间接中伤、诽谤其他生产经营的商品。

对于"贬低"性广告的认定，通常依据广告的内容是否明确被比较的具体产品或服务进行判断，只要明确提及被比较的产品，再明确具体的比较项目及内容时，则涉嫌"贬低"。所以在食品广告中，不得涉及比较具体食品，尤其是其他食品生产经营者的食品。但是对于真实准确，有充足的科学依据或证明，且能促进良好的市场竞争秩序的对比广告未被禁止，尤其是同一食品生产经营者自身采用先进技术、工艺或设备升级的新品与老产品之间的对比，更有利于向消费者提供优质的食品，所以这类宣传也未被禁止。

6. 特殊食品广告的禁止性要求

对于保健食品及特殊医学用途配方食品等特殊食品的广告，除了要求进行广告备案，并保证广告中涉及注册或备案的信息应该与注册或备案的内容一致外，《药品、医疗器械、保健食品、特殊医学用途配方食品广告审查管理暂行办法》第十一条还规定：

第十一条 药品、医疗器械、保健食品和特殊医学用途配方食品广告不得违反《中华人民共和国广告法》第九条、第十六条、第十七条、第十八条、第十九条规定，不得包含下列情形：

（一）使用或者变相使用国家机关、国家机关工作人员、军队单位或者军队人员的名义或者形象，或者利用军队装备、设施等从事广告宣传；

（二）使用科研单位、学术机构、行业协会或者专家、学者、医师、药师、临床营养师、患者等的名义或者形象作推荐、证明；

（三）违反科学规律，明示或者暗示可以治疗所有疾病、适应所有症状、适应所有人群，或者正常生活和治疗病症所必需等内容；

（四）引起公众对所处健康状况和所患疾病产生不必要的担忧和恐惧，或者使公众误解不使用该产品会患某种疾病或者加重病情的内容；

（五）含有"安全""安全无毒副作用""毒副作用小"；明示或者暗示成分为"天然"，因而安全性有保证等内容；

（六）含有"热销、抢购、试用""家庭必备、免费治疗、免费赠送"等诱导性内容，"评比、排序、推荐、指定、选用、获奖"等综合性评价内容，"无效退款、保险公司保险"等保证性内容，怂恿消费者任意、过量使用药品、保健食品和特殊医学用途配方食品的内容；

（七）含有医疗机构的名称、地址、联系方式、诊疗项目、诊疗方法以及有关义诊、医疗咨询电话、开设特约门诊等医疗服务的内容；

（八）法律、行政法规规定不得含有的其他内容。

保健食品广告禁止使用表示功效、安全性的断言或者保证的内容；禁止使用任何涉及疾病预防、治疗功能的内容；禁止使用声称或者暗示广告商品为保障健康所必需；禁止与药品、其他保健食品进行比较；禁止利用广告代言人作推荐、证明。

2019年发布的《国产婴幼儿配方乳粉提升行动方案》提出，严厉打击各类虚假夸大宣传，不得在大众传播媒介或者公共场所发布声称全部或部分替代母乳的婴儿乳制品广告，不得对0～12月龄婴儿食用的婴儿配方乳制品进行广告宣传。因此对于适用于0～12月龄食用的婴儿配方乳制品不允许进行任何广告宣传。禁止在大众传播媒介或者公共场所发布声称全部或者部分替代母乳的婴儿乳制品、饮料和其他食品广告。

7. 酒类食品广告的禁止性要求

禁止使用含有诱导、怂恿饮酒或者宣传无节制饮酒的内容；禁止酒类广告中出现饮酒的动作；禁止酒类广告中出现表现驾驶车、船、飞机等活动；禁止明示或者暗示饮酒有消除紧张和焦虑、增加体力等功效。

8. 其他禁止的广告要求

除了广告法明令禁止的广告要求，如果其他法律法规也有规定时，也应该符合相应的规定，如商标法明确不得将驰名商标字样用于广告宣传。依据《关于进一步规范母乳代用品宣传和销售行为的通知》，严厉查处含有明示或暗示替代母乳，使用哺乳妇女和婴儿的形象等违法内容的婴儿配方食品广告。

有法可依，有法必依，只要法律法规有要求，作为食品安全第一责任人的食品生产经营者，就要按要求履行自己的义务，全力落实好食品广告的合规义务。

四、食品广告宣传合规性审核与评估

对于食品广告宣传的合规性审核与评估，企业需要结合相应食品的特征及指标符合性等客观事实，制定相应的食品广告设计与审查制度，明确广告审核的人员能力及职责，可以多人多角色共同实施审核，利用不同人员的多角度多视野判断是否可能产生对消费者误解的情况，同时规范广告审查流程及注意要点。

1. 食品广告禁止用语审核

依据《中华人民共和国广告法》等法律法规的要求，审核广告内容的语言是否有禁用词。如有表示"最高级"的词汇，则需要通过语义语境判断是否有"绝对化"的主观含义，是否有充足的科学或现实依据，如果没有足够权威的科学和客观事实依据，则属于没有依据的"虚假"宣传。最好在广告设计时就规避广告禁用词，从源头进行预防控制。

2. 食品广告内容真实性审核

结合客观事实，对食品广告的内容进行真实性、准确性审核，不得在主观意识上使消费者产生歧义或误解。如果能提供相关科学或客观事实证明，则可以对证据的科学性、准确性或客观事实存在性进行调查与验证，验证证据的科学性及权威性，验证证据的准确性及与客观事实的符合性，涉及调查数据及文献资料时，验证数据来源真实性及完整性。以客观事实为准绳，以科学性为主要判断标准，注意斟词酌句的严谨性及逻辑思维的缜密性，确保内容真实性、完整性。尤其是一些需要获得许可等资质的特殊食品，其广告中涉及注册或备案内容的，应该与注册或备案的内容一致。杜绝在语音、语义及语境中出现可能产生歧义与误解的内容，确保内容真实准确有依据。

3. 食品广告积极性审核

本着积极宣传或介绍食品的目的，以创新的思维为基础，应使用积极性的词语客观准确地介绍食品的风味、特色及特性。尽量多使用一些褒义词，少用或不用贬义词，重点审查是否使用"消极"或"不健康"的词汇、图形或音视频。不得使用表示封建社会反映阶级等不公平人权的词语，严禁使用"低俗""庸俗"或"恶搞"的词汇、图形或音视频，从主观上阐述企业健康持久的理念和文化，阐述企业追求食品安全合规的大格局及社会责任，充分地展示出一个负责任的食品企业形象。

4. 食品广告合规性审核

食品广告除了在内容上做到真实准确，还需要在表达形式或方式上做好审核，尤其是特殊食品，需要在完成广告审查与备案后，严格按备案后的广告进行发布。不得利用字号大小、语音语调或色差让消费者产生歧义或误解。规避"对比广告"的使用，尤其不能对比其他食品生产经营者的食品，防止出现"贬低其他食品生产经营者"的情况。对于广告媒介的选择，也一定要符合相应的法律法规要求，不得利用儿童文具等学习用品印刷或发布任何食品广告。也不能发布涉及侵害肖像权、商标权等涉及产权内容的食品广告，也包括涉及字体、图案、音频或视频版权信息的合规性。另外对于有时长限制或条件限制的食品广告，也需要符合相关规定，包括明示"广告"字样及关闭窗口等。必要时审核广告经营者和发布者的资质是否齐全，因为涉及广告的法律法规较多，所以对于广告的合规义务识别一定要全面，防止出现未履行相关要求造成的违法行为。

5. 食品广告审核的注意事项

食品广告审核时，需要注意一些模糊用语的审核，防止这些词汇使消费者产生歧义或夸大等误导。少用、慎用表示断言或保证类的词语或音视频，不得使用涉及"医""药""缓解"及"人体组织器官"等明示或暗示效果或功效的词语、图形及音视频，不得使用"医生"的形象及标志，少用、慎用科研机构作推荐，食品广告杜绝使用"免检"宣传。

食品广告设计与审查时，企业可以设计具体的审查表，将法律法规明确要求的义务设计为审查要素，关注法律法规并不断更新食品广告审查表，必要时补充或修改审查要求及条款，从而保证食品广告审查要素的全面性。在食品广告内容上，利用制度、人力资源或者外部专家资源，全面审查内容的准确性及真实性，多视角地预防可能产生的消费者歧义与误解，切实履行好企业的广告合规义务。

？ 思考题

1. 食品标签的基本要求有哪些？
2. 预包装食品标签必须标识的项目有哪些？
3. 预包装食品营养标签必须标识的核心营养素有哪些？
4. 保健食品的标签标示要求有哪些？
5. 食品广告合规判定包括哪些方面？

第八章
产品及体系认证

　　我国目前的产品认证主要包括绿色食品标志许可、有机产品认证、农产品地理标志登记等；管理体系认证包括食品安全管理体系认证、质量管理体系认证等。食品生产经营企业实施产品及体系认证，可以在其实现合规的基础上提高内部管理水平，能够进一步提高其市场竞争力，并有机会进入某些特定的市场领域。因此，产品及体系认证的合规性也是食品合规管理的重要组成部分。本章主要介绍产品及体系认证的标准法规依据、办理条件、办理方法及流程。

知识目标

　　1. 掌握绿色食品标志许可、有机产品认证、农产品地理标志登记相关的法律法规要求和办理流程。
　　2. 掌握食品安全管理体系和质量管理体系相关的法律法规和标准规定。
　　3. 掌握 HACCP 的基本原理。
　　4. 掌握质量管理的基本原则。

技能目标

　　1. 能够按照绿色食品标志许可、有机产品认证及农产品地理标志登记流程配合认定／认证机构完成认定、认证等工作。
　　2. 能够利用质量管理原则，策划质量管理体系框架。能够协助审核机构完成体系的审核，并协助完成年度监督审核。
　　3. 能够利用 HACCP 原理，策划 HACCP 计划及食品安全管理体系。能够协助审核机构完成食品安全管理体系的审核，并协助完成年度监督审核。
　　4. 能够根据标准要求编写食品安全和质量管理体系建设过程中的相关文件及记录。

职业素养与思政目标

　　1. 具有严谨的合规管理意识。
　　2. 具有严谨的法律意识和食品安全责任意识。
　　3. 具有高度的社会责任感和职业素养。
　　4. 具有终身学习、勤于钻研、谨慎调查、善于总结、勇于负责的精神。

第一节 产品认证管理

2022 年 9 月 29 日，农业农村部发布《农业农村部关于实施农产品"三品一标"四大行动的通知》（农质发〔2022〕8 号），其中指出，发展绿色、有机、地理标志和达标合格农产品（以下称农产品"三品一标"）是供给适配需求的必然要求，是提高农产品质量品质的有效途径，是提高农业竞争力的重要载体，是提升农安治理能力的创新举措。"三品一标"中的绿色食品标志许可、有机认证和农产品地理标志登记是我国常见的产品类认证。

此外，我国的产品认证还包括自愿性产品认证。自愿性产品认证是认证认可服务经济发展、传递社会信任的重要形式。加快发展自愿性产品认证工作，是促进认证认可高技术服务产业跨越式发展的战略选择，是提升认证认可工作整体服务能力的要求，是促进产品创新、产业升级、推动结构调整、绿色发展、引导消费、进而助力"中国制造 2025"的必要举措。常见的自愿性产品认证如富硒产品认证、纯粮固态白酒认证等。

本节主要介绍绿色食品标志许可、有机认证和农产品地理标志登记。

一、产品认证管理概况及相关法规标准

1. 产品认证管理概况

（1）绿色食品标志许可管理概况 20 世纪 90 年代初，经国务院批准，原农业部推出了旨在促进农业环境保护、消除食品污染的绿色食品工程。并成立了中国绿色食品发展中心，负责全国绿色食品管理工作。1993 年，《绿色食品标志管理办法》发布实施。为加强绿色食品标志使用管理，确保绿色食品信誉，促进绿色食品事业健康发展，维护生产经营者和消费者合法权益，农业部于 2012 年 7 月发布实施新版《绿色食品标志管理办法》。

（2）有机产品认证管理概况 我国有机产品认证发展于 20 世纪 90 年代，国家环保总局于 1994 年牵头建立了我国有机产品认证制度，根据《国务院关于统一管理我国认证认可活动的决定》，国家环保总局于 2004 年正式向国家认证认可监督管理委员会移交了有机产品认证管理职能。国家质量监督检验检疫总局和国家认证认可监督管理委员会先后于 2004 年、2005 年制定发布了《有机产品认证管理办法》和《有机产品认证实施规则》等规定，建立了我国统一的、与国际接轨的有机产品认证制度。

国家质量监督检验检疫总局于 2015 年对《有机产品认证管理办法》进行了修订，国家市场监督管理总局于 2022 年对《有机产品认证管理办法》进行了第二次修订，有机产品系列国家标准也已修订整合为一个标准，即《有机产品 生产、加工、标识与管理体系要求》（GB/T 19630—2019）。

为进一步完善有机产品认证制度，规范有机产品认证活动，保证认证活动的一致性和有效性，国家认证认可监督管理委员会于 2019 年 11 月发布新版《有机产品认证实施规则》。

（3）农产品地理标志登记管理概况 20 世纪 90 年代中期，国家工商行政管理局把农产品地理标志作为证明商标和集体商标纳入《中华人民共和国商标法》的注册管理范围，开始为农产品地理标志提供法律保护。

2002 年 12 月，《中华人民共和国农业法》修订发布，该法第二十三条规定：符合国家规定标准的优质农产品可以依照法律或者行政法规的规定申请使用有关的标志。符合规定

产地及生产规范要求的农产品可以依照有关法律或者行政法规的规定申请使用农产品地理标志。

2007 年 12 月，农业部制定发布《农产品地理标志管理办法》，对农产品地理标志进行登记管理，颁发相关地理标志登记证书，建立了农产品地理标志登记制度。

2. 产品认证管理相关法规

（1）绿色食品标志许可管理相关法规 绿色食品标志许可管理相关法规包括《绿色食品标志管理办法》《绿色食品标志许可审查程序》《绿色食品标志许可审查工作规范》《绿色食品现场检查工作规范》《绿色食品标志使用管理规范（试行）》等。

（2）有机产品认证管理相关法规 有机产品认证管理相关法规包括《中华人民共和国认证认可条例》《认证机构管理办法》《有机产品认证管理办法》《认证证书和认证标志管理办法》《有机产品认证实施规则》《有机产品认证目录》《认监委秘书处关于发布五类有机产品认证抽样检测项目指南（试行）的通知》等。

（3）农产品地理标志登记管理相关法规 农产品地理标志登记管理相关法规包括《中华人民共和国农业法》《中华人民共和国农产品质量安全法》《农产品地理标志管理办法》《农产品地理标志登记程序》《农产品地理标志使用规范》《农产品地理标志登记审查准则》《农产品地理标志登记专家评审规范》《农产品地理标志登记产品名称规范》《中华人民共和国农产品地理标志质量控制技术规范（编写指南）》《农产品地理标志登记产品外在感官特征鉴评规范》等。

3. 产品认证管理相关标准

（1）绿色食品标志许可相关标准 绿色食品标志许可相关标准包括：《绿色食品 食品添加剂使用准则》（NY/T 392）等使用准则类标准；《绿色食品 产地环境质量》（NY/T 391）等产地环境相关标准；《绿色食品 瓜类蔬菜》（NY/T 747）等产品标准；《东北地区绿色食品水稻生产操作规程》等绿色食品生产操作规程类标准；贮藏运输、标签标示等其他标准。

（2）有机产品认证相关标准 有机产品认证相关标准包括《有机产品 生产、加工、标识与管理体系要求》（GB/T 19630）、《土壤环境质量 农用地土壤污染风险管控标准（试行）》（GB 15618）、《农田灌溉水质标准》（GB 5084）、《渔业水质标准》（GB 11607）、《环境空气质量标准》（GB 3095）等。

（3）农产品地理标志登记相关标准 农产品地理标志登记相关标准包括《地理标志农产品品质鉴定与质量控制技术规范 谷物类》（NY/T 3606）、《农产品地理标志茶叶类质量控制技术规范编写指南》（NY/T 2740）等。

二、绿色食品标志许可管理

1. 绿色食品相关概念

根据《绿色食品标志管理办法》第二条规定，绿色食品是指产自优良生态环境、按照绿色食品标准生产、实行全程质量控制并获得绿色食品标志使用权的安全、优质食用农产品及相关产品。

2. 绿色食品分类

绿色食品按加工程度分为初级产品、初加工产品、深加工产品。按产品类别分为农林产品及其加工品、畜禽类、水产类、饮品类和其他产品。

3. 绿色食品标志

绿色食品标志是经中国绿色食品发展中心在国家知识产权局商标局注册的质量证明商标，用以证明食品商品具有无污染的安全、优质、营养的品质特性。绿色食品标志商标包括标志图形、中文"绿色食品"，英文"Green food"及中英文与图形组合等10种形式（图8-1）。标志使用人应当按照中心制定的《中国绿色食品商标标志设计使用规范手册（2021版）》在获证产品包装上使用绿色食品标志。

图 8-1　绿色食品标志组合

4. 绿色食品标志许可范围

根据《绿色食品产品适用标准目录（2021版）》，实施绿色食品标志许可的范围包括种植业、畜禽、渔业、加工和其他五大类产品。

5. 绿色食品标志许可相关部门和机构职责

根据《绿色食品标志管理办法》第四至七条规定，绿色食品标志许可相关部门和机构的职责如下：县级以上人民政府农业行政主管部门依法对绿色食品及绿色食品标志进行监督管理；中国绿色食品发展中心负责全国绿色食品标志使用申请的审查、颁证和颁证后跟踪检查工作；省级人民政府农业行政主管部门所属绿色食品工作机构负责本行政区域绿色食品标志使用申请的受理、初审和颁证后跟踪检查工作；农业农村部制定并发布绿色食品产地环境、生产技术、产品质量、包装贮运等标准和规范；具备相应的检测条件和能力、依法经过资质认定、并由中国绿色食品发展中心择优指定并报农业农村部备案的检测机构承担绿色食品产品和产地环境检测工作。

6. 绿色食品标志许可相关要求

（1）绿色食品标志许可的条件　《绿色食品标志许可审查工作规范》（2022版）第三章第十一条规定了申请人应当具备的资质条件和要求，第十二条规定了申请产品应当具备的资质条件和要求，第十三条规定了委托生产等其他方面的要求。

（2）绿色食品标志许可流程　根据《绿色食品标志管理办法》第十一至十六条，绿色食品标志许可流程如图8-2所示。

（3）绿色食品标志许可需提交材料　《绿色食品标志许可审查工作规范》（2022版）第四章第一节明确规定，申请材料由申请人材料、现场检查材料、环境和产品检验材料、工作机构材料四部分构成。规范中对每个部分的材料进行了细化明确。

（4）绿色食品现场检查工作程序　根据《绿色食品现场检查工作规范》（2022版）第七条规定，现场检查包括首次会议、实地检查、随机访问、查阅文件（记录）、管理层沟通和总结会等环节。

（5）绿色食品标志使用证书和标志的管理　绿色食品标志使用证书分中文、英文版本，具有同等效力。绿色食品标志使用证书有效期三年。

标志使用人在证书有效期内享有下列权利：

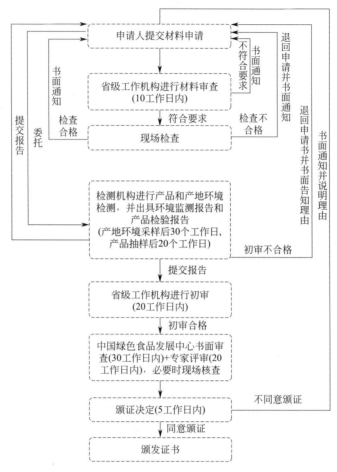

图 8-2　绿色食品标志许可流程

① 在获证产品及其包装、标签、说明书上使用绿色食品标志；

② 在获证产品的广告宣传、展览展销等市场营销活动中使用绿色食品标志；

③ 在农产品生产基地建设、农业标准化生产、产业化经营、农产品市场营销等方面优先享受相关扶持政策。

标志使用人在证书有效期内应当履行下列义务：

① 严格执行绿色食品标准，保持绿色食品产地环境和产品质量稳定可靠；

② 遵守标志使用合同及相关规定，规范使用绿色食品标志；

③ 积极配合县级以上人民政府农业农村主管部门的监督检查及其所属绿色食品工作机构的跟踪检查。

未经中国绿色食品发展中心许可，任何单位和个人不得使用绿色食品标志。禁止将绿色食品标志用于非许可产品及其经营性活动。

在证书有效期内，标志使用人的单位名称、产品名称、产品商标等发生变化的，应当经省级工作机构审核后向中国绿色食品发展中心申请办理变更手续。

产地环境、生产技术等条件发生变化，导致产品不再符合绿色食品标准要求的，标志使用人应当立即停止标志使用，并通过省级工作机构向中国绿色食品发展中心报告。

三、有机产品认证管理

1. 有机产品相关概念

（1）**有机生产**　根据《有机产品 生产、加工、标识与管理体系要求》（GB/T 19630），有机生产是指遵照特定的生产原则，在生产中不采用基因工程获得的生物及其产物，不使用化学合成的农药、化肥、生长调节剂、饲料添加物等物质，遵循自然规律和生态学原理，协调种植业和养殖业的平衡，保持生产体系持续稳定的一种农业生产方式。

（2）**有机加工**　指主要使用有机配料，加工过程中不采用基因工程获得的生物及其产物，尽可能减少使用化学合成的添加剂、加工助剂、染料等投入品，最大程度地保持产品的营养成分和／或原有属性的一种加工方式。

（3）**有机产品**　指生产、加工、销售过程符合《有机产品 生产、加工、标识与管理体系要求》（GB/T 19630），经独立且有资质的有机产品认证机构认证，获得有机产品认证证书，并加施中国有机产品认证标志的供人类消费、动物食用的产品。有机产品必须同时具备以下条件：原料必须来自已经建立或正在建立的有机农业生产体系，或采用有机方式采集的野生天然产品；产品在整个生产过程中必须严格遵循有机产品的加工、包装、贮藏、运输等要求；生产者在有机产品的生产和流通过程中，有完善的跟踪审查体系和完整的生产、销售档案记录；必须通过独立的有机产品认证机构认证审查。

（4）**有机产品认证**　指认证机构依照《有机产品认证管理办法》的规定，按照《有机产品认证实施规则》，对相关产品的生产、加工和销售活动符合有机产品国家标准进行的合格评定活动。在我国境内销售的有机产品均需经国家市场监督管理总局批准的认证机构认证。

（5）**转换期**　指由常规生产向有机生产发展需要经过转换，经过转换期后的产品才可作为有机产品销售。转换期内应按照 GB/T 19630 的要求进行管理。不是所有产品都需要转换期，例如芽苗菜生产、野生采集等可以免除转换期。

2. 有机产品认证标志

有机产品认证标志标有中文"中国有机产品"字样和英文"ORGANIC"字样（图8-3所示）。有机产品认证标志应当在认证证书限定的产品类别、范围和数量内使用。

图 8-3　有机产品认证标志

3. 有机产品认证范围

根据《中华人民共和国认证认可条例》《有机产品认证管理办法》相关规定，经国家市场监督管理总局批准的认证机构才能开展有机产品认证。各认证机构可以根据《有机产品认证目录》对范围内产品进行认证。

4. 有机产品认证相关部门和机构职责

根据《有机产品认证管理办法》规定，有机产品认证相关部门和机构的职责如下：

① 国家市场监督管理总局负责全国有机产品认证的统一管理、监督和综合协调工作；

② 各地方市场监督管理部门负责所辖区域内有机产品认证活动的监督管理工作；

③ 经国家市场监督管理总局批准的有机产品认证机构，负责开展认证委托人材料的受理、材料审核、现场核查、产地环境监测/检测、产品检测、颁发证书、销售证制作发放、监督管理等批准范围内的有机产品认证活动。

5. 有机产品认证相关要求

（1）有机产品认证条件

① 基本要求。认证委托人及其相关方应取得相关法律法规规定的行政许可（适用时），其生产、加工或经营的产品应符合相关法律法规、标准及规范的要求，并应拥有产品的所有权。产品的所有权是指认证委托人对产品有占有、使用、收益和处置的权利。认证委托人及其相关方在5年内未因以下情形被撤销有机产品认证证书：

a. 提供虚假信息。

b. 使用禁用物质。

c. 超范围使用有机认证标志。范围是指认证范围，包括产品范围、场所范围和过程（生产、加工、经营）范围。其中产品范围是指有机认证涉及的产品名称和数量；场所范围是指认证的所有生产场所、加工场所、经营场所（含办公地、仓储），包括生产基地和加工场所名称、地址和面积或养殖基地规模，以及加工、仓储和经营等场所；过程（生产、加工、经营）范围是指有机生产、加工、经营涉及的生产、收获、加工、运输、贮藏等过程。

d. 出现产品质量安全重大事故。认证委托人及其相关方1年内未因除上述所列情形之外其他情形被有机产品认证机构撤销有机产品认证证书。认证委托人未列入国家信用信息严重失信主体相关名录。

② 产品要求。申请认证的产品应在国家认证认可监督管理委员会公布的《有机产品认证目录》内。枸杞产品还应符合《有机枸杞认证补充要求（试行）》要求。

③ 管理体系要求。认证委托人按照 GB/T 19630 的要求，建立并实施了有机产品生产、加工和经营管理体系，并有效运行3个月以上。管理体系所要求的文件应是最新有效的，应确保在使用时可获得适用文件的有效版本，文件应包括：生产单元或加工、经营等场所的位置图；管理手册；操作规程和系统记录。

a. 生产单元或加工、经营等场所的位置图应按比例绘制生产单元或加工、经营等场所的位置图，至少标明以下内容：种植区域的地块分布，野生采集区域、水产养殖区域、蜂场及蜂箱的分布；畜禽养殖场及其牧草场、自由活动区、自由放牧区、粪便处理场所的分布；加工、经营区的分布；河流、水井和其他水源；相邻土地及边界土地的利用情况；畜禽检疫隔离区域；加工、包装车间、仓库及相关设备的分布；生产单元内能够表明该单元特征的主要标示物。

b. 管理手册。认证委托人应编制和保持管理手册，该手册至少应包括以下内容：有机产品生产、加工、经营者的简介；有机产品生产、加工、经营者的管理方针和目标；管理组织机构图及其相关岗位的责任和权限；有机标识的管理；可追溯体系与产品召回；内部检查；文件和记录管理；客户投诉的处理；持续改进体系。

c. 操作规程。认证委托人应制定并实施操作规程，操作规程中至少应包括：作物种植、食用菌栽培、野生采集、畜禽养殖、水产养殖/捕捞、蜜蜂养殖、产品加工等技术规程；防止有机产品受禁用物质污染所采取的预防措施；防止有机产品与常规产品混杂所采取的措施（必要时）；植物产品、食用菌收获规程及收获、采集后运输、贮藏等环节的操作规程；动物产品的屠宰、捕捞、提取、运输及贮藏等环节的操作规程；加工产品的运输、贮藏等各道工序的操作规程；运输工具、机械设备及仓储设施的维护、清洁规程；加工厂卫生管理与有害生物控制规程；标签及生产批号的管理规程；员工福利和劳动保护规程。

d. 系统记录。有机产品生产、加工、经营者应建立并保持记录。记录应清晰准确，为有机生产、有机加工、经营活动提供有效证据。

④ 管理和技术人员要求。认证委托人应具备与其规模和技术相适应的资源。应配备有机生产、加工、经营的管理者并具备以下条件：本单位的主要负责人之一；了解国家相关的法律、法规及相关要求；了解 GB/T 19630 要求；具备农业生产和/或加工、经营的技术知识或经验；熟悉本单位的管理体系及生产和/或加工、经营过程。应配备内部检查员并具备以下条件：了解国家相关的法律、法规及相关要求；相对独立于被检查对象；熟悉并掌握 GB/T 19630 的要求；具备农业生产和/或加工、经营的技术知识或经验；熟悉本单位的管理体系及生产和/或加工、经营过程。

⑤ 内部检查要求。应建立内部检查制度，以保证管理体系及有机生产、有机加工过程符合 GB/T 19630 的要求。内部检查应由内部检查员来承担，每年至少进行一次内部检查。内部检查员的职责是：按照 GB/T 19630 对本企业的管理体系进行检查，并对违反该标准的内容提出修改意见；按照该标准的要求，对本企业生产、加工过程实施内部检查，并形成记录；配合有机产品认证机构的检查和认证。

⑥ 可追溯体系与产品召回要求。有机生产、加工、经营者应建立完善的可追溯体系，保持可追溯的生产全过程的详细记录（如地块图、农事活动记录、加工记录、仓储记录、出入库记录、销售记录等）以及可跟踪的生产批号系统。

有机生产、加工、经营者应建立和保持有效的产品召回制度，包括产品召回的条件、召回产品的处理、采取的纠正措施、产品召回的演练等，并保留产品召回过程中的全部记录，包括召回、通知、补救、原因、处理等。

⑦ 投诉和持续改进要求。有机生产、加工、经营者应建立和保持有效的处理客户投诉的程序，并保留投诉处理全过程的记录，包括投诉的接受、登记、确认、调查、跟踪、反馈。

有机生产、加工、经营者应持续改进其管理体系的有效性，促进有机生产、加工和经营的健康发展，以消除不符合或潜在不符合有机生产、有机加工和经营的因素。有机生产、加工和经营者应：确定不符合的原因；评价确保不符合不再发生的措施的需求；确定和实施所需的措施；记录所采取措施的结果；评审所采取的纠正或预防措施。

（2）有机产品认证流程　根据《有机产品认证管理办法》《有机产品认证实施规则》规定，有机产品认证流程如图 8-4 所示。

（3）有机产品认证申请材料　根据《有机产品认证实施规则》规定，认证委托人应至少提交以下文件和资料：

① 认证委托人的合法经营资质文件的复印件。

② 认证委托人及其有机生产、加工、经营的基本情况。

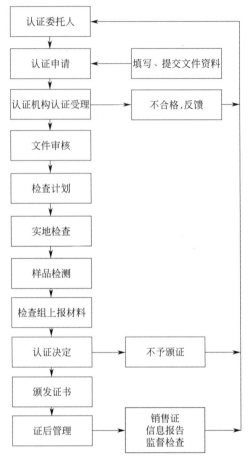

图 8-4　有机产品认证流程

a. 认证委托人名称、地址、联系方式；不是直接从事有机产品生产、加工的认证委托人，应同时提交与直接从事有机产品的生产、加工者签订的书面合同的复印件及具体从事有机产品生产、加工者的名称、地址、联系方式。

b. 生产单元／加工／经营场所概况。

c. 申请认证的产品名称、品种、生产规模包括面积、产量、数量、加工量等；同一生产单元内非申请认证产品和非有机方式生产的产品的基本信息。

d. 过去三年间的生产历史情况说明材料，如植物生产的病虫草害防治、投入品使用及收获等农事活动描述；野生采集情况的描述；畜禽养殖、水产养殖的饲养方法、疾病防治、投入品使用、动物运输和屠宰等情况的描述。

e. 申请和获得其他认证的情况。

③ 产地（基地）区域范围描述，包括地理位置坐标、地块分布、缓冲带及产地周围邻近地块的使用情况；加工场所周边环境描述、厂区平面图、工艺流程图等。

④ 管理手册和操作规程。

⑤ 承诺守法诚信，接受认证机构、认证监管等行政执法部门的监督和检查，保证提供

材料真实、执行有机产品标准和有机产品认证实施规则相关要求的声明。

⑥ 其他。包括本年度有机产品生产、加工、经营计划，上一年度有机产品销售量与销售额（适用时）等。有机转换计划（适用时）和其他文件资料。

认证委托人应根据各有机产品认证机构的要求，提供文件资料并按序号编排、文件夹装订后提交。

（4）有机产品认证材料审查 根据《有机产品认证实施规则》规定，有机产品认证材料审查要求如下：

① 材料审查要求。认证要求规定明确，并形成文件和得到理解；有机产品认证机构和认证委托人之间在理解上的差异得到解决；对于申请的认证范围，认证委托人的工作场所和任何特殊要求，有机产品认证机构均有能力开展认证服务。

② 受理时限与要求。有机产品认证机构应根据有机产品认证依据、程序等要求，在自收到认证委托人申请材料之日起 10 个工作日内对提交的申请文件和资料进行审查并做出是否受理的决定，保存审查记录。申请材料齐全、符合要求的，予以受理认证申请；对不予受理的，应书面通知认证委托人，并说明理由。

③ 技术标准培训。有机产品认证机构可采取必要措施帮助认证委托人及直接进行有机产品生产、加工、经营者进行技术标准培训，使其正确理解和执行标准要求。

④ 信息上报。认证机构应当在对认证委托人实施现场检查前 5 日内，将认证委托人、认证检查方案等基本信息报送至国家认证认可监督管理委员会确定的信息系统。

（5）有机产品认证现场检查 有机产品认证机构成立检查组，检查组根据认证依据对认证委托人建立的管理体系进行评审，核实生产、加工、经营过程与认证委托人按照所提交的申请文件和资料的一致性，确认生产、加工、经营过程与认证依据的符合性。

检查过程至少应包括以下内容：对生产、加工过程、产品和场所的检查，如生产单元有非有机生产、加工或经营时，也应关注其对有机生产、加工或经营的可能影响及控制措施；对生产、加工、经营管理人员、内部检查员、操作者进行访谈；对 GB/T 19630 所规定的管理体系文件与记录进行审核；对认证产品的产量与销售量进行衡算；对产品追溯体系、认证标识和销售证的使用管理进行验证；对内部检查和持续改进进行评估；对产地和生产加工环境质量状况进行确认，评估对有机生产、加工的潜在污染风险；采集必要的样品；对上一年度提出的不符合项采取的纠正和纠正措施进行验证（适用时）。

检查组在结束检查前，应对检查情况进行总结，向受检查方和认证委托人确认检查发现的不符合项。

（6）有机产品认证后管理 有机产品认证机构应每年对获证组织至少安排一次获证后的现场检查。有机产品认证机构应根据获证产品种类和风险、生产企业管理体系的有效性、当地质量安全诚信水平总体情况等，科学确定现场检查频次及项目。同一认证的品种在证书有效期内如有多个生产季的，则至少需要安排一次获证后的现场检查。有机产品认证机构应及时了解和掌握获证组织变更信息，对获证组织实施有效跟踪，以保证其持续符合认证的要求。

（7）有机产品再认证 再认证有机产品认证证书有效期，不超过最近一次有效认证证书截止日期再加 12 个月。获证组织应至少在认证证书有效期结束前 3 个月向有机产品认证机构提出再认证申请。获证组织的有机产品管理体系和生产、加工过程未发生变更时，有机产品认证机构可适当简化申请评审和文件评审程序。

有机产品认证机构应在认证证书有效期内进行再认证检查。因生产季或重大自然灾害的原因，不能在认证证书有效期内安排再认证检查的，获证组织应在证书有效期内向有机产品认证机构提出书面申请说明原因。经有机产品认证机构确认，再认证可在认证证书有效期后的 3 个月内实施，但不得超过 3 个月，在此期间内生产的产品不得作为有机产品进行销售。对超过 3 个月仍不能再认证的生产单元，应按初次认证实施。

（8）有机产品认证证书、有机码和认证标志的管理

① 认证证书基本格式。认证证书分为有机产品认证证书和有机转换认证证书两类。《有机产品认证实施规则》附件中规定了认证证书基本格式。依据《有机产品认证管理办法》规定，获得有机转换认证的产品不得使用中国有机产品认证标志及标注含有"有机""ORGANIC"等字样的文字表述和图案。

经授权使用他人商标的获证组织，应在其有机认证证书中标明相应产品获许授权使用的商标信息。认证证书的编号应从国家认证认可监督管理委员会网站"中国食品农产品认证信息系统"中获取。

② 有机产品认证证书编号规则。有机产品认证采用统一的认证证书编号规则。认证机构在食品农产品系统中录入认证证书、检查组、检查报告、现场检查照片等方面相关信息后，经格式校验合格后，由系统自动赋予认证证书编号，认证机构不得自行编号。

认证证书编号中前三位为认证机构批准号中年份后的流水号。认证机构批准号格式为"CNCA-R/RF-年份-流水号"，其中 R 表示内资认证机构，RF 表示外资认证机构，年份为 4 位阿拉伯数字，流水号是内资、外资分别流水编号。

③ 有机码。有机码是指为保证国家有机产品认证标志的基本防伪与可追溯性，防止假冒认证标志和获证产品的发生，有机产品认证机构在向获得有机产品认证的企业发放认证标志或允许有机生产企业在产品标签上印制有机产品认证标志前，按照国家认证认可监督管理委员会发布的《国家有机产品认证标志编码规则》，赋予每枚认证标志的唯一编码。

有机码由有机产品认证机构代码、认证标志发放年份代码和认证标志发放随机码组成共17 位数字组成。

每一枚有机标志的有机码都需要报送"中国食品农产品认证信息系统"，可以在该网站上查到有机标志对应的认证证书编号、有机产品名称、获证企业等信息。

④ 证书与标志使用。获得有机转换认证证书的产品只能按常规产品销售，不得使用中国有机产品认证标志以及标注"有机""ORGANIC"等字样和图案。

获证产品的认证委托人可以根据产品的特性，在获证产品或产品的最小销售包装上，采取粘贴或印刷等方式，直接加施中国有机产品认证标志、有机码和有机产品认证机构名称或者其标识。印制在获证产品标签、说明书及广告宣传材料上的中国有机产品认证标志，应当清楚、明显，可以按比例放大或者缩小，但不应变形、变色。

（9）有机产品销售 有机产品销售单位和个人在采购、贮藏、运输、销售有机产品的活动中，应当符合有机产品国家标准的规定，保证销售的有机产品类别、范围和数量与销售证中的产品类别、范围和数量一致，并能够提供与正本内容一致的认证证书和有机产品销售证的复印件，以备相关行政监管部门或者消费者查询。

为保证有机产品的完整性和可追溯性，销售者在销售过程中应采取但不限于下列措施：应避免有机产品与常规产品的混杂；应避免有机产品与有机产品标准禁止使用的物质接触；建立有机产品的购买、运输、储存、出入库和销售等记录。

有机产品销售时，采购方应索取有机产品认证证书、有机产品销售证等证明材料。使用了有机码的产品销售时，可不索取销售证。有机产品加工者和有机产品经营者在采购时，应对有机产品认证证书的真伪进行验证，并留存认证证书复印件。对于散装或裸装产品，以及鲜活动物产品，应在销售场所设立有机产品销售专区或陈列专柜，并与非有机产品销售区、柜分开。应在显著位置摆放有机产品认证证书复印件。

四、农产品地理标志登记管理

1. 农产品地理标志相关概念

农产品地理标志是指标示农产品来源于特定地域，产品品质和相关特征主要取决于自然生态环境和历史人文因素，并以地域名称冠名的特有农产品标志。

地理标志强调的是产品的"原产地"，即认为产品的质量、特性或声誉与其生产的地理位置有关，因此对地方特色产品以产地命名的方式进行保护和控制。地理标志中的产地可以是一个村庄或城镇，也可以是一个地区或国家。地理标志的使用不仅限于农产品，还适用于因为特定制造工艺和传统等因素而具备独特品质的产品。

2. 农产品地理标志标识

农产品地理标志实行公共标识与地域产品名称相结合的标注制度。公共标识基本图案由中华人民共和国农业农村部中英文字样、农产品地理标志中英文字样和麦穗、地球、日月图案等元素构成，如图 8-5 所示。

图 8-5　农产品地理标志公共标识

3. 农产品地理标志登记范围

根据《农产品地理标志登记审查准则》，申请登记产品应当是源于农业的初级产品，并属于《农产品地理标志登记保护产品目录》所涵盖的产品。没有纳入登记保护目录的，不予受理。

4. 农产品地理标志登记相关部门和机构职责

农产品地理标志登记相关部门和机构职责如下：农业农村部负责全国农产品地理标志登记保护工作；农业农村部中国绿色食品发展中心负责农产品地理标志登记审查、专家评审和对外公示工作；省级人民政府农业农村行政主管部门负责本行政区域内农产品地理标志登记保护申请的受理和初审工作；农业农村部设立的农产品地理标志登记专家评审委员会负责专家评审；农业农村部考核合格的农产品质量安全检测机构负责农产品产地环境和品质鉴定工作。

5. 农产品地理标志登记相关要求

（1）农产品地理标志登记条件　根据《农产品地理标志管理办法》第七条规定，申请地理标志登记的农产品应当符合下列条件：

①　称谓由地理区域名称和农产品通用名称构成；

②　产品有独特的品质特性或者特定的生产方式；

③　产品品质和特色主要取决于独特的自然生态环境和人文历史因素；

④　产品有限定的生产区域范围；

⑤　产地环境、产品质量符合国家强制性技术规范要求。

农产品地理标志登记保护申请人由县级以上地方人民政府择优确定，应当是农民专业合作经济组织、行业协会等服务性组织，包括社团法人、事业法人等，并满足下列条件：

①　具有监督和管理农产品地理标志及其产品的能力；

②　具有为地理标志农产品生产、加工、营销提供指导服务的能力；

③　具有独立承担民事责任的能力。企业和个人不能作为农产品地理标志登记保护申请人。

申请人类型主要包括农民专业合作经济组织、社团法人和事业法人。

（2）农产品地理标志登记申请材料　根据《农产品地理标志管理办法》第二章第九条规定，符合农产品地理标志登记条件的申请人，可以向省级人民政府农业行政主管部门提出登记申请，并提交下列材料一式三份：

①　登记申请书。参见《农产品地理标志登记申请书》（中绿地〔2021〕37号附件10）。

②　申请人资质证明。由县级以上地方人民政府择优确定并出具相应的资格确认文件。申请登记的农产品生产区域在县域范围内的，由申请人提供县级人民政府出具的资格确认文件；跨县域的，由申请人提供地市级以上地方人民政府出具的资格确认文件。具体参见《农产品地理标志登记申请人资格确定规范》和《农产品地理标志登记审查准则》（中绿地〔2021〕37号附件2和附件8）。

③　产品典型特征特性描述和相应产品品质鉴定报告。农产品地理标志产品品质鉴定报告由鉴评报告和检测报告组成。产品外在感官特征显著，而内在品质指标不显著的，提交鉴评报告；产品外在感官特征不显著，而内在品质指标显著的，提交检测报告；产品外在感官特征和内在品质指标均显著的，同时提交鉴评报告和检测报告。申请人向省级农产品地理标志工作机构提出鉴评申请。省级工作机构组织相关专家成立品质鉴评组，按照农产品地理标志质量控制技术规范进行鉴评，出具《农产品地理标志产品品质鉴评报告》。报告模板具体参见《农产品地理标志产品品质鉴定规范》（农质安发〔2008〕7号附件4鉴评报告、中绿地〔2021〕37号附件5附录B检测报告）。

④　产地环境条件、生产技术规范和产品质量安全技术规范。产品质量控制技术规范应当包括地域范围、独特自然生态环境、特定生产方式、产品品质特色及质量安全规定、标志使用规定等内容。重点要体现产地、生产方式、产品的独特性及人文历史因素。具体参见《中华人民共和国农产品地理标志质量控制技术规范（编写指南）》（农质安发〔2010〕16号）。

⑤　地域范围确定性文件和生产地域分布图。参见《农产品地理标志登记生产地域范围确定规范》（中绿地〔2021〕37号附件3）。

⑥　产品实物样品或者样品图片。产品图片应为彩色照片，必须真实、清晰、准确、全面反映产品特征。

⑦　其他必要的说明性或者证明性材料。

主要包含产品的人文历史及其他有关佐证文件。表现形式主要包括：产品生产历史；县志、市志等历史文献记载；诗词歌赋、传记、传说、轶事、典故等记载；民间流传的该类产品民风、民俗、歌谣、饮食、烹饪等；名人的评价与文献；荣获省级以上名牌产品获奖情况；媒体宣传、报道、图片等。人文历史佐证材料可为多种表现形式，但所列表现形式的前两项必须提供。人文历史文字描述应有对应的佐证材料。

（3）农产品地理标志登记审查

① 现场核查的主要内容。省级农产品地理标志工作机构应当根据初审情况拟定现场核查计划。现场核查计划包括现场核查的时间、地点、内容、程序和人员构成等要素。现场实地核查工作应当在 2 日内完成。特殊情况需要延长核查时间的，需商农产品地理标志登记保护申请人同意后方可适当延长，但最长时间不得超过 4 日。省级农业主管部门以《农产品地理标志现场核查通知单》的形式书面通知申请人，并请申请人予以确认。同时抄送申请人所在地、县两级农业行政主管部门。

现场核查前首先成立现场核查组，现场核查实行组长负责制。核查组按照《农产品地理标志现场核查工作程序》制定可操作的《农产品地理标志现场核查方案》。

现场核查范围及主要内容包括以下几个方面：一是现场听取申请人关于申请登记产品及其产地环境、区域范围和生产管理等有关情况的介绍；二是确定检查的基地范围和地块数，随机进行实地检查；三是确定访问的生产者，随机访问生产者和有关技术人员，获得产品生产及管理情况资料；四是查阅文件、记录，了解申请单位质量控制措施及确保农产品地理标志产品质量的能力；核实申请单位生产管理制度的执行情况及控制的有效性。查阅文件包括生产技术规程和产品质量控制技术规范等；查阅的记录包括生产及其管理记录、出入库记录、生产资料购买及使用记录、交售记录、卫生管理记录、培训记录等；五是核查其他需要了解的内容。

② 现场核查的一般程序。现场核查的程序一般为：召开首次会议→实地核查→汇总核查情况→形成核查报告→召开末次会议。

③ 现场核查结论判定。现场核查完成后，核查组应当对核查结果进行综合判定，做出现场核查结论。现场核查结论分三种：一是现场核查通过；二是现场核查基本通过，限期整改和报送整改结果；三是现场核查不通过，限期整改并届时派员对整改结果进行确认。

④ 材料审核与专家评审。

a. 材料审核。申请材料需装订成册，建议采用单页可替换方式装订，方便材料补充。封面注明产品名称、申请人全称、省级农业主管部门等信息。相关材料按照如下顺序编排目录及页码：封面、目录、登记申请书、登记申请人资格确定文件及法人证书、地域范围批复文件和生产地域分布图（彩图）、质量控制技术规范、产品品质鉴定报告（鉴评报告、检测报告）、产品抽样单、产品图片（彩图）、其他必要的说明性或者证明性材料（人文历史佐证资料）、现场核查报告、登记审查报告、核查员证书复印件。

b. 专家评审。专家评审重点包括以下内容：申请人资质证明；产品的典型特征特性；产品品质鉴定报告；申请人制订的质量控制技术规范；产品地域范围界定和生产地域分布确定审核。

（4）农产品地理标志登记评审结论公示　经专家评审通过的，由中国绿色食品发展中心代表农业农村部在农民日报、中国农业信息网、中国农产品质量安全网等公共媒体上对登记的产品名称、登记申请人、登记的地域范围和相应的质量控制技术规范等内容进行为期 10 日的公示。

专家评审没有通过的，由农业农村部作出不予登记的决定，书面通知申请人和省级农业行政主管部门，并说明理由。

对公示内容有异议的单位和个人，应当自公示之日起 30 日内以书面形式向中国绿色食品发展中心提出，并说明异议的具体内容和理由。

中国绿色食品发展中心应当将异议情况转所在地省级农业行政主管部门提出处理建议后，组织农产品地理标志登记专家评审委员会复审。

（5）颁发农产品地理标志登记证书并公告　公示无异议的，由中国绿色食品发展中心报农业农村部做出决定。准予登记的，颁发《中华人民共和国农产品地理标志登记证书》并公告，同时公布登记产品的质量控制技术规范。

（6）农产品地理标志及登记证书管理　经审核符合标志使用条件的标志使用申请人，农产品地理标志登记证书持有人应当按照生产经营年度与其签订农产品地理标志使用协议，在协议中载明标志使用数量、范围及相关责任义务。农产品地理标志使用协议生效后，标志使用人方可在农产品或者农产品包装物上使用农产品地理标志，并可以使用登记的农产品地理标志进行宣传和参加展览、展示及展销活动。

印刷农产品地理标志应当符合《农产品地理标志公共标识设计使用规范手册》要求。全国可追溯防伪加贴型农产品地理标志由中国绿色食品发展中心统一设计、制作，农产品地理标志使用人可以根据需要选择使用。

农产品地理标志登记证书持有人应当建立规范有效的标志使用管理制度，对农产品地理标志的使用实行动态管理、定期检查，并提供技术咨询与服务。

农产品地理标志使用人应当建立农产品地理标志使用档案，如实记载地理标志使用情况，并接受登记证书持有人的监督。农产品地理标志使用档案应当保存五年。农产品地理标志登记证书持有人和标志使用人不得超范围使用经登记的农产品地理标志。任何单位和个人不得冒用农产品地理标志和登记证书。

根据《农产品地理标志管理办法》规定，农产品地理标志登记证书长期有效。有下列情形之一的，登记证书持有人应当按照规定程序提出变更申请：①登记证书持有人或者法定代表人发生变化的；②地域范围或者相应自然生态环境发生变化的。

第二节　质量管理与食品安全管理体系介绍

管理体系是组织用于建立方针和目标以及实现这些目标的过程的相互关联或相互作用的一组要素。目前食品企业实施运行的管理体系有质量管理体系 GB/T 19001（ISO 9001，IDT）、危害分析与关键控制点体系（HACCP）、食品安全管理体系 GB/T 22000（ISO 22000，IDT）、环境管理体系 GB/T 24001（ISO 14001，IDT）及职业健康安全管理体系 GB/T 45001（ISO 45001，IDT）等。由于各企业的目标有所差异，因此企业所实施运行的管理体系也存在不同。例如：质量管理体系是为了证实企业具有稳定提供满足顾客要求及适用法律法规要求的产品和服务的能力，从而增加顾客满意。危害分析与关键控制点体系（HACCP）是在食品生产加工过程中，运行 HACCP 原理，将食品安全风险预防、消除或降低到可接受的水平，从而证明企业有能力提供符合法律法规和顾客要求的安全食品。食品安全管理体系是食品链中的企业为证实其有能力控制食品安全，确保其提供给人类消费的食品是安全的。

目前，食品企业通过实施质量管理体系、危害分析与关键控制点体系（HACCP）、食品安全管理体系来系统控制食品安全危害。

本节以质量管理体系、危害分析与关键控制点体系为例，进行介绍。

一、管理体系发展过程

1. 质量管理体系发展过程

国际标准化组织（ISO）于 1987 年发布了 ISO 9000《质量管理和质量保证标准 - 选择和使用指南》、ISO 9000《质量体系 - 设计开发、生产、安装和服务的质量保证模式》等 6 项标准，这是 ISO 9000 第一版的推出。为了满足国际形势与环境的变化，确保 ISO 9001 标准的充分性，一般 5 年到 8 年改版一次，最长 8 年必须换版，国际标准化组织（ISO）分别于 1994 年修订 ISO 9000 系列标准，并于同年的 7 月 1 日正式颁布第二版，2000 年 12 月 15 日正式颁布了第三版即 2000 版的 ISO 9000 系列标准，2008 年 12 月 30 日正式颁布了第四版即 2008 版的 ISO 9000 系列标准，2015 年 9 月 15 日正式颁布了第五版即 2015 版的 ISO 9000 系列标准，2015 版的标准为目前现行有效的质量管理体系实施标准。

我国最早的质量管理体系标准是由国家技术监督局于 2000 年 12 月颁布的 GB/T 19000 族等同采用 2000 版的 ISO 9000 系列标准，2008 年修订发布了 2008 版的 GB/T 19000 族等同采用 2008 版的 ISO 9000 系列标准及 2016 年修订发布了的 GB/T 19000 族等同采用 2015 版的 ISO 9000 系列标准。GB/T 19001—2016 标准为目前我国企业建立实施运行及质量管理体系认证的依据。

2. 危害分析与关键控制点体系（HACCP）发展过程

我国的 HACCP 是从 1997 年，由国家商检局派专家组参加 HACCP 管理教师培训班开始。2001 年，中国第一家 HACCP 认证机构"中国商检总公司 HACCP 认证协调中心"成立。2002 年由国家认证认可监督管理委员会发布我国第一个专门针对 HACCP 的公告，即《食品生产企业危害分析与关键控制点（HACCP）管理体系认证管理规定》（国家认监委 2002 年第 3 号公告）。从 2002 年到 2004 年底国家认证认可监督管理委员会编写 HACCP 教材，举办培训班，指导出口食品生产企业建立并实施 HACCP 体系的工作。2004 年由国家质量监督检验检疫总局与中国国家标准化管理委员会发布的《危害分析与关键控制点（HACCP）体系及其应用指南》（GB/T 19538—2004），为建立实施 HACCP 体系的企业提供了参考依据。2005 年又发布了《水产品危害分析与关键控制点（HACCP）体系及其应用指南》（GB/T 19838—2005），为水产品企业建立并实施 HACCP 体系提供了参考依据。2006 年，国家 HACCP 应用研究中心成立。2009 年《中华人民共和国食品安全法》公布，第一次把 HACCP 体系应用体现在国家法律上，同年又发布《危害分析与关键控制点（HACCP）体系 食品生产企业通用要求》（GB/T 27341—2009），作为实施 HACCP 体系认证的依据之一。2011 年国家质量监督检验检疫总局发布第 142 号令，要求所有出口食品企业全面建立 HACCP 体系。2012 年，国家认证认可监督管理委员会通过推行出口食品企业备案与 HACCP 认证联动监管，探索出口食品企业备案核准工作采信第三方 HACCP 认证结果，同年我国的 HACCP 标准被全球食品安全倡议（GFSI）认可，将我国的 HACCP 体系推向国际，实现"一处认证，处处认可"。2021 年，为规范食品及食品相关行业危害分析与关键控制点（HACCP）体系认证，国家认证认可监督管理委员会发布了《危害分析与关键控制点（HACCP）体系认证实施规则》。

二、质量管理体系标准介绍

1. GB/T 19001 的组成框架

国际标准化组织（ISO）颁布了多个管理体系标准，为了解决这些管理体系的成文结构混乱不一的情况，ISO 就提出和规定了相同的核心正文、核心定义的通用术语和相同的章节顺序，即"高阶结构"（high level structure）。这个统一的高阶结构由 10 个章节组成，分别为：范围；规范性引用文件；术语与定义；组织环境；领导作用；策划；支持；运行；绩效评价；改进。GB/T 19001 就是采用这个高阶结构组成的框架，也有人称为以 PDCA 为框架的过程方法结构。

2. GB/T 19001 的应用范围

该标准不是国家强制性标准，而是组织自愿建立实施运行的。使用该标准的组织的需求主要是为了证实其具有稳定提供满足顾客要求及适用法律法规要求的产品和服务的能力；通过体系的有效应用，包括体系改进的过程，以及保证符合顾客要求和适用的法律法规要求，旨在增强顾客满意。该标准所有的要求是通用的，使用范围广泛，如食品行业、汽车行业、建筑行业、化工行业、医药行业等。

3. GB/T 19001 的核心要素的理解

（1）质量管理原则

① 以顾客为关注焦点。有句名言"顾客是上帝"，可见顾客与企业的存在是密不可分的。因此，企业应当理解顾客当前和未来的需求，在满足顾客要求的基础条件下，还要争取超越顾客期望，达到顾客对组织的信任和依赖，从而建立与顾客长期合作的关系。首先可以通过调查、识别并理解顾客的需求和期望，确保企业的目标与顾客的需求和期望相结合；然后在企业内部进行有效沟通，确保顾客的需求和期望能够被组织内部的相关人员充分地了解；最后通过测量顾客的满意程度并根据结果采取相应的活动或措施，系统地管理好与顾客的关系。

② 领导作用。领导是企业发展的"带头人"，领导者所制定的战略发展的规划以及目标是企业发展的关键。因此领导者应确立企业统一的战略方针及目标，给员工营造良好的参与实现企业目标的内部环境；领导者还应考虑所有相关方的需求和期望、为企业的发展提供清晰的愿景、确定符合企业实际情况的目标以及为实现目标所需的资源、能力、意识、沟通及成文信息。领导者还应参与企业文化并赋予相关员工职责权限。

③ 全员参与。"独树不成林""众人拾柴火焰高"，这些谚语充分说明了企业的发展需要全体员工的积极参与。通过对全体员工质量管理意识的宣传，让全体员工了解到自己如何工作才能为管理体系做贡献。让每一位员工都知晓企业的方针并让其参与到分层级目标的制订工作，知道个人工作目标，从而达到每位员工都能够为完成个人目标而积极工作的目的。

④ 过程方法。过程是指一组将输入转化为输出的相互关联或相关作用的活动或者可以解释为具有相互关联的活动和输入，以实现输出。过程方法是系统地识别并管理组织所应用的过程，特别是这些过程之间的相关作用。

企业的最终目的是满足顾客的需求及满意，也可把客户需求到客户满意理解为总过程，总过程的实现是由管理职责、资源管理、产品实现及测量、分析和改进这四大方面完成，而其中每一个大方面里都有一些分过程，如采购过程、生产或服务控制过程、检验和测量过程、设备维护过程等。质量管理体系的过程类别目前主要归为三类，即顾客导向过程（COP）、支持过程（SP）及管理过程（MP）。这些过程的完成需要建立有效的控制方法，需要有完善的体系文件。有了规范的体系文件加上有效的体系运行，才能为顾客提供满意的需求（产品、服务）。

⑤ 改进。成功的组织持续关注改进。在整个组织范围内使用一致的方法持续改进组织的业绩；为员工提供有关持续改进的方法和手段的培训；将产品、过程和体系的持续改进作为组织内每位成员的目标；建立目标以指导、测量和追踪持续改进。

⑥ 循证决策。有效决策建立在数据和信息分析的基础上。循证决策的内容包括：确保数据和信息足够精确和可靠；让数据/信息需要者能得到数据/信息；使用正确的方法分析数据；基于事实分析，权衡经验与直觉，做出决策并采取措施。

⑦ 关系管理。通过互利的关系，增强组织及其供方创造价值的能力。关系管理的内容包括：在对短期收益和长期利益综合平衡的基础上，确立与供方的关系；与供方或合作伙伴共享专门技术和资源；识别和选择关键供方；清晰与开放的沟通；对供方所做出的改进和取得的成果进行评价并予以鼓励。

（2）PDCA 循环管理 PDCA 循环反映了质量管理活动的规律。PDCA 循环是提高产品质量，改善企业生产经营管理的重要方法，是质量保证体系运转的基本方式。P（plan）表示策划；D（do）表示实施；C（check）表示检查；A（action）表示处置。PDCA 循环图参考 GB/T 19001 标准。

P（策划阶段）：根据顾客的要求和组织的方针，建立体系的目标及其过程，确定实现结果所需的资源，并识别和应对风险和机遇。

D（实施阶段）：执行所做的策划。

C（检查阶段）：根据方针、目标、要求和所策划的活动，对过程以及形成的产品和服务进行监视和测量（适用时），并报告结果。

A（处置阶段）：必要时，采取措施提高绩效。

在质量管理中，对质量问题分析，通常采用以下的分析步骤：

分析现状→找出问题的原因→分析产生问题的原因→找出其中的主要原因→拟定措施计划→执行技术组织措施计划→把执行结果与预定目标对比→巩固成绩，进行标准化。

（3）基于风险的思维 基于风险的思维是实现质量管理体系有效性的基础。组织需要策划和实施应对风险和机遇的措施。应对风险和机遇，为提高质量管理体系有效性、获得改进结果以及防止不利影响奠定基础。但风险是不确定性的影响，不确定性可能有正面的影响，也可能有负面的影响。风险的正面影响可能提供机遇，但并非所有正面影响均可提供机遇。

三、食品生产企业 HACCP 体系通用标准介绍

1. GB/T 27341 的组成框架

《危害分析与关键控制点（HACCP）体系 食品生产企业通用要求》（GB/T 27341）标准是由全国认证认可标准化技术委员会（SAC/TC 261）提出并归口。该组织代表国家参加国际标准化组织、国际电工委员会和其他国际或区域性标准化的工作。该标准由 7 个章节组成，分别为：范围；规范性引用文件；术语与定义；企业 HACCP 体系；管理职责；前提计划；HACCP 计划的建立和实施。

2. GB/T 27341 的应用范围

该标准不是国家强制性标准，组织自愿执行。实施该标准的企业证明其有能力提供符合法律法规和顾客要求的安全食品。该标准使用范围较为狭窄，仅适用于食品生产（包括配餐）企业 HACCP 体系的建立、实施和评价，包括原辅料和食品包装材料采购、加工、包装、贮存、装运等。

3. GB/T 27341 的核心要素

（1）GMP

① GMP 的概念。"GMP" 是英文 "good manufacturing practice" 的缩写，中文的翻译为 "良好操作规范"，是一种特别注重在生产过程中实施对产品质量与卫生安全的自主性管理制度。GMP 要求企业从原料、人员、设施设备、生产过程、包装运输、质量控制等方面按国家有关法规标准达到卫生质量要求，形成一套可操作的作业规范，帮助改善企业卫生环境，及时发现生产过程中存在的问题，加以改善。简要地说，GMP 要求食品生产企业应具备良好的生产设备、合理的生产过程、完善的质量管理和严格的检测系统，确保最终产品的质量（包括食品安全卫生）符合法规标准要求。

② 食品生产企业实施 GMP 的意义。a. 能够帮助企业降低污染、混杂、错误发生，避免单纯依赖终产品检验带来的风险；b. 规范食品生产企业加工环境；c. 提高从业人员食品卫生意识；d. 保证食品的卫生安全；e. 促使食品生产企业对原料、辅料、包装材料的要求更为严格；f. 有助于食品生产企业采用新技术、新设备，从而保证食品质量。

③ 我国 GMP 发展过程。我国 GMP 最早应用于药品行业，食品企业 GMP 的制定开始于 20 世纪 80 年代中期。从 1988 年开始，我国先后颁布了 17 个食品企业卫生规范。重点对厂房、设备、设施和企业自身卫生管理等方面提出卫生要求，以促进食品卫生状况的改善，预防和控制各种有害因素对食品的污染。1998 年，卫生部颁布了《保健食品良好生产规范》（GB 17405）和《膨化食品良好生产规范》（GB 17404），这是我国首批颁布的食品 GMP 强制性标准。同以往的 "卫生规范" 相比，最突出的特点是增加了品质管理的内容，对企业人员素质及资格也提出了具体要求，对工厂硬件和生产过程管理及自身卫生管理的要求更加具体、全面、严格。

④ GMP 的主要内容。由于食品的种类很多，情况很复杂，这里主要介绍所有食品企业都应遵照执行的通用的良好操作规范。各类食品企业还应根据实际情况分别执行各自食品类别的良好操作规范，或参照执行相近食品的良好操作规范。在执行政府和行业的良好操作规范时，企业应根据实际情况，进一步细化，使之更具有可操作性和可考核性。目前我国 GMP 以《食品安全国家标准 食品生产通用卫生规范》（GB 14881）为基础，主要包括以下内容（具体内容见第四章第一节《食品生产经营过程合规管理》）：

a. 选址及厂区环境。选址是指选择适当的地理条件和环境条件，以期能长期保证食品生产的安全性，远离或防范潜在的污染源。厂区环境包括厂区周边环境和厂区内部环境。合适的厂区周边环境可以有效避免食品生产加工过程中的交叉污染。厂区内部环境是食品厂设计规划的重要组成部分，确保厂区环境符合食品厂生产经营需求，避免交叉污染，降低影响食品安全风险水平。

b. 厂房和车间。厂房和车间的布置是生产工艺设计的重要环节之一。不合理的厂房和车间布置会带来生产和管理问题，造成人流、物流紊乱，设备维护和检修不便等问题，同时也埋下了生产安全和食品质量的隐患。防止交叉污染，预防和降低产品受污染的风险。

c. 设施与设备。设施与设备涉及生产过程的各个直接或间接环节，其中设施包括：供、排水设施；清洁、消毒设施；废弃物存放设施；个人卫生设施；通风设施；照明设施；仓储设施；温控设施。设备包括生产设备、监控设备。

d. 卫生管理。卫生管理包括卫生管理制度、厂房与设施、食品加工人员健康与卫生、虫害控制、废弃物处理及工作服等方面。卫生管理是食品生产企业食品安全与质量管理的核心内容，是向消费者提供安全和高质量产品的基本保障，卫生管理对提高食品生产企业的经营管理水平和企业竞争力至关重要，卫生管理从原辅料采购、进货、生产加工、包装，到成品贮存、运输，贯穿于整个食品生产经营的全过程。

e. 食品原料、食品添加剂和食品相关产品。食品原料、食品添加剂和食品相关产品的安全性是通过建立采购、验收、运输和贮存管理等制度并严格执行保证。因此，建立符合企业实际情况并易于良好执行原料、食品添加剂以及食品相关产品的采购、验收、运输和贮存等全过程管理制度，其内容应符合国家有关要求，能防止发生危害人体健康和生命安全的情况。

f. 生产过程的食品安全控制。生产过程中的食品危害有生物性危害、化学性危害及物理性危害，这些危害的来源包括原料本身污染、农药和兽药残留、空气及生产环境、工具设备污染、洗涤剂和消毒剂带入、人员带入（包括无意甚至蓄意破坏）、车间异物、维修时遗留、食品相关产品带入等。食品危害关键在于预防，而不是依赖于对最终产品的检验。因此，食品生产企业应建立对生产过程中可能造成的对消费者健康有潜在不良影响的生物、化学或物理因素信息进行收集和评估，确定生产过程可能造成的显著危害，建立关键控制点，并对其进行有计划的、连续的观察、测量等控制活动，以防止、消除食品安全危害或将其降低到可接受的水平，也是目前国家鼓励食品生产企业建立、实施 HACCP 管理体系的目的。

g. 检验。检验能够使企业及时了解产品质量控制上存在的问题，及时排查原因，采取改进措施。食品生产企业目前通过对采用的原辅料、终产品进行检验，以保证其符合相关法律法规、食品安全国家标准和推荐性标准等，检验项目包括感官指标、理化指标、微生物指标等。检验方式可以由企业自行检验，也可委托具有相应资质的食品检验机构进行检验。

h. 食品贮存和运输。食品贮存和运输的条件要与食品特性和卫生要求相一致，应有适宜的设备与设施；贮存运输食品应避开污染源。当贮存和运输的食品有温度、湿度等环境需求时，应配备保温、冷藏等设施。应当与有毒有害会影响食品安全性、有异味可能影响食品质量的物品分开贮存和运输。

i. 产品召回管理。食品生产企业应按照食品安全法及国家的相关规定建立召回制度。食品生产者发现其生产的食品不符合食品安全标准或会对人身健康造成危害时，应立即停止生产，召回已经上市销售的食品；及时通知相关生产经营者停止生产经营，通知消费者停止消费，记录召回和通知的情况；及时对不安全食品采取补救、无害化处理、销毁等措施。为保存食品召回的证据，食品生产企业应建立完善的记录和管理制度，准备记录并保存生产环节中的原辅料采购、生产加工、贮存、运输、销售等信息，保存消费者投诉信息档案。

j. 培训。因为不论企业采用何种管理体系或模式，都需要靠人去执行。所以对食品从业人员开展培训是极其重要的，目前，食品生产企业需要培训的人员包括生产线员工、质量控制人员、原料采购人员等。其培训内容至少包括：食品安全法等法律法规、个人卫生要求和企业卫生管理制度、操作规程、食品加工过程卫生控制原理及技术要求等知识。

k. 管理制度和人员。食品安全管理制度是从原材料到食品生产、贮存等全过程的规范要求，包括规章制度和责任制度。制度的制订和实施取决于人的因素，企业应建立完整的食品安全管理团队和配备充足的专业人员，以确保各项管理制度落到实处。

l. 记录和文件管理。记录和文件管理是食品生产企业食品安全管理体系的重要组成部分，企业采购、加工、检验、贮存、销售等相关活动都应有相应记录。记录和文件应按照操作规程管理，内容应准确、清晰、便于追溯。

（2）SSOP

① SSOP 的概念。"SSOP"是英文"sanitation standard operating procedures"的缩写，即卫生标准操作规范，是食品企业为了满足食品安全的要求，确保加工过程中消除不良的因素，使其加工的食品符合卫生要求而制定的，用于指导食品加工过程中如何实施清洗、消毒和卫生保持的卫生控制作业指导文件。

② 食品生产企业实施 SSOP 的意义。

a. 有利于促使食品生产企业实施 GMP 中的卫生方面的要求；

b. 保持食品生产企业生产安全、无掺杂掺假的产品；

c. 为食品生产企业建立和实施 HACCP 体系提供重要的前提条件；

d. 可以减少 HACCP 计划中关键控制点数量。

③ 我国 SSOP 发展过程。我国的 SSOP 最早应用于出口水产品生产企业，其规定在 2004年 1 月 31 日实施的《出口水产品生产企业注册卫生规范》中定义部分"卫生标准操作程序（SSOP）：企业为了保证食品卫生所制订的用于控制生产卫生的操作程序。"从此，SSOP 一直作为 GMP 和 HACCP 的基础程序加以实施，成为完成 HACCP 体系的重要前提条件。

④ SSOP 的主要内容。

a. 加工用水（冰）安全控制。生产用水（冰）的卫生质量是影响食品卫生的关键因素，因此对于食品生产加工，首要的一点就是要保证水（冰）的安全。要确保与食品接触或食品接触物表面的水（冰）的来源（例如：城市供水、地下水等）、水的处理应至少符合《生活饮用水卫生标准》（GB 5749），有特殊工艺需要的用水，还需要满足高于 GB 5749 的要求。

b. 食品接触面的清洁卫生。食品接触面，通常是指可能接触食品的表面，包括接触食品的工作台面、工具、容器、包装材料等。保持食品接触表面的清洁、卫生和安全是为了防止污染食品。与食品接触表面一般包括直接接触面和间接接触面。直接接触面是指与食品直接接触的加工设备、工器具和案台、加工人员的手或手套等。间接接触面指未直接与食品接触的车间门把手、传送带等。为避免食品接触表面对食品造成交叉污染，首先，与食品接触的设备材料必须为食品级材质，要耐腐蚀、光滑、易清洗、不生锈，设备的设计和安装应易于清洁，在加工前和加工后都应彻底清洁，并根据情况进行必要的消毒；其次，对工作服应集中清洗和消毒，与食品直接接触的工器具要及时清洁和消毒；最后，加强对清洁、消毒效果的检验，从而判定操作是否满足要求。

c. 防止交叉污染及过敏原交叉接触。交叉污染是指通过食品工具、食品加工者或食品加工环境把生物或化学的污染物转移到食品的过程。当致病菌或病毒被转到即食食品上时，通常意味着导致食源性疾病的交叉污染的产生。交叉污染的来源：工厂选址、设计不合理；生产加工人员或参与加工的人员个人卫生不良；清洗消毒不恰当；原料、半成品、成品未隔离；工序前后有交叉。食品生产企业应通过加工、运输、贮存等防控措施，防止交叉污染。

关于过敏原的交叉接触，可能会对食用人群产生严重的过敏风险，所以需要严格地控制交叉污染可能造成的过敏原危害，必要时，需要在标签上增加过敏原警示标识。

d. 手部清洁、消毒和厕所设施的维持。确保清洁、消毒和厕所设施的正常运行是保证 SSOP 正常运行的关键工作。食品生产企业通常要保证相关设施的清洁状态；保证皂液盒内有充足的皂液；保证消毒槽内有充足的消毒液，且浓度不低于要求浓度。企业一般采取以下方式进行管理：卫生员每天生产前后检查所辖卫生区手部清洁、消毒及厕所设施卫生，保证其符合规定要求；卫生员在加工过程中定时检查消毒液浓度；车间维修人员每天检修车间包括卫生间的洗手、消毒设施；更衣室卫生员负责进入卫生间人员的管理。

e.防止润滑剂等外来污染对产品造成安全危害。外来污染是指食品表面或内部有任何有毒或有害物质；食品在不卫生的条件下进行加工处理、包装或储存，有可能污染食品。外来污染物包括：润滑剂、燃料、杀虫剂、清洁剂、消毒剂、冷凝物、地板污物、不卫生的包装物料、设备维修废物、玻璃等。企业可以通过采用食品级润滑剂，不在加工区域使用杀虫剂，在非加工区域使用时保证不能污染产品，不使用灭鼠药，清洁剂和消毒剂原液需要专人、限量、限区域使用，并上锁保管，车间内不使用洁厕灵，车间外使用必须保证不能污染产品等措施来防止对产品造成安全危害。

f.有毒化合物的正确标记、贮藏和使用。食品生产企业有毒化合物通常指在生产车间内清洁剂（皂液）、消毒剂（次氯酸钠、酒精等）、非生产区使用的洁厕灵、杀虫剂（氯氰菊酯）以及使用的化学药品、试剂等。有毒化合物正确标识化学药品的名称、浓度或产品说明；化验室化学药品标签上还应标注配制人、配制时间等。有毒化合物的正确贮藏：专人、专库、上锁管理；化学药品不得置于食品设备、工器具或包装材料上；化验室有毒有害化学药品存于有毒化学药品柜，上锁管理，仅限化验室内使用。企业应正确使用有毒化合物：生产车间内禁止使用杀虫剂、洁厕灵等危害食品安全的有毒化合物；卫生员在使用皂液、次氯酸钠原液、酒精原液后，应及时将剩余的化合物存入化学药品柜中，并上锁管理。

g.员工和外来访客健康状况的控制。与食品直接或间接接触的员工必须持有有效的健康证明，并保持良好的健康状况。外来访客进入加工车间要填写健康声明。新员工上岗前必须经有资质机构体检合格；每年对接触直接入口食品工作的员工做一次体检，必要时做临时检查，并由有资质机构颁发健康证。生产车间内发生员工生病情况要及时上报处理。

h.鼠害和虫害的控制。食品生产企业对鼠害和虫害控制方式分为两种，第一种是委托有资质的三方公司定期到企业内进行鼠害和虫害的消杀管理，第二种是企业内部人员进行鼠害和虫害的消杀管理。总体的控制方向为：预防（预防侵入、防止滋生栖息）、监控设施管理（诱饵站、机械式捕鼠器、灭蝇灯及灭蝇粘纸）、消杀管理（消杀频率）、设备设施的标识、杀虫灭蝇药的管理。

（3）HACCP计划建立的十二步骤

① 组建HACCP小组。HACCP小组应由跨部门人员组成，其成员应包括负责质量管理、技术管理、生产管理、设备管理及其他相关职能人员。小组长应对食品HACCP原则有深入的了解，并能够证明具备相应的能力、经验，并经过了相关培训。小组成员应具备一定的HACCP知识以及相关产品、流程及相关危害的识别能力。

② 产品描述。应为每一种产品制定全面的产品描述，产品描述项目通常包括：产品名称；成分；与食品安全有关的生物、化学和物理特性；预期的保质期和贮存条件；包装；与食品安全有关的标志；分销方式。应收集、维护、记录和更新相关制订的证据，其证据不限于：最新科学文献；与特定食品相关的以往和已知危害性；相关的实践规范；公认的指导原则；与产品生产和销售相关的食品安全立法；客户要求等。

③ 确定产品预期用途和消费者或使用者。确定最终使用者或消费者怎样使用产品，如加热（但未充分煮熟）后食用；食用前需要或不需要蒸煮；生食或轻度蒸煮；食用前充分蒸煮；要进一步加工成"加热后即食"的成品。预期的消费者可能是所有公众或特殊人群，如婴幼儿、老人、过敏者等；预期的使用者可以是另外的加工者，他们将进一步加工产品。

④ 绘制工艺流程图。绘制工艺流程图的目的是提供对产品从原料收购到产品分销整个加工过程及其有关的配料流程步骤的清晰、简明的描述。该流程图应覆盖加工过程的所有步骤，为危害分析提供流程依据。

⑤ 审核工艺流程图。HACCP 小组至少每年一次在动态生产情况下通过现场审核和自查验证工艺流程图的准确性，确保加工过程各项操作策划落实。应保留流程图的验证记录。

⑥ 进行危害分析（第 1 项原则）。HACCP 小组应识别和记录有理由认为会与产品、加工和设施相关的每一个步骤（先后顺序）中发生的所有潜在危害。应包括原材料所存在的危害、加工期间和加工步骤执行期间所引入的危害，并考虑危害类型。例如，微生物、物理污染、化学和辐射污染、欺诈、蓄意污染产品、过敏原风险。

HACCP 小组应进行风险分析，以识别需要进行预防、消除或减少可接受水平的危害以及考虑预防或消除食品安全危害或将其减少到可接受水平所需的控制措施。在通过现有前提方案实施控制情况下，应当对此作出说明，而且应对方案危害方面的充分性进行核实。

⑦ 确定关键控制点（CCP）（第 2 项原则）。对每一种需要进行控制的危害，应对其控制点进行评审，可以通过判断树来识别关键控制点。关键控制点的危害应是显著性危害，需要通过预防或消除食品安全危害或将其减少到可接受水平。

⑧ 确定关键限值（第 3 项原则）。对每一个 CCP，应确定其关键限值，以清楚地识别流程是处于受控状态还是失控状态。关键限值应该在任何可能的情况下是可测量的（如时间、温度、pH）。若测量为主观测量的情况，应有明确的指导书或样本做支持。HACCP 小组应验证每一个 CCP。证明所选的控制措施和识别的关键限值能够持续地将显著危害控制在可接受水平。

⑨ 确定监控措施（第 4 项原则）。应为每一个 CCP 建立监控规程，以确保符合关键限值。监控措施应能够监测 CCP 的失控，而且在任何可能情况下可以及时提供信息，以采取纠正措施。与每一个 CCP 的监测相关记录应包括日期、时间和测量结果，且有负责监控的人员及由经授权的人员签字并核准。

⑩ 建立纠偏措施（第 5 项原则）。HACCP 小组应当制定当监测结果显示不能满足关键限值或存在失控倾向时要采取的纠正措施并将其编制成文，包括授权人员在对流程处于失控状态期间对所生产的任何产品所要采取的措施。

⑪ 建立验证规程（第 6 项原则）。应建立验证规程以确认 HACCP 计划持续有效。

⑫ HACCP 文档和记录保存（第 7 项原则）。保持 HACCP 计划制订、运行、验证等记录，作为证明企业能够核实 HACCP 和食品安全控制。

4. 我国 HACCP 体系认证新规则

2021 年 7 月，国家认证认可监督管理委员会关于发布新版《危害分析与关键控制点（HACCP）体系认证实施规则》的第 12 号公告，对机构和企业提出了转版要求，为方便企业落地执行，过渡期至 2022 年 12 月 31 日。过渡期间，认证机构可按照新版，也可按照旧版实施审核。机构转版后将对相关企业实施指导转版。其中新规则重点内容变化总结如下：

（1）认证依据变化　认证依据为危害分析与关键控制点（HACCP）体系认证要求（V1.0）中的附件 2。

其中需注意出口企业为满足进口国（地区）的需求，认证机构可将国际食品法典委员会（Codex Alimentarius Commission，CAC）制定的《食品卫生通则》作为补充的认证依据。此部分为新增内容，出口企业需识别进口国的相关要求。

新版实施规则在融合了 GB/T 27341 和补充要求的基础上，增加了"附录 A 规范性附录 - 企业良好卫生规范要求"，其中包括通用要求和特殊行业的相关要求，取消了 GB 14881 做为认证依据的内容。

（2）危害分析与关键控制点（HACCP）体系认证要求（V1.0）的主要变化　新的认证依据为危害分析与关键控制点 HACCP 体系认证要求（V1.0），主要有四个方面的变化：认证依据变化、结构变化、前提计划和管理承诺的变化。

① 认证依据变化。危害分析与关键控制点 HACCP 体系认证要求（V1.0）对原来认证依据的有效整合，原来的认证依据主要有：

《危害分析与关键控制点（HACCP）体系 食品生产企业通用要求》（GB/T 27341）、《危害分析与关键控制点（HACCP）体系 乳制品生产企业要求》（GB/T 27342）、《HACCP 体系补充要求 1.0》《食品安全国家标准 食品生产通用卫生规范》（GB 14881）。

② 结构变化。整合前的标准结构见 GB/T 27341、GB/T 27342，整合后按附件 2 如下的结构实施：

HACCP 体系；管理职责；前提计划；危害控制；持续改进。

③ 前提计划变化。附件 2 危害分析与关键控制点（HACCP）体系认证要求（V1.0）对前提计划进行了整合，新增了产品设计与开发、监视和测量、产品放行、致敏物质的管理、食品防护、食品欺诈预防 6 个方面的内容。

④ 管理承诺方面，增加了合规义务和食品安全文化。

以上变化企业需重点对标排查。更多详细内容可查阅新版《危害分析与关键控制点（HACCP）体系认证实施规则》。

四、管理体系建设的注意事项

1. 体系管理人员的管理意识提升

随着国际经济合作的紧密，行业要求规范化与竞争正规化，迫使许多组织不得不推行管理体系，从而获得管理体系证书。至于推行体系的目的，有的是为了开拓市场的需求，有的是为了获得订单、中标获得业务的需求，有的是为了规范组织内部管理，从而提升企业的管理水平。由于组织建立管理体系的目的不同，导致了体系管理人员对管理意识的理解不同，使其在管理体系工作中表现出很大的差异。如果不是为了提高企业管理水平而建立管理体系，在运行中就会出现管理体系人员落实体系的积极度不高，出现扯皮和推诿的现象，使其建立的体系如同"空中楼阁"。因此，必须对负责组织体系管理的人员进行管理意识、责任意识及团队意识的培训，建立实施运行管理体系的终极目的是提高组织管理水平，满足甚至超越客户的需求，为实现企业目标贡献一己之力。

2. 管理体系内部审核的作用及内审员能力的重要性

（1）管理体系内部审核的作用　内部审核是管理体系的一个非常重要的组成部分，组织实施内部审核的作用大体上有以下五个方面：

① 验证组织建立的管理体系实施的有效性，即是否实现了预期的目标；

② 验证组织建立的管理体系与组织实际情况的符合性，防止出现"两层皮"现象；

③ 发现组织建立的管理体系存在的不足或缺陷，及时进行完善；

④ 找出组织建立的管理体系与实际情况存在不一致的根本原因，并采取纠正及纠正措施；

⑤ 验证组织管理体系内审人员的能力，发现不足，及时进行培训。

（2）内审员能力的重要性　内审员具备的管理体系能力的高低是直接关系管理体系运行的关键因素。内审员的培训与考核是管理体系建设的一个关键点。内审员要掌握内审的流程，内审时间的策划，内审方法的策划，内审方案的策划，内审组的策划与建立，内审组的分工与明确，内审实施计划的策划，内审检查表的策划，内审前文件的熟悉，内审前内审组会议、内审现场审核证据收集与整理，现场沟通技巧，内审不符合的判定技巧等能力以及内审记录的编写，内审不符合报告的编写，内审报告的编写，内审不符合的整改跟踪与验证技巧等。因此，必须要对内审员进行上述知识培训与考核，使其具备内审员应具备的能力。

3. 管理体系文件记录的管理

（1）管理体系文件记录存在的问题

① 管理体系目标制定不明确，管理人员未认识到制定目标的重要性，认为管理目标的制定就是为了写在管理体系文件中用于审核需要，没有起到真正用于管理的作用。

② 组织架构虚设或设置不合理，部门职责及岗位职责划分不清，从而导致出现问题相互推诿。

③ 文件控制不到位，需要文件指导的场合没有建立文件，文件要求不明确，文件缺乏可操作性，文件只是为迎检审核需要编制，对组织的管理作用甚微。

④ 记录缺乏有效管理，对各类记录未作出要求，记录不完整、不规范，甚至存在填写不真实记录的情况。

（2）对管理体系文件记录的改善建议

① 管理目标的制定一定要与组织实际发展的战略相一致，对组织总目标必须明确，分解到组织各个职能部门的目标一定要与总目标相一致，并要对组织总目标、各职能部门目标进行定期有效考核，同时把目标考核的结果作为绩效考核的关键要素，从而起到激励作用。

② 组织要根据其规模、发展方向等因素，设置适宜的组织架构，职责的安排要做到"任其职，尽其责"，避免出现职责不明确、重叠的现象。

③ 对组织的管理体系文件要进行系统、全面及有效的管理，设置专门部门及专人负责管理体系文件，文件的编制、审核、批准、发放、回收及作废都要严格按照要求执行，确保组织现场使用的文件为最新有效的版本。

④ 记录是体现管理、检验系统运行是否有效的证据之一。记录的设计内容，一定要能够满足体现管理体系的要点；一定要对填写记录的人员加强培训，使其知晓填写记录的重要性；作为体系管理的人员要以身作则，把记录管理作为一项很重要的工作去做，不要带头做违规记录的工作。

4. 管理体系的改进

管理体系的改进是为了使组织进一步提高其管理水平，但在现实中很多组织的改进仅仅停留在表面上，对于所遇到问题原因分析仅限于表面，没有找出出现问题的根本原因，也就没有深入地改进，多年管理体系的运行对提高组织的管理效果不佳。组织应当丢掉只喊口号、做样子的做法，保持持续改进的意识，从改进的具体要求和实施措施出发，加强改进考核、激励，并对做出的有效改进进行固化提升。

1. 绿色食品标志使用人在证书有效期内应履行的义务有哪些?
2. 有机产品认证涉及的主要标准和法规有哪些?
3. 申请地理标志登记的农产品应符合的条件有哪些?
4. GB/T 19001—2016 中提到的七大质量管理原则分别是什么?
5. HACCP 计划建立的十二步骤分别是什么?
6. GMP 的主要内容是什么?

第九章
食品合规管理体系验证

　　验证是通过提供客观证据证明是否满足规定要求，食品合规管理体系验证通过查实客观证据，用以证明食品合规管理体系的运行符合法律法规、食品安全标准及审核准则的程度。验证的过程是查找证据的过程，包括合规证明和不合规证明，用以检验相应的输入、过程及输出的食品是否符合合规要求，验证方式包括但不限于监视、测量、内部审核、合规演练和管理评审。内部审核、合规演练和管理评审不仅是食品合规管理体系运行的主要组成部分，也是公司食品合规管理运行的绩效评价和考核的主要方式。本章在食品合规风险的识别与评估的基础上，从内部审核和管理评审、食品合规演练等方面介绍食品合规管理体系验证和绩效评价。

 知识目标

1. 掌握合规风险识别的主要信息来源。
2. 了解合规风险识别与评估的基本流程与方法。
3. 了解食品合规管理内部审核的要求。
4. 了解食品合规管理评审的要求。
5. 掌握食品合规模拟演练的基本流程。

 技能目标

1. 能够收集合规风险识别所需的各项信息。
2. 能够利用各项信息进行合规风险的识别与评估。
3. 能够根据企业的实际情况，制定食品合规内部审核计划，组织食品合规内部审核，落实内部审核问题改进。
4. 能够根据企业的实际情况，制定管理评审计划，审核管理评审输入，配合管理者代表或企业负责人实施管理评审，完善管理评审输出。
5. 能够根据企业的实际情况，制定合规演练计划，组织食品合规模拟演练，评估演练效果并落实持续改进。

 职业素养与思政目标

1. 具有严谨的法律意识和食品安全责任意识。
2. 养成尊重事实的品格，具有认识和发现问题的能力。
3. 具有团队协作精神。
4. 具有风险意识、法律意识和社会责任感。
5. 具备耐心、细致、一丝不苟的工匠精神。

第一节　食品合规风险识别与评估

食品生产经营企业在运营过程中，往往会由于对标准法规不了解，员工合规意识不强、现场管理不善而面临各种合规风险，包括资质合规、过程合规和产品合规方面的风险。这些合规风险如果管理不善，将会给企业带来巨大损失。为此，食品生产经营企业在识别合规义务、建立合规管理体系、开展合规管理的同时，必须有效识别其面临的合规管理风险，以便有针对性地制定预防控制措施，降低甚至消除合规风险。

食品企业的合规风险包括内部风险和外部风险，内部风险主要是由于自身原因导致的风险，外部风险主要是通过各类信息反映出的其他同行或相近行业企业的风险。内部风险的识别主要靠食品合规管理体系的内审和管理评审发现，外部风险的识别主要靠大数据收集和研究来识别。通过研究分析同品类、同行业或相近行业的其他企业存在的合规管理问题，能够分析出行业潜在的风险点，使食品生产企业做到未雨绸缪，提前预知合规管理风险，降低合规管理成本。

食品生产经营企业开展外部风险的识别工作，主要是利用已有的各类食品安全信息，结合自身的食品生产经营状况，结合食品企业自身的合规义务，对每个合规风险点产生风险的可能性、影响程度（后果严重程度），利用风险分析的工具进行合规风险的分析与评价，识别出在合规管理工作中可能面临的风险点，为后续合规管理政策的制定提供参考依据。

一、风险识别数据来源

食品合规风险识别，主要依据各类食品安全大数据进行。

1. 食品安全监管大数据

食品安全监管大数据主要包括国内外监管部门发布的食品标准法规以及企业的生产经营资质许可、生产经营过程控制、产品抽检监测结果等方面的数据。

（1）食品标准法规大数据　食品标准法规数据主要从政府部门、社会团体、科研机构网站获取，也可以通过专业的第三方咨询机构获取。

食品标准法规数据所反映的风险的识别，要分析标准法规的发布单位、发布日期、实施日期和标准法规主要内容的变化。比对分析是常用的识别方式，将标准法规的新旧版本内容进行拆解分析研究，以比对表的形式呈现出来，找出其中的差异，从而识别出企业合规风险。

随着我国立法制度和标准制修订制度的不断完善，我国重要的食品标准法规在正式发布之前往往会进行一次或者多次公开征求意见。虽然征求意见稿和最终的正式版本可能存在差异，但可以通过征求意见稿预知正式版本可能的变化，对识别企业合规风险有一定参考价值。

（2）食品监督抽检大数据　依据《中华人民共和国食品安全法》及《食品安全抽样检验管理办法》，食品监督抽检是指市场监督管理部门按照法定程序和食品安全标准等规定，以排查风险为目的，对食品组织的抽样、检验、复检、处理等活动。国家市场监督管理总局根据食品安全监管工作的需要，制定全国性食品安全抽样检验年度计划。县级以上地方市场监督管理部门制定本行政区域的食品安全抽样检验方案和计划。食品监督抽检结果主要通过国家市场监督管理总局及各级市场监督管理部门的网站以通告公告等形式发布，通告公告的内容主要包括食品抽检涉及的产品、企业、产地、执法机构、所属品类、不合格原因、产品不合格率等。此外，海关总署每月会通报我国进境不合格信息，境外的进出口食品安全监管部门也会通报我国出口食品的不合格信息。

食品抽检数据的分析方法主要是在数据规范基础上对大量的数据进行统计分析。具体分析的内容包括如下方面：一是抽检计划的分析，主要是特定时间、地域范围内不同食品品类的抽检数量分析；二是抽检结果的分析，包括特定时间、地域范围内不同食品品类的不合格率分析，可以获知不合格率较高的食品品类；三是具体品类的不合格原因分析，可以获知各类食品主要的不合格原因。食品进出口预警数据的分析则主要包括进出口食品的来源国家/出口目标国家、不合格原因等角度的统计分析。

食品抽检信息查询

（3）食品监督检查大数据　食品监督检查大数据具体包括各级食品安全监督管理部门发布的食品安全风险监测信息、食品行政处罚信息、食品企业体系检查与飞行检查方面的信息等。其中食品安全风险监测信息一般不予公开。对企业而言，比较有价值的是行政处罚和监督检查信息。

对于行政处罚信息，国家市场监督管理总局构建了行政处罚数据库和国家企业信用信息公示系统，可以依据企业名称查询到该企业受到的行政处罚信息。行政处罚信息的内容涵盖了该企业被处罚的原因事由、处罚依据及处罚结果。

依据《食品生产经营监督检查管理办法》，市场监督管理部门依法对食品生产经营企业进行监督检查，检查的要点和结果的通报主要依据《食品生产经营监督检查要点表》和《食品生产经营监督检查结果记录表》。检查要点是企业需要重点关注的风险点，检查结果则表明了同类企业容易出现的问题。

这些行政处罚和监督检查信息主要针对食品企业生产经营过程的违规情况，如环境设施、人员操作、原料验收、过程控制等，对这些信息进行汇总分析研究，也有助于企业对照检查自身的生产经营过程，有效识别过程风险。

2. 食品安全舆情大数据

用于食品安全风险识别的食品安全舆情数据，主要包括食品安全事件数据和食品安全判决案例数据。

（1）食品安全事件大数据　食品安全事件数据主要是指由各类食品危害引起的食源性疾病、食物中毒、违规生产经营、误导或欺诈消费者等食品安全方面的各类舆情事件，其主要来源包括各类媒体、论坛社区等。

食品安全事件舆情数据的风险识别方法主要是针对各类食品安全事件，分析事件反映企业在合规方面存在的问题。互联网的信息积累为识别食品安全风险提供了便利，利用舆情监控分析工具回溯过去几年食品行业的主要舆情、热点舆情，并分析其主要趋势、热度等，有助于发现媒体、消费者关注的食品安全风险，从而识别风险。

例如，利用舆情监控采集工具，搜索关于大米、小麦、玉米、大豆等粮食近几年的食品安全报道，按照发霉生虫、转基因、非法添加、添加剂超标、污染物超标等风险因子进行数据统计，则可以识别出粮食中最容易产生食品安全风险的品类，以及相应的风险因子、地区及时间。

食品安全事件舆情对于食品企业的公共形象建立具有重要影响，因此对食品安全事件舆情大数据的监控和分析尤为重要。食品企业通过及时跟踪舆情信息，发现其中反馈的风险因素，可以提前做好风险控制措施，准备舆情应对预案，以便将舆情事件对企业的影响降至最低。

（2）食品安全判决案例大数据　食品安全判决案例数据主要是指涉及食品安全相关的判决文书等。主要的获取来源包括中国裁判文书网等网站。食品判例数据可拆解分析的因素主要包括食品安全投诉案例发生的地区、涉及品类、起诉案由、判决结果及其依据、涉及到的主要食品标准法规等内容。对这些判例进行统计分析，研究职业打假人员容易胜诉的食品品类和起诉理由，有助于食品企业对照检查自身产品可能存在的问题，尽可能识别被职业打假的风险。

二、主要风险点的识别

1. 资质合规风险点的风险识别

食品生产经营企业资质合规方面的主要风险点包括无证生产经营、生产经营许可证过期、超范围生产经营、特殊食品未获注册备案、特殊食品注册备案过期、进口食品未获准入以及进口食品文件材料不全等。这些风险往往会导致企业遭受行政处罚或者被职业打假人投诉或者抽检不合格。这类风险出现的主要原因是企业对标准法规不了解或者资质证照管理不规范等。

2. 过程合规风险点的风险识别

食品生产经营企业过程合规方面的主要风险点包括场所环境、设备设施、人员管理、原辅料管理、生产经营控制等方面，这些方面的不合规往往会导致企业在监督检查中被通报或遭受行政处罚。餐饮企业违规操作被媒体报道，很大程度上会引起负面的社会舆论，导致企业的品牌形象受损。这类风险出现的主要原因是内部合规管理体系运行不畅，人员合规意识不强等。尤其是餐饮企业，近年来，随着我国餐饮行业的规模不断扩大，餐饮行业存在的问题也日渐增多，主要表现在落实食品进货查验记录制度不到位、原料贮存和食品加工制作不规范、环境不整洁等方面。

3. 产品合规风险点的风险识别

产品合规风险点主要包括产品指标不合格和产品标签不合格等方面。产品指标不合格主要会导致企业抽检不合格，使企业生产经营的产品撤回、召回、停止生产售卖、销毁等。产品标签不合格则会使食品企业面临职业打假的风险，产品指标不合格和产品标签不合格都可能会给企业带来经济损失。

三、合规风险等级评价

针对识别出来的合规风险，对每个合规风险点产生风险的可能性、影响程度（后果严重程度），利用风险分析的工具如合规风险等级评估矩阵进行合规风险的等级评估。合规风险等级评估矩阵见图9-1。

在图9-1中，可能性方面分为5个等级：1表示基本不可能发生合规风险，2表示略有可能发生合规风险，3表示可能发生合规风险，4表示很有可能发生合规风险，5表示发生合规风险的可能性很大。

影响程度方面，也分为5个等级：1表示基本不会产生负面影响，2表示可能有经济损失但不涉及食品安全合规的负面影响，3表示有经济损失的不涉及食品安全负面影响，4表示产生较大经济损失或品牌损失也涉及食品安全的负面影响，5表示产生食用危害，或涉及企业生存和刑事责任的负面影响。

图 9-1A 区域为严重合规风险区，B 区域为重大合规风险区，C 区域为较大合规风险区，D 区域为一般合规风险区，E 区域为较小合规风险区，F 区域为极小合规风险区。

结合上述合规风险等级评估矩阵，对涉及风险进行合规风险分析，食品生产经营企业可将 A 和 B 区域的合规风险点列为合规义务核心风险控制点，将 C 和 D 区域的合规风险点列为合规义务的关键风险控制点，将 E 区域列为普通风险控制点，F 区域可以根据需要进行适当控制。食品生产经营企业也可根据自身资源分配情况制定自己的风险等级评估规则。

可能性	5	D	C	C	B	A
	4	E	D	C	B	B
	3	E	D	D	B	B
	2	E	E	D	C	B
	1	F	E	E	D	C
		1	2	3	4	5
				影响程度		

图 9-1　合规风险等级评估矩阵

对于失控的合规风险，需要重新进行合规风险分析与评估，必要时上升一个或多个风险等级控制，或加严控制。

第二节　食品合规管理体系内部审核和管理评审

参考《合规管理体系 指南》（GB/T 35770）和《食品合规管理体系 要求及实施指南》（Q/FMT 0002S），内部审核和管理评审属于合规管理体系的主要组成部分，企业在运行食品合规管理体系时，必须要进行有效内部审核和管理评审，属于企业食品合规管理绩效评价的重要组成部分，从企业内部检查或检验食品合规管理体系运行情况，用以证明企业是否有能力持续有效地实施食品合规管理体系。

一、食品合规管理体系内部审核

内部审核，是指为了获得客观证据并进行客观评价，以确认企业食品合规管理体系运行满足审核准则的程度，由企业内部组织并发起的、系统的自查自纠式的检查与评价，也称第一方审核或简称内审。内部审核的主要目的是查找企业运行食品合规管理体系符合审核准则程度的客观证据，并通过综合的查验结果评价企业食品合规管理体系运行符合审核准则的程度。与外部审核（包括第二方审核和独立的第三方审核）不同的是，内部审核完全由企业内部进行策划、组织、实施审核并评价，而第二方审核主要是由客户或相关方策划、组织、实施审核并评价，第三方审核是受委托的有资质的独立的第三方进行策划、组织、实施审核并评价。

企业应该就内部审核工作的开展进行必要的策划，策划的内容包括审核时间、审核准则和范围、审核组长及内审员职责义务及安排、审核频率及审核方法、实施内部审核并记录审核发现、评价审核结果并报告给相关管理层。

（1）审核时间 包括内部审核的日期和各受审核部门的审核时间。对于各部门的审核时间，需要结合该部门履行审核准则的具体内容，安排合理的时间，方便审核员能在该时间内完成该部门的食品合规管理体系的适用条款的审核。

（2）审核准则 指用于与客观证据进行比较的一组要求，涉及内部审核的审核准则和各部门审核准则的适用条款。审核准则包括法律法规、食品安全标准、食品合规管理体系要求及实施指南标准及企业文件等，也包括相应法律法规和标准涉及食品合规的全部条款。而对于内部审核的审核准则，可以根据审核频率，将相应的审核条款安排到多次内部审核计划中。审核范围是指审核的内容和界限，包括企业适用食品合规管理体系的所有部门及其适用的审核准则条款范围。对于所有受审核的部门，可以分别安排到不同的内部审核计划中。总之，企业需要确保在一年的审核周期内，完成审核准则所有条款的审核，完成企业所有涉及部门的审核。同时，对于需要重点审核的部门或项目，需要在审核计划中予以明确。

（3）审核组长及内审员 所有审核人员都必须要经过培训并取得内审员资格。企业需要结合内审员的能力、岗位及技术特长，任命审核组长并明确内审组长及内审员的职责义务和权力，以便合理地安排或调整内审员的审核工作，合理安排审核的条款及部门。为了审核的独立性，实施交叉审核，内审员不能审核自己部门或岗位，需要安排审核与自己无责任关系的部门。企业应提供必要的资源或设备以帮助内审员完成计划的内部审核工作。

（4）审核频率 企业需要结合食品特色、生产周期、原辅料采购、内审员及季节性等实际情况自行确定，审核准则中不作限制，但是需要在同一年的审核周期内完成企业所有部门所有审核准则条款的审核。企业可以安排一年一审，也可以安排一年多次的内部审核。

（5）审核方式 包括抽样审核和现场审核。抽样审核方法有文件抽样审核、现场抽样审核及产品抽样检查。现场审核方法包括看、听、问及查看记录等，也包括现场测试、正向追踪和逆向追溯等。其中记录包括文字记录、音视频或监控记录等。对于实施抽样检查，如果审核发现不合规，则需要扩大抽样量或抽样范围，多批次多角度实施内部审核，以帮助判断不合规问题是偶发性问题还是系统性问题。

（6）实施内部审核 通常由内审组长组织受审核部门的负责人或代理人，召开内部审核的首次会议，落实内部审核及各部门配合工作，并形成首次会议记录。为了规范审核过程和审核行为，要求内审员按相应的审核流程对相应部门、岗位或人员进行审核，实施统一规范的审核行为。同时为了保证审核的全面性，企业通常会建立自己的内部审核检查表，依据审核准则中所有需要审核的项目或条款，制定相应的检查清单。由内审员按内部审核检查表中的具体项目及条款逐条进行检查核对，并按检查项目或条款记录审核发现。对于内部审核检查表的设计，需要包含所有审核准则的具体项目和条款。对于具体条款的审核发现与判断，需要由经过培训的内审员根据客观事实进行判断，必要时可以进行审核组内部讨论或向审核组长汇报，审核组长认为有必要时，可以向内部技术专家或外部专家寻求帮助。确保审核及判断准确，以帮助更好地理解审核准则并提升管理水平。

（7）评价审核结果 由审核组长结合所有内审员的审核发现，并召开审核员会议，讨论或沟通审核发现，并编写审核报告。审核组长召开审核的末次会议，向公司领导和受审核的部门负责人或代理人汇报审核结果，对于审核发现的不合规问题，需要落实相应的整改要求。由相应部门负责人或代理人签字接收相应的不合规项目报告，同时落实不合规整改的验证工作。综合审核结果及不合规项整改验证报告，完善内部审核的审核报告，由相应内审员签字并经审核组长审核后，汇报给公司领导，并提交给相关管理层保管。作为公司管理评审的输入材料。同时对于内部审核的不合规问题作为下次内部审核重点审核的项目。

为了更好地开展内部审核工作，企业可以根据企业现状，制定企业内部审核控制程序。从内部审核的目的、范围、引用文件、审核计划制订、审核流程规范、实施审核及记录等方面，规范统一企业内部审核的具体工作，方便相关管理人员及内审员实施审核并报告审核结果。

为了更好地在内部审核中发现问题、解决问题、改进问题并提升食品合规的管理水平，内部审核组及相关部门应该积极总结内部审核的发现及审核经验，落实有效的改进措施，解决相应的不合规问题，以验证企业食品合规管理体系运行的有效性，并具备持续保持食品合规管理体系有效运行的能力。

二、食品合规管理评审

管理评审通常是指企业的最高管理者对公司资源、人员、产品、过程及管理体系等客体实现目标的适宜性、充分性及有效性的定期的、系统的评价活动。而食品合规管理评审，是指食品企业的最高管理者对公司资源、人员、食品、过程及管理体系等是否能满足实现食品合规目标的适宜性、充分性及有效性的评价。食品合规管理评审包括食品合规文化、方针和目标落实及实现情况评价，以及通过评审、评价找出与目标的差距，以文件化的形式输出所需要落实执行的可行性控制措施。通过食品合规管理评审，验证食品合规管理体系是否能得到持续有效的改进。

食品合规治理小组和最高管理者应定期评审企业的食品合规管理体系，以验证食品合规管理体系的适用性、有效性和符合性。管理评审主要由评审输入、实施评审、评审输出三部分组成。管理评审的输入主要包括前期管理评审落实的问题及改进措施的实施情况、食品合规管理体系所需的内部和外部的变更、食品合规内部审核或外部审核汇报的问题及改进措施的实施情况、资源的充分性、合规目标实现的程度、内外部食品合规投诉或举报的问题、持续改进的机会、应对风险与机遇所采取措施的有效性等。管理评审的实施主要从制定管理评审计划开始，整理收集管理评审输入的材料，实施管理评审，并记录管理评审过程与结果。其中管理评审计划包括管理评审的目的、时间、人员、管理评审输入的内容、评审方式及评审依据等。评审方式通常是会议评审，各职能部门汇报管理评审输入的内容，最高管理者审议或评审食品合规管理体系的现状及需要改进的措施，并输出管理评审的决定、结论及措施。管理评审输出包括资源需求、食品合规方针目标的修订、食品合规管理体系有效性的改进、持续改进有关的决定及食品合规管理体系更新与修订等，并为相应的管理问题指明方向或明确具体的改进措施，落实并记录相应措施的执行、监督与验证工作，以便于下一次管理评审进行再验证。最后完善管理评审报告。

为了更好地开展管理评审工作，企业可以根据企业现状，制定企业内部的管理评审控制程序，从管理评审的目的、范围、引用文件、管理评审计划制定、评审流程规范、实施管理评审及记录等方面，规范管理评审的具体方式方法。对于管理评审输出的资源、改进措施，企业应监督落实，解决相应的不合规问题，以验证企业食品合规管理体系运行的有效性，并得到持续有效的改进。

第三节　食品合规演练与改进

食品合规演练是食品合规管理体系运行过程中的一种有效的能力验证方法，作为食品合规管理体系管理人员，应掌握食品合规演练的相关要求及基本知识。食品合规演练同样也是验证食品合规管理人员能力的一种手段，同时也可以借助演练中发现的管理问题锻炼相应人员的应急处置与管理能力。企业可以制定一些合规演练的具体内容，或进行合规演练的桌面推演，从而保障合规演练的顺利进行。

在合规管理体系有效运行期间，企业应定期组织食品合规演练，检验合规管理流程及人员合规知识与能力。合规演练包括食品合规演练计划、实施合规演练、形成合规演练报告并及时向合规治理小组组长汇报。为了更好地验证合规管理体系运行的有效性，应在企业范围内开展合规管理演练，查漏补缺，更好地推进企业合规管理体系的改进。从而验证企业合规管理体系运行的有效性，并为企业合规管理体系的改进和管理评审输入相应的技术支持。

一、合规演练控制程序

为了规范合规演练控制流程并实施合规演练，企业需要制定相应的合规演练控制程序。明确合规演练的目的、范围、引用文件，制定合规演练计划，实施合规演练及总结等控制要求。要求相关人员掌握合规演练控制程序的要求，并依据相应的控制要求实施相应的合规演练。

二、合规演练的目的

合规演练的主要目的，就是通过假设的合规问题，考核关键岗位人员专业技能与专业知识。验证关键岗位人员应对突发食品合规风险的能力，从而评估并验证企业的合规管理体系运行的有效性。同时验证企业合规管理体系所收集法律法规及标准的有效性及是否得到有效地宣贯。通过演练考核，查找合规管理过程中存在的问题，提升企业人员应对合规风险的能力，预防食品合规风险。

三、制订合规演练计划

演练即是实战，将演练当作一次练兵，从而检验相应人员合规管理的知识与操作能力。需要掌握合规演练控制程序的要求，并通过对相关程序文件及要求的学习，制定相应的演练计划，检验相关演练岗位或人员的知识水平和操作能力。预设一些食品合规的问题，包括资质合规问题、过程合规问题及产品合规问题，全面科学地展示相关人员的知识水平与操作能力。合规演练计划包括时间安排、人员安排、演练内容、演练目的等。合规演练的时间计划，包括实施演练的具体日期、演练响应时间及总演练用时等。各部门演练参与人员应该分工明确，按演练预案实施合规演练。本着知识学习和技能训练的目的，对关键岗位人员的专业技能与专业知识进行合规演练考核。同时为了体现演练的公平性，确保演练参与人与被考核人不在同一部门。

四、实施合规演练

首先召开食品合规演练启动会，由演练组长布置并落实合规演练任务，落实演练制度，对被考核的人员实施不通知式的考核。

依据演练计划的职责与分工，开始合规演练。各演练参与人需要按演练预案进行演练考核，并记录整个演练过程及过程中的问题，作为本次演练的记录汇入演练报告。

各个参与演练的小组，将各组的演练过程记录及问题进行汇总，并进行相应的统计分析与总结，在演练总结会议上通报演练过程中发现的问题。同时由演练组长落实问题的改进与验证工作，必要时可包括对人员能力的考核与评价，最后完成完整的演练报告。

五、总结合规演练结果

通过合规演练的实施，掌握演练流程及演练的基本知识，能够熟练地总结合规演练过程中的问题。通过总结发现不足，分析原因并制定相应的改进措施，从而弥补管理不足，预防合规风险。

六、持续改进

掌握并利用 PDCA 循环等管理工具，逐步提升食品合规管理能力和经验，从而更好地应对突发的食品安全合规风险。

合规演练可以验证企业食品合规管理体系运行的有效性，并使企业具备持续保持食品合规管理体系的有效运行的能力。同时能够更好地督促食品合规管理人员不断学习提升，并能掌握突发食品合规风险的应对技巧，综合提升企业应对食品合规风险的能力。

? 思考题

1. 合规风险识别主要从哪些大数据进行？
2. 食品合规管理体系内部审核的审核准则有哪些？
3. 食品合规演练的主要目的是什么？

参考文献

[1] 周才琼，张平平. 食品标准与法规［M］. 北京：中国农业出版社，2022.

[2] 李彦坡，贾洪信，郭元晟. 食品标准与法规［M］. 北京：中国纺织出版社，2022.

[3] 钱和，庞月红，于瑞莲. 食品安全法律法规与标准［M］. 北京：化学工业出版社，2021.

[4] 国家食品药品监督管理总局高级研修学院. 食品安全管理人员培训教材 食品生产［M］. 北京：中国法制出版社，
2017.

[5] 国家食品药品监督管理总局高级研修学院. 食品安全管理人员培训教材 餐饮服务［M］. 北京：中国法制出版社，
2017.

[6] 袁杰，徐景和. 中华人民共和国食品安全法释义［M］. 北京：中国民主法制出版社，2015.

[7] 邹翔. 食品企业现代质量管理体系的建立［M］. 北京：中国质检出版社，2016.

[8] 吴澎，李宁阳，张淼. 食品法律法规与标准［M］. 北京：化学工业出版社，2021.

[9] 刘录民. 我国食品安全监管体系研究. 北京：中国质检出版社，中国标准出版社，2013.

[10] 李冬霞，李莹. 食品标准与法规［M］. 北京：化学工业出版社，2020.

[11] 冯力更. 农产品质量管理［M］. 北京：中央广播电视大学出版社，2009.

[12] 李红，张天. 食品安全政策与标准［M］. 北京：中国商业出版社，2008.

[13] 樊永祥，王竹天. 食品安全国家标准常见问题解答［M］. 北京：中国质检出版社，2016.

[14] 樊永祥，丁绍辉. GB 14881—2013《食品安全国家标准 食品生产通用卫生规范》实施指南［M］. 北京：中国质检出
版社，2016.

[15] 韩军花，李晓瑜. 特殊食品国内外法规标准比对研究［M］. 北京：中国医药科技出版社，2017

[16] 刘环，焦阳，张锡全. 主要贸易国家和地区食品安全监控机制［M］. 北京：中国质检出版社，2013.

[17] 孙娟娟. 食品安全比较研究——从美、欧、中的食品安全规制到全球协调［M］. 上海：华东理工大学出版社，2017.

[18] 胡锦光，孙娟娟. 食品安全监管与合规：理论、规范与案例［M］. 北京：海关出版社，2021.